知识管理

基于新一代信息技术的
知识资源共享和协同创新

KNOWLEDGE
MANAGEMENT

Knowledge resource sharing and
collaborative innovation based
on next-generation information
technology

顾新建　顾复　代风　纪杨建　［著］

ZHEJIANG UNIVERSITY PRESS
浙江大学出版社

图书在版编目(CIP)数据

知识管理:基于新一代信息技术的知识资源共享和协同创新/顾新建等著. —杭州:浙江大学出版社,2019.6

ISBN 978-7-308-19162-3

Ⅰ.①知… Ⅱ.①顾… Ⅲ.①知识管理—研究生—教材 Ⅳ.①G302

中国版本图书馆 CIP 数据核字(2019)第 096640 号

内容提要

知识管理正在成为企业工程管理的核心内容,创新正在成为企业发展的主要动力,知识正在成为企业的主要财富,企业管理将越来越多地涉及知识的管理、共享、应用和创新。

本书所讨论的知识管理范围有很大的拓展,包括个人知识网络、企业知识管理、企业大数据、企业专利管理、企业标准管理等多个方面。本书所研究的知识管理方法着重于利用新一代信息技术,依靠广大员工协同开展各种知识管理,以解决知识管理面临的难题。

本书适合制造业企业科技人员和管理人员、高校工科高年级学生和研究生阅读,也可作为高校工业工程专业学生和研究生、工程师学院工程管理研究生的教材。

知识管理

——基于新一代信息技术的知识资源共享和协同创新

顾新建　顾　复　代　风　纪杨建　著

责任编辑	樊晓燕
责任校对	杨利军　黄梦瑶
封面设计	雷建军
出版发行	浙江大学出版社
	(杭州市天目山路 148 号　邮政编码 310007)
	(网址:http://www.zjupress.com)
排　　版	浙江时代出版服务有限公司
印　　刷	杭州高腾印务有限公司
开　　本	710mm×1000mm　1/16
印　　张	18.25
字　　数	299 千
版 印 次	2019 年 6 月第 1 版　2019 年 6 月第 1 次印刷
书　　号	ISBN 978-7-308-19162-3
定　　价	59.00 元

序　言

我国已经成为制造大国,但远没有成为制造强国,制造业中创造财富最多的关键知识大多还掌握在别人手中。

我国许多企业能够较好地管理物质资源,却难以有效管理企业最重要的知识资源,不知道自己的企业有多少知识,也不知道知识在哪里,人走了,知识也随之流失。

我国科技人员人数已居世界各国首位,大家工作也都很努力,但却苦于人才缺乏,低水平重复性研究现象普遍,总体效率不高。

知识资源爆炸,但知识资源的利用效率却提高甚慢,面对大量的"垃圾"资源,不知如何发现有价值的知识和专利等。

数据在大量涌现,但却不知数据该如何更好地利用。

我国专利申请、科技论文数量也是世界第一,但科技创新能力却排在世界第 17 位。

标准是一种高度规范的知识,如何利用标准来减少"重新发明轮子"的现象,有大量的工作要做。

人人都说知识管理重要,但人人都说知识管理难。

基于新一代信息技术的知识管理有助于解决上述难题。

本书针对企业知识共享和协同创新的需要,对基于新一代信息技术的知识管理理论和方法进行系统化梳理,以期有助于读者提高个人知识管理能力,促进知识管理在我国企业的推广应用。

不同的读者可以从本书中找到各自感兴趣的内容。

企业家可以了解到如何更好地管理自己的知识资源,如何采取知识管理战略应对新一轮工业革命带来的挑战,如何把握新一代信息技术带来的机遇,可以读到许多精彩的企业知识管理的案例。

知识管理工作者可以了解到知识管理各环节的难点及对策,了解如何选择合适的知识管理方法和工具,如何实施知识管理系统,如何对所在单位的知识资源进行有效管理,以促进知识的交流、共享和应用,将知识转变为企业的价值。

企业员工可以了解到如何更好地使自己在新一轮工业革命中生存和发展,如何利用知识管理的方法和工具建立自己的知识网络,提高自己的知识水平。

国家和地方政府有关部门人员可以了解到国家和地方政府应如何支持知识管理的实施,如何使我国的企业更富有创新性,促进企业向知识型企业转变。

高校和科研机构的研究人员和师生可以了解如何利用新一代信息技术有效获取和利用知识,提高自己的科研水平。

在知识正在成为企业主要财富源泉和第一生产要素的今天,知识管理对于我国企业的意义越来越大。

本书主要说明以下问题:

1. 为什么要学习知识管理?

(1)知识管理正在成为企业管理的核心内容。创新正在成为企业发展的主要动力,知识正在成为企业的主要财富,企业管理将越来越多地涉及知识的管理、共享、应用和创新。

(2)个人需要加强知识管理,提高知识学习、组织和应用的效率及能力。

(3)本书主要关注基于新一代信息技术的知识管理。新一轮科技革命引导新一轮工业革命,新一轮科技革命的核心是新一代信息技术,新一轮科技革命是中国制造业转型升级的历史性机遇,新一代信息技术也将为知识管理带来新的动力。这方面有许多新的研究方向值得开拓。

2. 如何学习知识管理?

(1)从实践中学

通过基于新一代信息技术的知识管理系统,学习知识发布和评价、专利检索和分析、标准协同共建、大数据分析等方法。

(2)带着问题学

联系自己的学习需求、工作需求、研究需求学习。

(3)联系案例学

本书将提供大量知识管理方面的案例。

3. 知识有哪些?

本书研究的知识对象如图 0-1 所示。

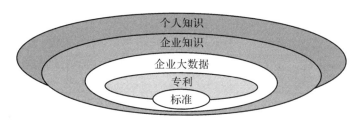

图 0-1　本书研究的知识对象

（1）个人知识

知识主要分布在人的头脑里。知识需要大家分头去学习、积累和创造。所以需要研究新一轮工业革命的背景下的个人知识管理的需求、个人知识管理和知识网络构建方法等。

（2）企业知识

企业知识主要来自员工，需要员工共享知识，使个人的知识组织化。所以需要研究如何利用新一代信息技术帮助企业知识的协同获取、整理、应用和创新的方法，以及企业知识管理的协同实施方法、企业知识网络协同建立方法等。

（3）企业大数据

企业大数据是企业和个人的知识源泉之一。当今企业越来越多的知识来自大数据。所以，需要研究企业有哪些大数据，还需要哪些大数据，如何对企业大数据进行分析、描述和应用。

（4）专利

专利汇集了来自世界上 95％ 以上的发明创新知识。专利等知识产权在保护了知识共享者的利益的同时促进了知识共享。除了了解专利检索和分析、专利申请、专利利用和保护等一般方法外，需要研究基于新一代信息技术的专利地图的协同建立、协同保护等方法。

（5）标准

标准是一种规范程度高和适用面广的知识。本书着重研究知识管理中的标准化方法和基于新一代信息技术的标准化方法等。

图 0-2 所示为本书各章内容之间的关系。

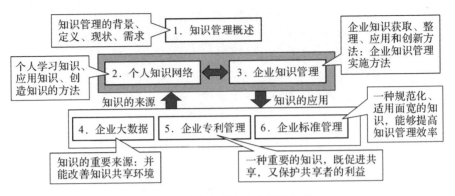

图 0-2　本书各章内容之间的关系

4.通过知识管理的学习会有哪些收获？

通过知识管理的学习可以促进如图 0-3 所示的各种能力的提高。

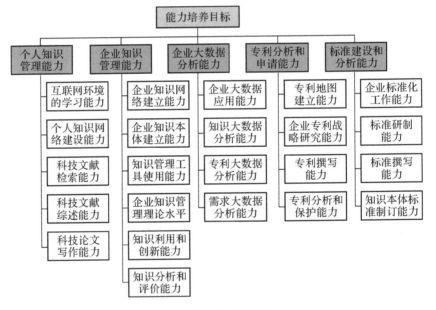

图 0-3　能力培养目标体系

5.本书有什么特点？

(1)实用性

本书可以帮助读者提高个人隐性和显性知识网络的构建能力,帮助读者提高企业知识管理、共享、应用和创新的能力。

（2）实践性

本书提供大量案例，以帮助读者提高知识管理的能力。

（3）创新性

本书将知识管理的范畴拓展到企业知识、个人知识、大数据、专利和标准；将知识管理的深度拓展到知识的有序化、知识的有机融合、知识网络的建设等。在方法上，利用下一代信息技术支持知识管理，如基于大数据的透明公平的知识管理、个人隐性知识和显性知识的融合发展、基于 Web 2.0 的知识网络和专利地图的协同共建、专利和标准协同共建、标准的知识网络构建等。

目前我国制造业处于转型升级的重要时刻，创新是关键，创新需要知识资源共享。以新一代信息技术为核心的新一轮科技革命和工业革命对于我国从制造大国转型为制造强国是历史性机遇，同样，对于企业深入开展知识共享和协同创新也是历史性机遇。

目　录

1

第一章　知识管理概述

 本章学习要点

学习目的：了解知识管理的背景和定义、现状、需求，特别是新一代信息技术对知识管理的影响、新一轮工业革命对知识管理的需求。

学习方法：从企业或部门领导的角度研究知识管理的需求，从自己平时的工作和学习中遇到的问题出发研究知识管理的需求。

第一节　知识和知识管理的定义

思考题：

(1)什么是知识？数据、信息、知识的关系是什么？请给出具体案例说明。

(2)举例说明你熟悉的简单的知识、一般性的知识和复杂的知识。

(3)请举例描述知识的特点。

(4)请举例描述知识的"四化"特点。

一、知识的定义

1.数据、信息、知识的定义

(1)数据的定义

数据是关于事件和关于世界的一组独立的事实的符号表示。数据可以直接来源于传感器，如产品远程监控获得的温度、振动等数据；也可以直接来自生产现场的人工输入的管理数据，如 MES(制造执行系统)中的零件加工质量数据、生产进度数据等。

（2）信息的定义

信息是已经排列成有意义的形式的数据，是组织或结构化的数据，是放在上下文中并赋予其特定含义的数据。例如，数字是数据，而一张随机数字表则是信息。又如，振动数据处理成振动频谱图，可以发现产品的主振动频率信息。

（3）知识的定义

知识是信息的应用。知识深刻地反映了事物的本质。可以利用知识来进行预测，进行相关性分析和支持决策的制定，即得到新的知识。也有人认为，知识是有用的信息，如用户需求报告。信息组合成知识的过程非常复杂，主要依靠人的创新性工作。

表 1-1 举例说明了知识与数据、信息的关系。

表 1-1 知识与数据、信息的关系

例子	数据	信息	知识
MES	现场生产数据、库存数据、机床运行数据和故障数据	任务完成情况的统计、可能误期的工件情况、机床振动频谱图	生产调度的规则、生产调度规则的选择和组合应用的知识，机床振动分析和对策的知识
加工质量管理	一批工件的实测数据	由实测数据绘制的加工尺寸控制图	根据加工尺寸控制图并结合已有的经验，得到质量分析的知识
CAD 系统	零件 CAD 模型	零件装配仿真的结果：出现装配干涉	如何修改零件，既满足装配要求，又满足零件本身的功能要求的知识
销售管理	销售数据、库存数据	数据有序化的多维展示	根据数据展示结果，并结合已有的经验，进行市场预测的知识；采用合适的预测模型，进行市场预测的知识

从数据到信息，从信息到知识，它们之间并没有严格的界限。

知识库中不仅有知识，还有许多重要的数据和信息。在本书中，不作特别说明时，知识也包括重要的数据和信息。

从人工智能观点来看，知识是对事实进行合理推理的结果。

（4）信息和知识的关系

简言之，信息是回答"when/where/who/what"（何时/何地/何人/何事）的问题，而知识是回答"how/why"（怎样/为什么）的问题。

2.知识的分类

（1）显性知识和隐性知识

根据知识的可转移性,知识可分为显性知识和隐性知识。

1）显性知识（编码型知识）

显性知识一般指可以编码和度量的、可以由计算机存储和处理的知识。显性知识可以十分简单地被表述出来,例如,如果出现条件 A,那么最好的解决方法将是 B。专利、标准等也是显性知识。

2）隐性知识（意会性知识）

隐性知识一般指头脑中属于经验、诀窍、灵感、想法、洞察力、价值以及判断的那部分知识。许多隐性知识很难表述,因为它们与丰富的语境相联系。两千年前中国的古人曾说"书不尽言,言不尽意",就是这个意思。

知识库主要是对显性知识进行管理。

（2）OECD（世界经济合作组织）的知识分类

图 1-1 所示为世界经济合作组织对知识作的分类。

图 1-1　OECD 的知识分类

（3）知识具有不同层次

知识具有不同层次,有简单的,也有复杂的,如表 1-2 所示。

表 1-2　不同层次的知识

例子	简单的知识	一般性的知识	复杂的知识
产品变型设计	体现在事物特征表面和典型零件的知识。这是通过规范化和标准化方法得到的	根据以往经验建立的零件变型时的尺寸关联公式,以满足在一定尺寸范围内零件变型设计的需要	零件异常变型时,可能对结构强度产生影响的知识。可通过复杂计算、实验和模拟获取有关知识
产品装配仿真	面向装配仿真的零件CAD 数据模型	对零件装配仿真的结果评价所需的知识	如何修改零件结构,使其既满足装配要求,又满足零件本身的功能要求的知识

3

续表

例子	简单的知识	一般性的知识	复杂的知识
产品创新设计	可用的企业已有的结构和原理知识	从已经有的原理和方法得到新的结构的知识	产品的全新原理知识

中国在从制造大国升级为制造强国中所遇到的最困难的事情是高端材料、高端工艺、高端零部件、高端装备等的知识积累不足,自主开发难。这些复杂知识国外对我们是严格封锁的,我们看不到,摸不着,只能通过大量的实验、摸索、试错,慢慢积累知识,人家走过的路我们还得再走,人家做过的试验我们还得再做,人家经历过的失败我们还得经历,一步也不能少,如图 1-2 所示。

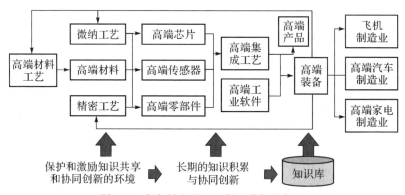

图 1-2　成为制造强国必须要掌握的知识

3.知识的特点

（1）时效性

知识是人类对自然界的认识表现形式,由于自然界本身的变化和自然的复杂性,这种认识实际上只是人类对自然界一定程度的把握。对自然界的终极认识永远是一个可望而不可即的目标。一项潜心研究出来的知识,可能很快会被更先进的知识所取代。知识不是对现实的纯粹客观的反映。任何一种传播知识的符号系统也不是绝对真实的表征。它只不过是人们对客观世界的一种解释、假设或假说,它不是问题的最终答案,它必将随着人们认识程度的深入而不断地变革、升华和被改写,出现新的解释和假设。

（2）因人而异性

对于同一知识,有的人发现了,并应用成功,取得效益;有的人则熟视无睹。因为知识的创新及应用与人的知识结构和背景有关。对于同一知识,不同的人有不一样的理解,因为理解只能是由学习者自身基于自己的经验背景而建构起来的,取决于特定情况下的学习活动过程。否则,就不叫理解,而是叫死记硬背或生吞活剥,是被动的复制式的学习。

(3)情景相关性

知识并不能提供对任何活动或问题解决都实用的方法。在具体的问题解决中,知识是不可能一用就准、一用就灵的,而是需要针对具体问题的情景对原有知识进行再加工和再创造。

(4)内容相关性

有些知识内容有高度的相关性,可形成知识体系,又称知识网络。

(5)层次性

知识具有层次性,即表现为不同大小的知识粒度,适用于不同场景。

(6)分散性

进行创新所需要的知识往往涉及许多学科。例如,芯片研究至少要涉及 50 门关键学科。

(7)异构性

知识有结构化的,也有非结构化的。非结构化的知识会导致知识的集成难。

(8)交互性

在知识交互中,不同交互者的知识结构差异越大,越能增大知识价值。不同知识的碰撞和交互有助于产生新的知识。通过适当的信息反馈,知识的推广将促成其新的发展和应用。

(9)收益递增性

在通常情况下,知识能被很多人和企业同时使用,而且共享知识的人越多,知识的价值就越大,知识的收益递增性也越显著。知识产品的主要成本产生于知识创造阶段,而不是知识分销阶段。一旦某项知识被创造出来,其起初的研究成本可在今后不断上升的服务和使用次数中被不断地摊薄。收益递增性将使知识型企业朝专业化和全球化方向发展。

二、知识管理的定义

1. 知识管理的相关定义

知识管理(knowledge management,KM)指把知识作为一种智力资产来管理和利用,在使用中提升其价值,以此促进技术创新和管理创新,进一步

推动企业持续发展的全部相关活动。知识管理包括知识的获取、分类、处理、管理、存储、共享、应用和创新等诸多相关活动。

知识管理涉及无形资产的管理领域,如风险管理、质量管理、客户关系管理、品牌管理、人才管理和安全管理等。[①]

知识经济是指建立在知识和信息的生产、分配和使用基础上的经济。

2.知识管理的主要环节[②]

日本管理学家野中郁次郎提出了 SECI 模型,即知识的"四化"——从隐性知识到隐性知识的群化(socialization);从隐性知识到显性知识的外化(externalization);从显性知识到显性知识的整合(combination);从显性知识到隐性知识的内化(internalization)。这里进一步考虑了知识应用、知识创新、知识评价和激励。它们之间的关系如图 1-3 所示。在基于知识的创新过程中,知识不断地被群化、外化、整合和内化,显性知识和隐性知识在不同阶段螺旋形动态转化和上升,并被随时地用于企业的创新过程中。

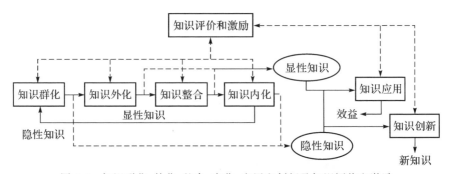

图 1-3　知识群化、外化、整合、内化、应用和创新及知识评价和激励

(1)知识群化

知识群化指从隐性知识到隐性知识,即隐性知识在人之间的转移和再用。

(2)知识外化

知识外化是使员工的隐性知识转变为显性知识,从而方便地被整个企业共享,并可被继承和再用。

---

① 尼克·米尔顿,帕特里克·兰贝.知识管理:为业务绩效赋能[M].吴庆海,译.北京:人民邮电出版社,2018.

② 谭建荣,顾新建,祁国宁,等.制造企业知识管理理论、方法与工具[M].北京:科学出版社,2008.

（3）知识整合

知识整合是对不同的、零碎的显性知识进行整合，即条理化、系统化和优化。

（4）知识内化

知识内化指组织范围内显性知识向个体的隐性知识的转换，这实际上是一个学习过程。

（5）知识应用

知识应用即利用已有知识增加企业价值。

（6）知识创新

知识创新是利用企业自身所拥有的知识创造出新的知识，获得持续的创造力，从而使企业具有较强的竞争优势。

（7）知识评价和激励

知识评价是要对知识的价值进行评价，以便"心中有数"，在此基础上对积极参与知识共享的员工进行有效激励，促进知识共享。

知识正在成为越来越多的企业的主要财富，企业需要有一个强大的知识库和知识管理系统对这些财富进行管理。

三、知识管理方法和系统的体系结构

图 1-4 所示为知识管理方法和系统的具有极坐标形式的体系结构。图1-4的左半部分主要是社会系统的功能，右半部分主要是技术系统的功能体系。

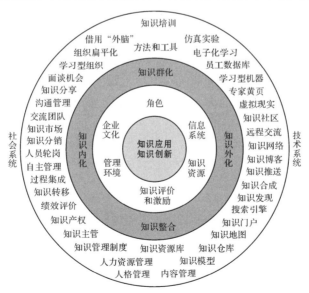

图 1-4　知识管理方法和系统的体系结构

7

第二节　知识管理的背景

思考题：

(1)全球化、个性化、绿色化和创新化之间的关系是什么？

(2)为什么西方和中国对新一代工业革命的前景有迥然不同的观点？

(3)为什么一些复杂知识的获取需要重走别人走过的路？

(4)请举例说明新一代信息技术对中国制造业转型升级的重要意义，对知识管理的作用。

一、当前中国企业面临的环境

图 1-5 所示是当前中国企业所面临的环境特点。

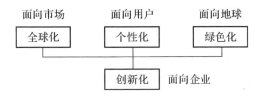

图 1-5　当前中国企业所面临的环境的特点

1. 全球化

20 世纪 80 年代初以来的中国经济迅速发展得益于改革开放。中国市场向全球开放，大量资金和技术涌入中国，帮助中国经济迅速发展起来。全球市场向中国开放；中国价廉物美的产品蜂拥而出，使中国制造迅速崛起。中国是全球化的最大受益国之一，因为在开放初期，中国的技术和经济与国外的差距太大了，中国的劳动力成本太低了，中国对企业的环保政策太宽松了，中国的市场太吸引人了。这是一种后发优势。

目前，全世界每 4 双袜子中就至少有 1 双是中国生产的，全世界七成的玩具是中国制造的。还有，全世界 70％ 的牙刷来自中国，全世界绝大部分微波炉是中国生产的。

但现在中国劳动人口存量已经下降，而对劳动人口的需求量却在增加。政府划定的最低工资线在不断上升，年轻人对工资的要求不断提高，物价尤其是房价在不断攀升,因此,劳动力成本的上升不可避免。同时,那些低工资国家代工产业的兴起使得我国劳动密集型产业的比较优势不再明显。例如,耐克品牌的鞋在非中国代工厂的产量已经超过其在中国的代工厂。全球化是双刃剑,低端制造业开始向低成本国家转移。

因此中国企业将向以下方向发展。

(1)产品的高端化

例如,制造装备从中低端向高端发展。

(2)价值链的高端化

从产品制造环节向产品设计、品牌销售等环节发展。要摘掉"低质低值＝中国制造"的帽子,生产型的企业就必须摆脱上述的习惯思路,朝"中国设计"和"中国分销"这两个方向进军,由橄榄型的价值链模式变成哑铃型的价值链模式,在高增值的环节上发掘利润。

在高端化的产品和价值链方面,国外或有专利布局,或控制着领先的技术和市场。我国企业具有明显的后发劣势。要后来居上,一方面需要积极创新和协同创新,另一方面需要善于利用专利和标准等知识,聪明地创新。

(3)企业的知识化

企业要从过去的劳动力密集型企业向知识型企业方向发展,主要依靠的是知识资源,而不是廉价的劳动力资源。

2.个性化

日本电通公司通过调查早就发现,在 20 世纪五六十年代,10 位用户只有一种声音;到七八十年代,10 位用户有几种声音;到 90 年代,一位用户有10 种声音。用户需求的多样化导致产品品种、数量的剧增。以杂货店中的商品数为例,每年新商品的数量从 1980 年的 3000 种上升到 1988 年的10000 多种,再到 1993 年的 17000 多种。这种上升趋势还可以从超市的存货量和其他服务行业看到。

用户需求的多样化还导致市场的多样化。单一的、同类型的大市场分解为一系列分市场,各有各的需求、口味和经营方式。例如,过去的单一而始终不变的汽车大市场已成为一个瞬息万变的小市场的集合。

随着市场经济的发展,商品种类越来越丰富,人们的消费观念也日趋成熟,选购商品向高品质、实用、个性化发展。人们所追求的商品不再是千篇一律、大致雷同,而是个性化色彩浓厚。用户需求的多样化和个性化已经逐渐成为世界的潮流,中国也不例外。

用户需求多样化和个性化主要有以下原因。

(1)人们生活水平普遍提高

当人们的低层次的需求(如温饱、安全)得到满足以后,就很自然地提出高层次需求,如对美、个人爱好、感官享受、求知和受人尊敬等方面变化无常、五花八门和因人而异的需求。①

(2)现代科学技术的进步

计算机和网络技术的发展以及现代管理技术的发展和先进制造技术的出现,使得产品设计和制造过程高度柔性化,能够较好地满足用户的多样化和个性需求。

(3)新的生活方式正在形成

任何东西都可以用审美的态度来欣赏,包括日常生活中所有的事物。例如,巴黎的一家生产高档骨质瓷的厂家所生产的系列餐具,大到汤盆、鱼盘,小到烟缸、筷架,上面全都印上用户的个人姓氏。定制餐具的用户中,除了有要求印上姓氏的,还有印徽记、照片,甚至自己设计的图案的。

这些都要求企业员工在产品设计、制造和服务中更系统地掌握有关知识。

个性化产品遇到的最大挑战是批量法则,即产品批量越小,成本越高。但用户需要的是成本与大批量生产相差无几的个性化产品。这就要求制造业转向大批量定制生产模式。

工业 4.0 就是要通过智能制造手段(即信息物理系统,CPS)实现大批量定制生产。对于中国而言,这需要多管齐下,不仅要大力发展智能制造,还要补工业 2.0、工业 3.0 的课,如成组技术、产品模块化、精益生产、现代生产管理制度、标准化等,以实现大批量定制生产。这些都需要知识,需要创新。

3. 绿色化

我国的经济社会发展取得了举世瞩目的成就,但与此同时,我国的环境污染和生态破坏十分严重。可以说,发达国家在工业化过程的一两百年中分期产生、分期解决的环境问题,在我国 40 多年的发展中集中地呈现出来了。

21 世纪的中国面临着进退两难的境地:高速发展工业经济将带来越来越严重的环境和资源问题,以高能耗和高物耗来取得经济的高速增长将遇

---

① 阿尔文•托夫勒. 未来的冲击[M]. 孟广均,译.北京:新华出版社,1996.

到有限资源和有限市场的制约;而经济速度发展若不快,则治理环境缺乏足够的资金,庞大的下岗队伍对社会安定和社会的健康发展将起负面作用。这些现象将成为制约制造业发展的重要因素。

解决问题的出路是大力发展绿色制造。绿色发展已经成为中国的发展战略,绿色制造是其着力点。绿色制造的关键和难点是绿色创新,即开发出一大批绿色工艺、绿色材料、绿色制造装备、绿色产品等,它们在经济性和环境友好性方面能取得较好的平衡。这就需要绿色制造知识的支持。

4. 创新化

当前中国经济为买方市场,但却不是一般的供过于求,过剩的是一般性产品和一般性的制造能力,而适应市场需求的名、优、特、新产品在市场上销售旺盛。

例如,在机械制造业,一方面设备平均开工率只有 50% 左右,经济效益低下;另一方面,重大工程和高技术产业化所需装备的三分之二依赖进口。这就是所谓的供给结构同需求结构的整体错位。一方面,技术水平低的产品严重过剩;另一方面,高性能、高附加价值的产品却很紧缺。我国是世界上产量第一的钢铁生产大国,但冷轧薄板却有巨大的供给缺口,自给率仅 65% 左右,不锈钢自给率更低,仅 15% 左右。我国的乙烯生产能力也是大量过剩,但同时高性能的醋酸乙烯聚合物的生产能力却严重不足,每年要进口 200 万吨左右。这种市场的结构性特点说明,只要我们能够致力于技术创新和技术进步,产业发展仍然有较大潜力。

当中国的技术水平和产业水平与发达国家越来越接近时,中国从国外购买技术的可能性也就越来越小。依靠兼并国外企业获取技术的方式会受到越来越大阻碍,例如国外政府的限制、原企业工会的抵制和限制等。

所以中国制造业要朝高端化、个性化和绿色化方向发展,创新是最重要的途径。而创新需要知识,需要知识管理。中国经济发展如果过分依靠下列因素则是不可持续的:

(1)依靠投资拉动 GDP,但市场有限,投资难以收回;

(2)依靠房地产,许多大型制造企业热衷于房地产,影响制造业的发展;

(3)依靠低端制造,大量廉价产品出口,遭到反倾销政策抵制;

(4)依靠资源消耗,发展制造业,不可持久。

二、新一轮工业革命、新一轮科技革命和新一代信息技术

1. 新一轮工业革命、新一轮科技革命和新一代信息技术的关系

当前,新一轮工业革命正在到来,其根本动力在于新一轮科技革命,而新一轮科技革命的核心科技是新一代信息技术(如图1-6所示)。各国纷纷提出本国应对新一轮工业革命的战略,如德国的工业4.0、美国的工业互联网等。工业4.0要实现的是网络化和智能化,其实质就是将新一代信息技术与制造技术融合发展。

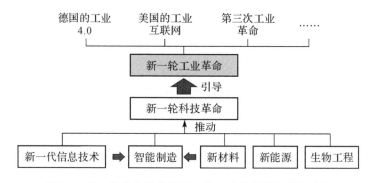

图 1-6　新一代信息技术是新一轮工业革命的主要驱动力

新一代信息技术的主要内容如图1-7所示。从知识管理的角度看,新一代信息技术支持知识集成、知识共享、基于大数据的知识挖掘等,极大提高了企业知识管理的水平和能力。

2. 西方的观点:新一轮工业革命对发达国家是好消息

西方认为新一轮工业革命对发达国家是好消息。发达国家依靠新一轮工业革命实现制造业回归。西方要回归的不是传统的劳动密集型制造业,而是采用了智能制造的先进制造业。这种制造业不需要大量的蓝领。因为智能制造装备是西方创新的,西方制造的设备卖给西方企业比我们要便宜,因此西方将取得竞争优势(如图1-8所示)。

以下两个案例似乎证明了西方的观点。

案例 1　阿迪达斯正在德国建一个4600平方米的"机器人工厂"。这家工厂只有160名工人,2018年却可以实现100万双鞋的年产能。德国机

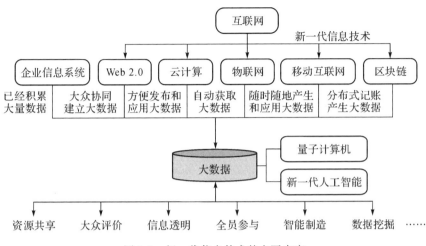

图 1-7　新一代信息技术的主要内容

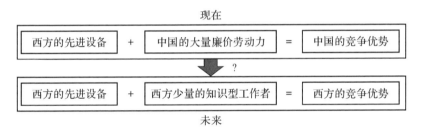

图 1-8　西方的观点:新一轮工业革命对发达国家是好消息

器人鞋厂产出的阿迪达斯运动鞋价格不会高于中国工厂。①

　　案例 2　2018 年年末,数十台机器人在美国阿肯色州的小石城(Little Rock)的一家新工厂里投入使用,其生产速度能达到每 22 秒一件 T 恤。每年为阿迪达斯生产 2300 万件 T 恤。生产每件 T 恤的成本只有 33 美分,在全世界,即便是最便宜的劳动力市场都不能与之竞争。②

---

　　① 郝倩. 离开廉价劳动力怎么发展制造业[EB/OL]. (2016-06-02). http://mini. eastday. com/a/160602074507520-2. html.

　　② 李亚山. 很快,你的下一件 T 恤就将由机器人生产[EB/OL]. (2018-01-08). http://www. sohu. com/a/215346463_354973.

3.中国政府的观点:新一轮工业革命对中国是好消息

当前中国制造业面临两面夹击:一方面是劳动密集型产业向低工资国家转移,另一方面制造业向高端突围困难重重(如图1-9所示)。

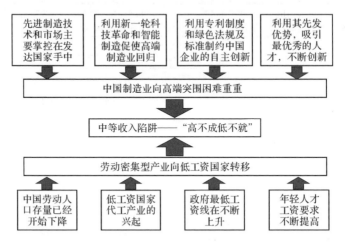

图1-9　当前中国制造业面临两面夹击

中国对新一轮工业革命的到来寄予很大的希望,认为这是中国转型升级的"好消息"。中国政府对于以新一代信息技术为核心的新一轮科技革命和新一轮工业革命给予高度重视,将其看作是历史性的机遇①(如图1-10所示)。

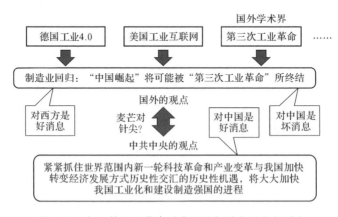

图1-10　新一轮工业革命对中国是好消息还是坏消息

---

① 新华社.中共中央政治局举行第九次集体学习　习近平主持[EB/OL].(2013-10-01). http://www.gov.cn/ldhd/2013-10/01/content_2499370.htm.

中国认为新一轮工业革命对中国是好消息的背后的逻辑如下。

（1）新一轮科技革命有可能使中国在竞争中获得相对平等地位，从而实现弯道超车。例如，在传统的汽车领域，国外有上百年的技术沉淀，中国很难追赶，而在新能源汽车、电动汽车方面中国就有可能追赶。但新产品、新技术与过去的知识有着密切的联系。例如，新能源汽车中的燃料电池等涉及化学和化工技术，在这方面，我国与发达国家有较大的差距，这会导致我们发展的后劲不足。因此，弯道超车的作用还是比较有限的。

（2）新一代信息技术对于帮助中国建立适合创新的协同、开放、诚信的环境有很大的帮助，从而充分调动大家自主创新、协同创新的积极性，形成大众创业、万众创新的局面，最终实现中国制造的强国梦。

中国人总爱说"人在做，天在看"，激励大家做事要讲良心、讲诚信。在新一轮工业革命时代，新一代信息技术所帮助建立的透明、公平的环境就是这样一种"天"。

三、中国与发达国家在技术创新方面的差距

2017年，我国的国际论文总量和被引用量居世界第二位，发明专利申请量、授权量都居世界前列。研发人员全时当量人数居世界第一位，科技进步贡献率从2012年的52.2%升至57.5%。国家创新能力排名从2012年的世界第20位升至第17位。[1]

《全球竞争力报告》对全球138个经济体的"全球竞争力指数"进行了考量与排名，自1979年以来，世界经济论坛每年发布一份。在该报告中，竞争力排名基于"全球竞争力指数"。该指数由制度、基础设施、宏观经济环境、商品市场效率等12个类别的指标组成。在2016—2017年度的该报告中，中国排名第28位。此后连续3年位置不变。中国在12项评价指标中得分较高的领域是：市场规模、宏观经济环境、卫生与初等教育。中国存在的主要问题因素包括融资环境、政策稳定性、政府机构的官僚作风和低效率、通货膨胀、腐败等。

全球制造业已基本形成四级梯队发展格局：第一梯队是以美国为主导的全球科技创新中心；第二梯队是高端制造领域，包括欧盟、日本；第三梯队

---

[1]　万钢.科技部部长万钢晒我国科技创新成绩单［EB/OL］.（2018-02-26）. http://www.sohu.com/a/224188478_612623.

是中低端制造领域,主要是一些新兴国家,大量新兴经济体通过要素成本优势,积极参与国际分工,被逐步纳入全球制造业体系;第四梯队主要是资源输出国,包括 OPEC(石油输出国组织)、非洲、拉美等国。中国现在处于第三梯队,目前这种格局在短时间内难有根本性改变。①

中国在一些关键领域正在形成强烈的对外技术依赖,集中表现在具有战略意义的重大装备制造业上。如航空设备、精密仪器、医疗设备和工程机械等主要都是依赖进口。

在汽车行业,国外汽车公司的产品开发周期一般为 36 个月,有的甚至缩短至 24 个月,而中国汽车企业的产品开发周期很长,难以满足汽车市场的变化要求。创新能力差导致产品结构不合理,整体技术水平低,产品质量差。中国汽车在可靠性、节能、动力、排放等方面与国际水平有很大差距:平均自重比国外同类车重 10%～20%、油耗高 10%～50%。

企业家是技术创新的统帅和灵魂,是技术创新机会的发现者和技术创新的发动者。美国平均 12 人有 1 个经营性人才,日本平均 20 人有 1 个经营性人才,而中国平均 1000 人才有 1 个经营性人才。企业家奇缺也是中国经济发展不尽如人意的关键原因之一。

2016 年,国家知识产权局共受理发明专利申请 133.9 万件,同比增长 21.5%,连续 6 年位居世界首位。共授权发明专利 40.4 万件,其中,国内发明专利授权 30.2 万件,同比增长 14.5%。中国创新水平不高,但专利数多,这只能说明我们的专利质量不高、"水分"多。

在世界知识产权组织划分的 35 个技术领域中,2016 年国内发明专利拥有量高于国外在华发明专利拥有量的有 29 个,比 2015 年增加 1 个,但在光学、发动机等 6 个领域与国外仍存在差距。

与发达国家相比,我国海外专利布局能力仍有不小差距。根据世界知识产权组织的数据,2015 年我国对外发明专利申请数量排在世界第 6 位,约是美国的六分之一,日本的五分之一,不到德国的一半。

根据统计,20 世纪初,知识对于经济发展的贡献率不高,仅仅占 10%～20%。20 世纪 70 年代之后,在科技发展的推动下,对于发达国家来说,科学技术的发展对于经济的贡献率逐步上升,2015 年,美国和德国的科技贡献率

---

① 刘育英.中国工信部部长:中国制造处于全球制造第三梯队[EB/OL]. http://www.chinanews.com/cj/2015/11-18/7630207.shtml.

在 80％以上,而我国的科技贡献率是 55.3％。[1]

案例 1:虽然 2016 年华为手机出货量为全球第二,但其利润仅有苹果手机的 3％。而作为苹果全球产业链中的生产国,中国代工厂所得仅占 1.8％的利润分成。[2] 苹果公司是对于知识的重要性认识得极为透彻的公司,因为苹果公司掌握了大量专利,利用专利授权就为公司产生了可观的利润。

案例 2:美国人花 88 美元买一只中国制造的地球仪,生产它的中国企业只能赚到 3 美元,我国外贸公司赚 5 美元,而剩下的利润都在设计、营销等知识密集型环节中。[3]

国际制造业有一个公式:一件全球产业链上的商品,拥有知识产权方的国家将获得总利润的 94％,加工方只能获得 6％。

四、中国的创新和知识管理战略

1.中国的创新驱动发展战略

党的十九大报告将"加快建设创新型国家"作为建设现代化经济体系的六大任务之一,指出了创新是引领发展的第一动力,是建设现代化经济体系的战略支撑。

2016 年 5 月 19 日中共中央和国务院印发了《国家创新驱动发展战略纲要》。提出创新驱动符合世界发展的大趋势。全球新一轮科技革命、产业变革和军事变革加速演进,科学探索从微观到宏观各个尺度上向纵深拓展,以智能、绿色、泛在为特征的群体性技术革命将引发国际产业分工的重大调整,颠覆性技术不断涌现,正在重塑世界竞争格局,改变国家之间的力量对比,创新驱动成为许多国家谋求竞争优势的核心战略。我国既面临赶超跨越的难得历史机遇,也面临差距拉大的严峻挑战。为此,我国提出了国家创新驱动发展战略目标。

第一步,到 2020 年进入创新型国家行列,基本建成中国特色国家创新

---

① 2015 美国科技贡献率发展变化[EB/OL].(2016-08-16). http://www.01hn.com/geleibaogao/332724.html.

② 华商韬略.华为手机销量世界第二,利润却不及苹果的 3％[EB/OL].(2017-03-13). http://www.sohu.com/a/128717024_212351.

③ 中国商品需要品牌经营[EB/OL].(2018-12-25). http://www.ouyisedu.com/seo/15025.html.

体系,有力支撑全面建成小康社会目标的实现。

(1)科技进步贡献率提高到60%以上,知识密集型服务业增加值占国内生产总值的20%。

(2)研究与试验发展(R&D)经费支出占国内生产总值比重达到2.5%。

第二步,到2030年跻身创新型国家前列,发展驱动力实现根本转换,经济社会发展水平和国际竞争力大幅提升,为建成经济强国和共同富裕社会奠定坚实基础。

第三步,到2050年建成世界科技创新强国,成为世界主要科学中心和创新高地,为我国建成富强民主文明和谐的社会主义现代化国家、实现中华民族伟大复兴的中国梦提供强大支撑。

显然,系统研究制造企业知识管理对于实施国家创新驱动发展战略具有重要意义。

2.《中国制造2025》发展规划

2015年5月19日,国务院正式发布《中国制造2025》发展规划,认为:当前,新一轮科技革命和产业变革与我国加快转变经济发展方式形成历史性交汇,我们必须紧紧抓住这一重大历史机遇,把我国建设成为制造强国。

《中国制造2025》提出的实现制造强国战略的基本方针是:创新驱动、质量为先、绿色发展、结构优化、人才为本。对此基本方针作进一步的深入分析,可以发现有一些问题需要考虑:

(1)创新动力来自何方?当年日本经营大师稻盛和夫提出阿米巴经营,将企业划分为"小集体",像自由自在地重复进行细胞分裂的"阿米巴"——以各个"阿米巴"为核心,自行制订计划,独立核算,持续自主成长,让每一位员工成为主角,全员参与经营和创新。① 海尔也提出过类似组织——平台型企业,企业平台化,员工创客化。② 问题是:如何对大量高度分散的阿米巴或创客进行管理,让他们劲往一处使?"一抓就死,一放就乱"的矛盾如何解决?

(2)创新驱动、质量为先、绿色发展等都需要企业间、员工间的紧密协同。协同需要诚信,诚信如何保障?

(3)创新需要知识,知识需要共享,如何让员工放心地把自己的宝贵知

① 稻盛和夫. 阿米巴经营[M]. 北京:中国大百科全书出版社,2009.

② 刘成. 海尔试水全面互联网化 转型为"出创客"互联网平台型企业[EB/OL].(2016-01-27).中国经济网.

识拿出来共享？

（4）质量为先的关键是企业和员工的诚信为先,诚信从何而来？

（5）绿色发展常常需要企业多花成本,这会减少企业的利润。许多企业还是唯利是图,在这方面还是采取"能省则省"的策略,甚至偷排"三废",如何解决？

（6）人才为本需要企业花钱不断培训知识型员工。但有些员工技术硬了,知识有了,就随意跳槽到别的企业,企业的培训费用就"打了水漂",企业培训员工的积极性就越来越低,这如何是好？

……

可见,在这20字的基本方针背后,企业和员工的诚信、信息的透明将起到关键的作用。

五、国外的创新和知识管理战略

欧盟委员会在《未来制造业：2020年展望》报告中这样描述未来制造业[①]：

（1）从基于资源的制造业向基于知识的制造业转变；

（2）从线性模式向复杂性系统的转变；

（3）从个体竞争转向系统竞争；

（4）从单一学科导向向跨学科导向转变；

（5）从宏观到微观,再到纳米层次的转变；

（6）由自上而下的生产向自下而上的生产转变。

第三节 知识管理和知识网络的需求

思考题：

（1）你所在企业的知识管理处于哪种境界？

（2）你所在企业当今的处境如何？对知识管理的需求是什么？

（3）你所在企业在技术创新中的知识从何而来？

---

① 董书礼.从基于资源的制造向基于知识的制造转变——欧盟《未来制造业：2020年展望》报告述评及其启示[J].中国科技论坛,2006(4)：141-144.

(4)知识网络在知识管理中的作用是什么?

(5)举例说明你所知道的某一种知识网络。

一、知识管理的三重境界

知识管理的三重境界分别是:有知识,不共享;有共享,难利用;重融合,有应用。

1.有知识,不共享

企业员工努力学习,积极工作,勤于创新,积累知识。此时,每位员工的知识技能有大的提高。但大家不愿知识共享,企业内重复学习和研究的现象很普遍,每个人都很忙,每个人的智商都很高,但企业的智商却不高(如图 1-11 所示)。

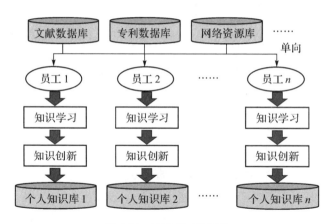

图 1-11　有知识,不共享

2.有共享,难利用

企业员工通过知识管理平台进行知识共享,但只是把知识简单地存放到知识库中,只管发布,不考虑如何方便知识重用,知识利用效率并不高。因为知识传播共享需要一定的环境和条件,如知识的描述、知识背景的描述、知识关系的描述等的准确规范、知识的有序化等(如图 1-12 所示)。

3.重融合,有应用

从有利于知识重用和创新的角度,员工协同对来自员工的知识进行有

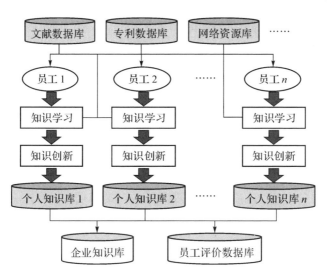

图 1-12　有共享，难利用

机融合，建立起知识网络，知识从发布到应用产生价值的全过程透明、可以追溯，可以给予公平的激励。大家都在思考如何使自己的知识让企业中更多的人使用，在更多的产品中使用，为企业创造更多的财富。大家都会感觉到知识共享比自己独占对自己更有好处：一方面，知识共享后，更多的人用了，会产生更多的效益，自己会得到更多的回报；另一方面，整个企业通过知识融合，员工的知识水平和企业的智商得到更大的提高，竞争能力更强，效益更好（如图 1-13 所示）。

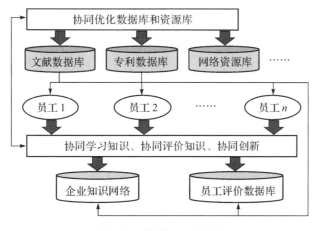

图 1-13　重融合，有应用

二、制造企业对知识管理的需求

1.知识对企业的价值

知识对企业的价值如图 1-14 所示。

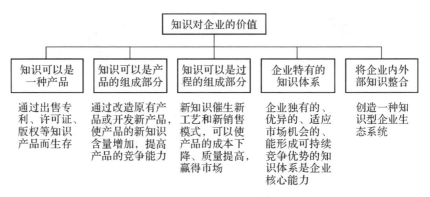

图 1-14 知识对企业的价值

知识管理的发展是需求拉动和技术驱动的,如图 1-15 所示。

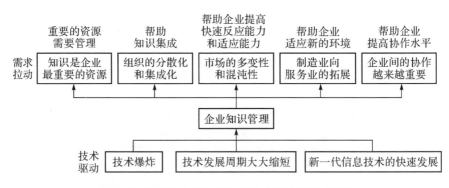

图 1-15 制造企业知识管理的需求拉动和技术驱动

2.知识管理——需求拉动

知识管理的发展首先是需求拉动的。

(1)知识是企业最重要的资源——企业需要知识管理

未来的企业竞争是企业所掌握的知识和知识应用能力的竞争,创新是企业发展的不竭动力,知识是创新的源泉。知识的创造和发展大大降低了社会对自然资源的依附,传统的生产要素(劳力、土地、资本)已逐渐失去主导地位,知识资源成为科技创新的战略性首要因素。例如,领子上装有芯片的智能衬衫、依照路况自动调整轮胎压力的车载智能地图,都是带着知识的产品。知识一直是工业革命以来经济增长的重要因素,不是说只有今日知识才进入经济,而是说今天知识在经济增长中起着主导作用。[①]

另一方面,在商业活动中,知识共享上的失败可能导致大量财政上的损失。根据国际数据公司(IDC)的数据,财富500强的公司由于知识不能充分共享每年造成的损失高达315亿美元。在大部分的案例中,根本原因在于:技术太过复杂和每个人本身对知识共享的意愿问题,这些因素阻碍了知识的共享。[②]

企业通过知识管理可以做到以下几点:

1)防止公司健忘症

所谓公司健忘症是指员工所掌握的隐性知识未转化为企业的显性知识,员工离职后导致企业知识流失。

2)新员工有系统的知识可以学习

新员工到企业后,不知在哪里有系统的知识可以学习,企业还是采取几千年"师傅带徒弟"的老方法,不仅周期长、效率低,而且现在老师傅也很忙,无暇抽出时间来培养新员工。新一代人才队伍的培养,需要继承以往的工程经验、技术知识和管理成果,需要技术交底、管理传承、知识接班。老专家头脑中的经验知识要留传下来,避免研发人才新老交替的知识断代问题。

3)避免重复学习和研究

企业不知道哪个员工掌握哪些知识,结果任务分派没有找对人,造成大家的重复学习和研究,降低了工作的效率。经过几十年的积累,企业已形成了大量知识成果。产品研发涉及多部门多专业人员的广泛参与,一个项目产品每年可产生数百份技术报告和大量专业模型,中间过程数据更是不计其数,然而,这些有价值的知识较少获得重用。这一方面造成大量无序知识的积累,另一方面导致员工需要的知识严重匮乏。对无序知识进行管理并充分利用其价值至关重要。惠普公司前总经理L.普拉特有句话:"如果惠普

---

① 陈文.企业建置 KM 必知秘籍:知识管理应用软件概说[EB/OL].(2003-06-04).http://www.kmcenter.org.

② 田志刚.宏碁集团依靠知识管理提升竞争力[N/OL].(2003-06-23).原载中国经营报.http://www.sina.com.cn.

公司熟知惠普的所知,惠普会获得三倍的利润。"

4)支持协同创新和协同工作

创新需要协同,许多工作也需要协同。只有知道彼此的知识领域和能力,才能够快速找到最合适的合作伙伴。例如,华为公司有18万名员工,其中8万名是研发人员。华为的创新团队可以自己招兵买马。华为的知识共享平台为此提供了很好的渠道。因为员工在平台的各种技术社区中发帖、评论等,充分展示了自己的才华,分享了知识,同时为自己的职业发展创造了有利的条件。

5)提高知识学习和重用的效率

大量的数据和知识以互不关联的形式存在,没有形成有机的知识网络。研发人员无法通过知识的内在联系获得知识,也无法通过知识的产生、改进、成熟直至应用的进化过程深入理解知识。当前,产品研制正在实现从以模仿为主阶段到以自主创新为主阶段的转变。从整体上说,企业的发展是知识的继承与创新共同作用的结果。

企业知识管理的终极梦想是:大家无保留地共享知识,协同创新;老员工走了,知识留了下来;新员工来了,有系统的知识可以学习;企业的知识网络越使用越聪明;企业和员工的知识共享和协同创新的表现透明化、可追溯;员工在知识共享中成长,企业在知识积累中壮大。

(2)组织的分散化和集成化——知识管理帮助知识集成

组织的分散化和集成化是当前制造业的一个重要发展方向,其背景是:

1)权力下放,以便充分发挥知识型员工的创造力。因此,每一位知识型员工可以看作是企业的最小单位,可以根据工作需要进行机动的组合。

2)网络技术的发展,使分散的知识和信息的集成变得容易。

3)企业的全球化,员工更具有移动性和地理上的分散性。

4)知识本身也具有分散化的特点。

在分散化的组织中,知识管理系统的作用:一是帮助知识型员工集成和合作;二是对员工的知识进行有效的管理和集成;三是减少由人员的流动、退休造成的知识流失。

(3)市场的多变性和混沌性——知识管理帮助企业提高快速反应能力和适应能力

市场的多变性和混沌性表现为:

1)用户需求的多样化和个性化趋势增强;

2)产品生命周期越来越短;

3)新技术和新产品层出不穷；

4)市场变化越来越难以预测；

5)影响市场的政治、金融、军事、环境、经济等因素错综复杂。

企业要在这样一个瞬息万变的环境中生存和发展,需要有很强的适应能力、反应能力和竞争能力。这些能力来自以下这些知识:产品和过程创新所需要的知识;对付复杂环境的知识;满足用户需求的多样化和个性化的知识;对市场变化进行预测的知识等。

（4）制造业向服务业的拓展——知识管理帮助制造企业适应新的环境

越来越多的制造企业开始向服务业拓展,例如,在 IBM 的 35 万名员工中从事制造的不足 2 万名。通用电气公司从事的不只是制造,而更多的是服务。这里,需要管理更多的新的知识,如用户服务的知识、关于用户的知识等。由于用户服务具有很强的个性化特点,因此涉及大量的信息和知识,服务过程中价值实现的重要形式便是知识应用。

（5）企业间的协作越来越重要——知识管理帮助企业提高协作水平

现在企业间的竞争正在成为供应链之间的竞争。一个高效的供应链需要企业间的密切协作。这里的协作包括:

1)企业间知识的交流和共享,因为产品生命周期的缩短不容许企业花费过多的时间用于研究,必须学习外部经验,甚至是本行业之外的经验;

2)供应链中协作的知识、关于供应商的知识、产品集成的知识等。

3. 知识管理——技术驱动

知识管理的迅速发展与技术驱动密切相关。

（1）技术爆炸——要求企业持续不断地更新、补充、扩充和创造更多的知识

从人类文明出现以来,人们一直以缓慢而平稳的速度发明着各种技术。然而,从 1935 年起,人们发明技术的频率飞速提升,人类社会爆发了技术革命。我们现在所知的 90% 的技术成果诞生于当代;90% 的科学家和工程师生活于当代。据一些科学家测定,当代新技术正在以指数级的速度产生着。[①]

当代社会科技发展日新月异,知识总量的翻番周期愈来愈短,从过去的100 年、50 年、20 年缩短到 5 年、3 年。

---

① Abetti P A. 评估技术资产. IT 经理世界[J], 2002(13):78.

基于新一代信息技术的知识资源共享和协同创新

技术爆炸给企业带来的战略挑战是:企业怎样才能跟上即将影响其竞争地位的技术发展趋势。知识是易消亡的,摆在货架上的产品的生命周期是极其短暂的,因为新的技术、产品和服务源源不断地涌入市场。企业和个人必须持续不断地更新、补充、扩充和创造更多的知识。

(2)技术发展周期大大缩短——要求企业快速将知识转化为生产力

越来越短的技术发展周期令制造企业面临着这样的挑战:怎样将一项新技术在被更新、更好的技术取代前,融入新产品中,从而获得商业利益?

(3)新一代信息技术的快速发展——提供了企业协同知识管理的技术基础

新一代信息技术为企业员工提供了协同工作和相互学习的廉价工具。智能手机和5G通信技术、Web 2.0(微信、钉钉等)、云服务平台等提供了企业协同知识管理的技术基础。信息技术帮助提高知识的转化速度、透明度、易掌握度以及将正确的知识及时送到正确的地方。新一代信息技术使知识能在更大范围内流动和集成。知识经济时代的消费者与生产者可能通过网络直接接触,使得两者之间的中间环节消失。

4.制造模式的变化

20世纪后半叶,制造业间的竞争日趋激烈,竞争范围也不断扩大。产品是制造企业间激烈竞争的核心。随着时代的变迁,产品间竞争的要素也在不断演变。在20世纪早期,产品竞争的要素是成本(C),20世纪70年代增加了质量(Q),80年代增加了交货期(T),90年代又增加了服务(S)和环境清洁(E),而在21世纪,"创新"(I)将成为产品竞争的关键因素。同样,企业管理关注的焦点也由传统的成本、质量发展到知识应用和创新。

三、技术创新对知识管理的需求

1.目前我国技术创新中存在的问题

(1)技术创新是一个系统工程,涉及制度法规、知识产权、管理、技术、人的教育培训等,需要一个完整的知识体系的支持,但目前我国制造企业技术创新系统相对来说还不够完整。

(2)技术创新需要知识的积累,需要做大量的实验,这是一个长期的过程。这不是通过技术引进所能解决的。例如,高铁车头的形状、工业汽轮机的叶片等为什么是这个样子,这需要通过实验、摸索,才能真切了解。否则,只能是"知其然,不知其所以然"。

(3)技术和产品越来越复杂,技术创新需要的知识越来越多。

(4)我们的科技人员学习刻苦,每个人都有较强的学习能力,有自己的知识体系,但相互间知识共享程度不高,结果产品创新往往是在低水平上重复。

(5)我国许多产品设计缺乏数据,如可靠性数据等。大家急功近利,不注重知识积累,只管推出新产品。

(6)员工发布的创意和知识需要大家评价,但不同水平的员工具有不同的评价权重。员工的权重又是来自员工所发布的知识的价值和对知识评价的不同水平。这是一种迭代计算优化的过程,有较大的实现难度。

(7)需要在众创空间中高效地进行各种形式的知识产权保护,一方面保护大家创新的积极性,另一方面促进协同创新。知识产权保护不力是制约我国创新能力提高的关键因素。

我国人口众多,专业技术人员数量世界第一,且他们都肯吃苦。如何发挥这一优势,缩短知识的获取、积累和整理过程,也是值得研究的问题。新一代信息技术的发展,有助于这一优势的发挥。

2.创新对知识管理的需要

创新需要知识,知识是创新型企业的主要财富。

(1)创新需要利用前人的大量知识,这些知识高度分散,利用效率比较低,需要利用知识管理系统和智能的方法提高知识的利用效率。以往开发设计资源分散在不同设计人员的计算机中,很难得到共享。利用知识管理系统等,可以促进企业内部设计资源的共享和重用,可以支持全球开发模式,促进企业之间的设计资源共享和重用。

(2)创新需要集成众人的创意,但大家一般不愿意贡献自己的创意。需要信息平台和智能的方法支持"集思广益"。知识分布在不同的人那里,需要知识协同共享。共享的知识价值不一,需要协同评价。

(3)创新需要进行多学科优化,这里有大量的复杂算法需要用智能技术帮助实现,需要集成大量的由实验、现场经验、理论分析得到的知识,并将这些知识标准化,嵌入到专业设计软件系统中去,提高系统的智能性。

(4)专利是重要的知识,但专利评价和利用难,需要员工协同评价。

(5)产品生命周期数据中隐含着大量的知识,需要员工协同挖掘。

图 1-16 所示为复杂产品创新的途径之一：产品设计知识→产品设计平台→实例化产品。

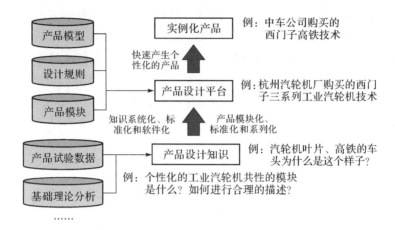

图 1-16　复杂产品创新的途径之一

四、透明、公平的知识管理需求

1.新一代信息技术有助于建立透明公平的环境

(1)世界银行认为：发展中国家贫困的主要原因不是缺少技术，而是缺少属性知识，即产品质量、借款人的信用度或雇员的勤奋度等。互联网的发展可以帮助建立一个可以追溯信用历史的社会，解决这一问题。如图 1-17 所示。①

(2)1776 年，亚当·斯密就曾断言，人们在追求私人目标时会在几只看不见的手的指导下，实现社会资源最优配置和增进社会福利。第一只看不见的手是市场规律，但会出现市场失灵。因为市场规律实现社会资源最优配置的一个重要假定是信息是透明的，而实际上市场太大，无数客户与经营者对商品信息的了解总是不透明、不对称的，这不仅会造成盲目生产，而且会出现自私经营者的欺诈行为。第二只看不见的手是社会道德规范，但是现阶段人们的利己主义倾向往往压倒利他主义倾向，致使道德规范的力量

---

①　世界银行.1998/1999 年世界发展报告——知识与发展[M].北京：中国财政经济出版社，1999.

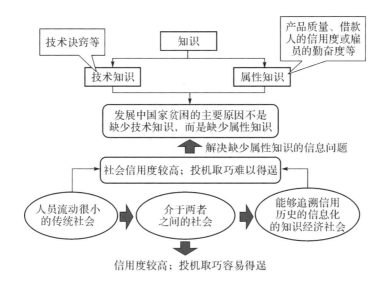

图 1-17 世界银行关于发展中国家贫困主要原因的观点

显得苍白无力。互联网的发展可以使市场透明化,可以依靠大众监督投机取巧行为,建立起可以追溯信用历史的信息社会①(如图 1-18 所示)。

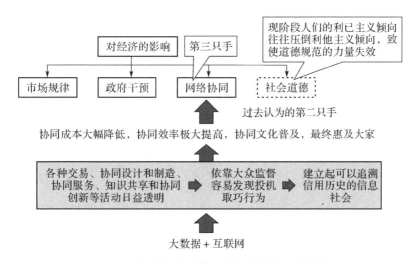

图 1-18 影响发展的第三只手:大数据+互联网

---

① 杨培芳.社会协同:信息时代的第三种力量[N].光明日报,1999-10-22.

2.透明公平的知识协同共享的需要①

知识共享可以将个人知识组织化,减少重复性的研究,使企业中的知识不会随着员工的流动而流失,使新员工快速学习到所需要的知识。但员工一般不愿共享自己掌握的有价值的知识,因为这是他们的"吃饭本领"。需要利用新一代信息技术,建立透明公平的知识共享模式:员工共享知识的过程和内容透明化,所共享的知识为企业创造的价值透明化;在此基础上,企业给予公平的激励;建立内部知识产权制度保障员工发布知识的版权,谁先在企业知识管理系统发布知识,版权就属于谁,未来当知识产生效益时,知识发布者会得到相应的奖励。

全国人大代表姒健敏在 2017 年的全国人大会议上建议,构建全国高校一体化知识管理平台。他认为,这有利于形成显性化、透明化、规范化的科研成果长效积累机制,解决当前知识积累碎片化问题,摆脱对国外 SCI 等高收费商业数据库的依赖,形成自主的知识积累体系。同时,科学研究原始数据的集中管理,有利于防止学术造假,从制度上杜绝学术不端行为的滋生。这能够把最高水平的学术成果敏捷地转化为全国高校的共同认识,不仅有利于形成一流带二流、先进领后进、东部帮西部的知识共享局面,而且有利于摆脱当前多数高校教师单兵独斗或小团队闭门造车的困境。

3.透明公平的知识协同评价的需要

企业需要的是关系清晰的有价值的知识。面对大量的杂乱无章、鱼龙混杂的知识,广大员工需要利用 Web 2.0 进行协同评价、清理,协同建立高度有序的知识网络,提高知识的利用效率。这里,需要利用新一代信息技术跟踪、统计和分析知识评价过程,使企业创新所需要的知识网络清晰化、协同评价过程透明化、员工的评价水平透明化,企业也需要对此给予相应的激励。例如,如果你是某一领域的专家,你就得在该领域的知识评价方面表现出专家的水平。

---

① 顾新建,马步青,倪益华. 透明公平的制造业发展环境探讨[J]. 计算机集成制造系统,2017,23(1):186-195.

五、对知识网络的需求

1. 知识网络

人们早已认识到：人类的知识是一个有机的整体，是一个类似于蛛网或蜂窝的网络。[①] 但知识网络(knowledge networks)的研究始于 20 世纪 90 年代中期，其概念最早是由瑞典工业界提出的。

知识网络最初见于教学研究，原指知识脉络，意为条理性学科知识之间的联系形式。图书情报学中引入知识网络的概念主要是从信息传播途径的角度来认识它。[②]

知识的粒度大小是不同的，如图 1-19 所示。知识网络是一种大粒度的知识。经典教科书其实就是一种知识网络。

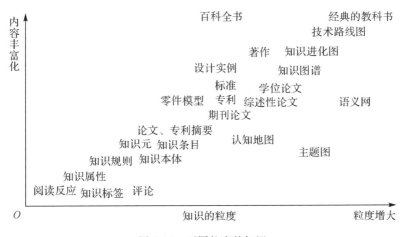

图 1-19　不同粒度的知识

各种知识网络的关系如图 1-20 所示。各种不同形式的知识网络实际上可以合成为一种集成知识网络，如图 1-21 所示。

基于知识网络可以帮助企业开展如下工作：

（1）基于知识网络的技术路线图建设，开展技术预测；

（2）基于知识网络的认知地图建设，方便知识学习；

①　波普尔. 客观知识[M]. 杭州：中国美术学院出版社，2003.

②　纪慧生，卢凤君. 企业知识网络研究综述[J]. 现代商业，2007(21)：130-133.

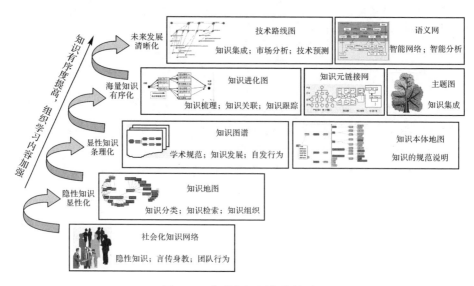

图 1-20　各种知识网络的关系

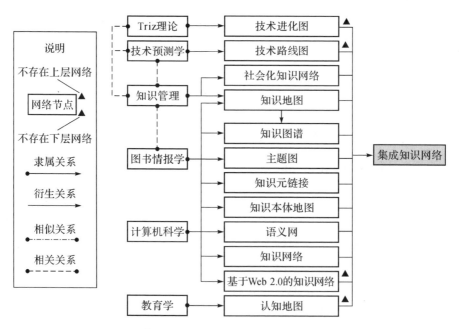

图 1-21　集成知识网络与各种不同形式的知识网络的关系

（3）基于专利地图进行专利分析，帮助专利申请；

（4）基于知识网络的标准协同建设；

（5）基于知识网络的知识共享、知识创新、知识水平的评价；

（6）基于知识网络的知识整合、关联、联想和发现；

（7）利用知识网络，发现需要的有关院内外专家；

（8）利用知识网络，发现和快速集成有关知识和人员，提高项目管理水平。

2.对知识网络的需求

企业领导常感叹：蓝领好管，白领不好管。蓝领的活儿可以计数考核，白领不行。哪个白领离职了，他的经验和知识也就随之流失了。

如果有一个比较完整和可靠的员工知识库，让白领发布自己的工作经验、建议等，大家进行评价，并根据使用效果进行评价。这样可以对白领的水平、贡献以及知识共享程度等进行评价，并据此给出激励，支持白领的知识共享和协同创新。同时使企业知识库越来越完善，留住了员工的知识。

知识经济时代，知识将成为企业的主要财富。企业对固定资产有很好的管理方法，但往往对知识财富的管理束手无措。

人的大脑在存储知识、搜索和关联知识方面已经有一套很有效的方法，其基本架构是网络型的存储和关联模式。知识存储是通过关联的方式得到的。创新需要这样一种知识网络作为基础设施。具体理由如下：

（1）人的大脑中的知识是通过本人的学习、观察、体验获得的。创新中的知识需要通过许多专家协同学习、观察、体验来获得。

（2）人的知识通过各种文本知识和言传身教的方法得以传承。创新中的知识也需要通过类似的方法传承。

（3）人的大脑中的知识如果不能很好地表达为显性知识，或者通过言传身教的方法让别人掌握，那么，当人走了，知识也带走了。人类有许多知识就这样失传了。

（4）创新首先需要有一个很好的知识网络架构，然后需要一种很好的机制让众人把自己的知识传授给系统，并建立起知识间的关系，这样就能有效地开展创新。

因此，无论是企业还是个人都需要建立知识网络，梳理现有的知识，建立比较完整的知识体系。

3.知识网络的层次结构

知识网络很复杂，如果在一张图中将知识网络的所有细节都描述清楚，那张图将变得十分复杂。

解决问题的方法是将知识网络由粗到细进行分层描述。知识节点分布在各层上，层次越低，知识节点越多。大多数知识位于底层。

个人、团队、企业、专业等也会有自己的知识网络。图1-22描述了不同层次的知识网络及其集成关系。

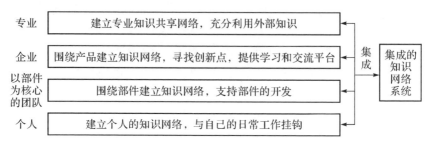

图1-22　不同层次的知识网络及其集成

4. 知识展示的粒度

对同一知识，提供多粒度的知识展示方法，以满足不同的需求。

第一层：知识学科。当然知识学科本身也有层次。

第二层：知识（包括标准、专利、论著、技术报告、设计手册、设计经验等）。可以得到知识图谱、专利地图、技术进化图、技术路线图、认知地图等。

第三层：知识元（摘要）。概述知识的创新点和特征。知识元链接图可以帮助集成。

第四层：知识标题。要求粗略反映知识的主要特征。知识地图等可以帮助集成。

第五层：知识标签（关键词）。可以知道知识的类别，可用于知识分类。其由主题图和知识本体地图描述，两者有所不同。前者有国际标准，高度规范；后者是对不规范的描述进行集成和映射。

5. 知识的网络特征

知识网络的基本组成部分为知识节点和连接线。

知识节点的内容包括知识标签（主关键词、本体）、知识标题、知识元（摘要）、知识。

知识节点的属性包括作者、发布时间、知识类型（如标准、专利、论著、技术报告、设计手册、设计经验等）、密级、成熟度、文档格式、模板类型等。

连接线描述知识间的关系。知识间的关系有上下层关系、相似关系、进化关系、引用关系、认知途径。一条连接线可以描述多种关系。

连接线的属性包括作者、建立时间、知识间的关系等。

6.虚拟案例：某高科技公司 A 的知识网络

某高科技公司 A 有一个令其非常自豪的知识网络。公司员工的显性知识以及大量的外部相关知识，如专利、标准、文献等都存储在这个知识网络中，这些知识的价值及相互关系、公司员工在哪些专业上具有何种水平、公司涉及的产品和技术的发展趋势等，都可以从该知识网络中了解到。公司员工利用该知识网络后，创新设计能力和效率大幅度提高。

例如，公司技术人员赵红接到了分配给自己的任务，她立即就想知道自己所开发的产品的专利情况。知识库中将相关有价值的专利及专利之间的关系用可视化的动态图形展示出来。失效专利和有效专利的信息一目了然。系统也显示了技术的专利空白之处。很快，赵红就对自己所开发的产品的专利现状和研发方向非常清晰。她在产品设计中，注意避开有可能侵权的地方，积极利用失效专利，并在专利空白的技术方面进行了深入研究。她在产品开发中，对所阅读的各种知识点的价值和关系进行评价，并随时将自己的心得体会存入知识库中，与人共享。产品开发完后，赵红申请了几项专利，以保护自己的创新成果。

其他员工阅读和应用了赵红在知识库中的知识，不仅减少了重复研究的工作量，并使赵红的这些知识的价值得到提升，在知识网络中的排名上升，激励赵红他们更积极地共享知识。

第二章　个人知识网络

本章学习要点

学习目的:提高自己的学习能力、知识组织能力、个人知识网络建设能力、知识应用能力、创新能力。

学习方法:联系自己的课程作业、论文写作进行学习和思考;从如何构建自己的个人知识网络的角度进行学习;利用新一代信息技术提高自己的学习能力。

第一节　个人知识网络的背景和需求

思考题:

(1)当前社会对知识型员工提出什么样的需求? 如何满足这些需求?

(2)什么是企业分布化? 其对知识型员工素养有什么要求?

(3)我国制造业高端人才供不应求的原因是什么?

(4)你对个人知识管理有什么需求?

一、我国制造业高端人才培养的难点

韩国三星集团前会长李健熙认为:"一个天才可以养活十万人。"①

美国苹果公司前 CEO 史蒂夫·乔布斯说:一个出色人才能顶 50 个平庸员工。②

---

① 榊原英资. 日本的反思:我们不断丧失了技术优势[EB/OL]. (2016-12-23). http://wemedia. ifeng. com/6224428/wemedia. shtml.

② 乔布斯. 乔布斯9大法则解读:1个出色人才能顶 50 个平庸员工[EB/OL]. (2015-12-27). http://mt. sohu. com/20151227/n432686928. shtml.

我国制造业向高端发展,需要大量高端人才。我国制造业高端人才培养的难点主要有以下几个。

1.高端制造业创新和人才培养难

目前在中国创新很热,特别是共享经济等模式创新很热。但是,对于需要较大投资、需要长时间研发创新、创新风险很大的高端工艺、高端材料、高端芯片、高端传感器、高端工业软件、高端装备等方面的创新,企业和风险投资往往不愿或不敢投资。因为即使千辛万苦创新出成果,但要与国外的产品竞争难度很大。在信息经济时代,市场存在"胜者通吃"的效应,后发劣势明显。

单纯依靠市场机制开展高端产品的创新,这将是一件很难的事情,因为:首先,领先的企业通过知识产权的布局,不会让后发企业有超越的机会;其次,就短期的经济性、企业个体的经济性而言,产品创新往往不如购买技术;再次,新的产品需要通过多次迭代,即用户的使用—意见反馈—修改,才能使用户有较好的体验,才能被用户接受。而面对成熟产品的竞争,这种迭代成功的机会很小。

没有从高端材料到高端装备的整个价值链的创新,相应的人才培养也就无从谈起。创新型人才是在创新过程中培养起来的。

从国家战略、中国的经济持续发展的大局考虑,中国必须掌握从高端材料到高端装备的整个价值链,必须培养相关人才。

这种高度复杂的创新链的建立,需要一种分布式创新系统的支持。创新链很长、很复杂,需要充分发挥每个个体的持续的创新积极性,同时需要利用新一代信息技术帮助协同创新,对创新过程进行监管——既要给人才成长的自由空间,又要防止个别人投机取巧。

2.服从"胚胎发育"原理的高端制造业发展和人才培养难

人类个体的胚胎在母亲身体里发育的过程重复了整个人类甚至生物进化的全部过程,从单细胞到多细胞,从无脊椎动物到脊椎动物,从低等脊椎动物到高等脊椎动物,再到婴儿。这种"胚胎发育"现象在经济发展和人类学习的过程中也是屡见不鲜的。如后发国家的工业化都要重新走工业化国家走过的工业革命的道路,否则就会欲速则不达,半途而废。人类个体学习也服从"胚胎发育"原理。例如,每个儿童都要重新走一遍早期数学发展的主要阶段,才能够学会数学,进入前沿。但是,利用科学的教育方法,这一过程可以极大地缩短。这就是所谓的"后发优势"。①

高端制造业发展和人才培养也需要经历这样一个"胚胎发育"过程,需要长时间的研究、实验、试错,别人走过的路还得走一遍。这一方面是因为别人会对你绝对保密;另一方面,要真正掌握其中的知识,需要亲自动手实践一下。但在新一代信息技术的支持下,可以显著缩短高端制造业发展和人才培养的"胚胎发育"过程。

3. 智能制造需求侧用户技能提高难②

新一轮工业革命是以智能制造为主要特征的。如同其他新技术一样,智能制造也是双刃剑,一方面需要的是智能制造供给侧的高端技术人才,另一方面它降低了对智能制造需求侧的用户技能的需求。

例如,随着智能制造的普及化,国外的品牌机床设备越来越智能化,各种核心技术被高度集成和加密,并且提供所谓的整体解决方案,从设备到刀具、夹具等全套提供,一站式服务,最终对智能制造装备的使用者的要求越来越低,使用者人数也越来越少。表面看起来这是一件好事情,但对于基础工艺本来就掌握得不好的中国装备制造业,这种智能化趋势会使中国的技术人才越来越不能掌握真正的工艺技术,这也会使国外品牌机床设备在中国形成越来越强的垄断地位。③

尤瓦尔·赫拉利的《未来简史》给出的预言是:人工智能革命将使世界上除了极少数的精英外99％的人成为"无用之人"。④ 如何使中国有自己的智能制造的精英,这是未来竞争的关键。

4. 工业软件的后发难

一些硬件如传感器、材料等,只要性能参数和质量达到一定要求,价格相对便宜,就容易打开市场。但人们对工业软件的要求就不同了。因为企业在已经使用的工业软件方面花费了巨大投资,而报废软件的价值几乎是

---

① 文一. 中国奇迹符合"胚胎发育"规律[EB/OL]. (2017-09-16). http://www.37txt. cn/a/18076/208771.html.

② 尼古拉斯·卡尔. IT不再重要 互联网大转换的制高点:云计算[M]. 闫鲜宁,译. 北京:中信出版社,2008.

③ 佚名. 为什么国内工厂会选择昂贵的国外机械设备? 写给沉睡的中国制造业! [EB/OL]. (2017-12-14). http://www.sohu.com/a/210863706_543475.

④ 尤瓦尔·赫拉利. 未来简史[M]. 林俊宏,译. 北京:中信出版社,2017.

零,并且软件使用人员投入了大量的学习成本,形成了该软件的使用习惯,积累了许多使用经验,还有依附该软件的大量模型和数据。这些知识资本随着软件的弃用大多也付诸东流,重用难度较大。因此,工业软件要取代现有的软件,需要有超众的优势,这并不容易。同时,新开发的工业软件需要不断总结现场使用的经验和知识,不断完善。面对市场中越来越完善的各种国外工业软件,我们该怎么办,如何培养相关人才,如何开发出有竞争力的产品?

中国有大量使用国外工业软件的人才,有许多公司和业务员在推销国外工业软件,他们对工业软件应该是怎么样的、该朝哪些方向发展,有自己的真知灼见。需要考虑:如何利用新一代信息技术把这些人才和知识集聚起来,支持中国工业软件的发展。

5. 面向智能制造的知识获取和整理难

目前已经大获成功的人工智能应用案例,无非是数据和知识相对容易获取的个案,如智能翻译系统可以通过大众的翻译逐渐完善,下棋的人工智能软件通过与人的对弈和自我对弈获取知识。对于智能制造而言,设计、制造和服务等方面的大部分知识是隐性知识,还在人们的头脑里,甚至还需要通过大量实验、研究去获取。这些知识的获取和整理一直是智能制造的瓶颈。例如,30多年前人们对于智能CAPP(计算机辅助工艺规划)系统进行了大量的研究,但就是因为这一点而无功而返。

6. 内部专家知识传承难

高端制造业是知识密集制造业,对各个方面的知识型员工都迫切需要。而内部专家知识共享和传承似乎越来越难。例如某复杂装备生产企业,其产品在国内外市场占有率第一,但最近发现产品某环节的质量出了问题。过去一直做得好好的,为什么现在却不行了? 一查原因,原来某位师傅退休了,后面接手的人所做的活儿达不到原来的技术水平。

过去师傅带徒弟,师傅教得无私,徒弟学得努力。现在,师傅担心"教会了徒弟,饿死了师傅",而徒弟也往往学得不上心。这样的难题如何解决?

7. 外部核心技术获取难

向高端制造业发展需要学习先进技术,但要获取外部核心技术越来越难。例如,我国汽车行业拿市场换技术并没有取得成功。我国高铁行业拿市场换技术虽然取得了成功,但并没有将全部的核心技术和知识拿到手。因为,国外企业只是将一些容易学习和模仿的技术转移出来,而对核心技术和知识则秘而不宣。如何依靠自己的努力掌握制造业的核心技术?

8.科技人员终身培训难

德国工业4.0提出科技人员应终身培训,以面对迅速发展的新技术。我国企业面临的问题是:企业花钱培训了员工,而员工对企业忠诚度不高,动不动就跳槽,企业培训费也就"付诸东流"。因此,这导致了企业参与人才培养的主动性和积极性不高,人才培养培训投入总体不足。[①] 这里的问题是:如何保障企业培训的积极性,同时又要保障人才的合理流动,以便充分发挥他们的积极性?

利用新一代信息技术帮助我们快速、有效地获取和整理出智能制造所需要的知识,这是实现制造强国的关键。

二、企业分布化对知识型员工能力和素养的需求

1.企业分布化的特点和背景

在新一代信息技术的支持下,企业分布化是未来制造业的发展方向。[②]企业分布化的特点是企业分散化和集成化的统一、员工自主化和自律化的统一。

企业分散化和员工自主化表现在:

(1)大企业权力下放,形成具有较大自主权的小团队,如美国Space X的扁平化管理、日本稻盛和夫的阿米巴经营、海尔的独立经营体和小微企业等,把决策权、分配权、用人权下放给员工。[③]

---

① 教育部,人力资源和社会保障部,工业和信息化部.制造业人才发展规划指南[R/OL].(2016-12-27). http://www. miit. gov. cn/n1146290/n4388791/c5500114/content. html.

② Leff A, Prokopek J, Rayfield J T, et al. Enterprise javabeans and microsoft transaction server: Frameworks for distributed enterprise components[J]. Advances in Computers,2002,54(1):99-152.

③ 秦朔. 难得一见的张瑞敏深度专访:万字长文全面解读海尔的模式巨变![EB/OL].(2017-12-31). http://www. sohu. com/a/193320456_180284.

（2）小企业纷纷涌现，如淘宝与 eBay 上的网商。统计数据表明，从 20 世纪 60 年代开始，OECD 国家企业平均规模变小。①

现在的企业对员工的创造性和主动性要求越来越高，市场对企业的灵活性要求越来越高。这就要求员工有企业主人翁的心态、爱厂如家的精神，要求员工对企业有很大的忠诚度。对此，最好的方法是"人人都是 CEO"。②

企业分散化和员工自主化的目的是提高员工工作及创新的积极性和主动性。仅有企业分散化和员工自主化是不够的，小企业难以完成复杂产品的所有工作。社会上投机取巧者大有人在，在相互协同过程中会有人投机取巧、不讲信用，最终导致"劣币驱逐良币"。因此，需要企业在信息、知识的共享层面实现集成化和自律化，其主要表现在：

（1）大企业平台化。例如，海尔将自己平台化，任务是为小微企业的创新创业提供资源支持。在与大企业的合作中，小企业可以进一步提升满足客户需求的能力以及促进自身供应链稳定。③

图 2-1 描述了海尔的企业平台化和员工创客化模式。

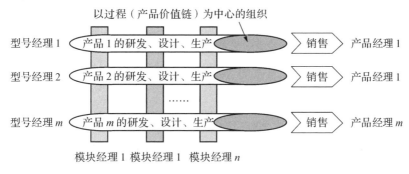

图 2-1　海尔的企业平台化和员工创客化模式

（2）小企业协同信用透明化。例如，淘宝的信用评价体系通过用户评价、企业行为大数据分析等防范个别人不讲信用和不讲质量的行为。

（3）小企业协同网络化。小企业间的协同创新高度依赖互联网等多种

①　张永生. 中小企业平均规模变化的国际比较［EB/OL］. (2001-10-19). http://www. drc. gov. cnzjsd20060705/4-4-2869171. htm.

②　翟志慧. 新海尔：人人都是 CEO［EB/OL］. (2016-08-27). http://www. 360doc. com/content/16/0827/19/36079981_586358718. shtml.

③　Brink T. SME routes for innovation collaboration with larger enterprises［J］. Industrial Marketing Management，2017(64)：122-134.

信息技术。通过互联网与各种信息技术，小企业可以较容易地找到自己的合作伙伴、交易对象，实现供需匹配。

新一代信息技术为分布化企业的发展提供了很好的环境，可以有效支持中小企业之间、企业内的小团队之间的协同，并帮助监管协同过程，防止投机取巧现象的出现，为中小企业提供了与大企业平等竞争的机会。中小企业将通过全球化协同成为制造业的主流。①

企业集成化和员工自律化的目的是通过小企业和小团队间的集成、员工间的紧密配合，协同完成复杂产品的研发和制造任务，通过信息的透明化解决投机取巧、不讲信用和质量等问题。

图 2-2 描述了企业组织层次的变化和企业分布化的趋势。

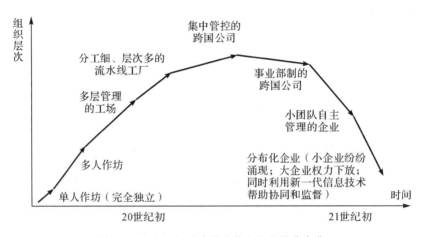

图 2-2　企业组织层次的变化和企业的分布化

2.企业分布化对知识型员工能力的需求

我国制造业可持续发展的关键是创新，这需要培养大量的知识型员工。企业分布化中知识型员工的最大特点是：既是技术人员，又是管理人员，更是 CEO（企业主管）；既是小企业或小团队中的一员，完成自己负责的责权利高度统一的任务，又有促进不同的小企业或小团队相互协同完成复杂任务，进行产品全生命周期优化和管理，实现制造业生态系统协同优化的使命，具有自主和自律相统一的特质。因此，企业分布化对知识型员工能力的需求

① 商意盈，魏一骏. 马云：未来 30 年公司灵活性将成为发展关键[EB/OL].（2017-01-25）. http://www.xinhuanet.com/fortune/2017-01-25/c_1120381859.htm.

主要是以下几个方面(如图 2-3 所示)。

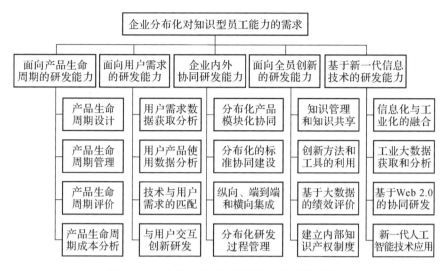

图 2-3 企业分布化对知识型员工能力的需求

(1)面向产品生命周期的研发能力

企业分布化一方面要求企业变"小",发挥每位员工的积极性和创新性;另一方面要求企业变"大",不只是考虑自己的工作内容,还要考虑产品生命周期的优化。面向产品生命周期的研发能力包括以下几个。

1)产品生命周期设计能力:在考虑产品研发的初期就充分考虑产品的可制造性、可装配性、可维护性、可回收性等。[①]

2)产品生命周期管理能力:在产品生命周期全过程中,保证使用户满意、企业满意、员工满意、社会满意。

3)产品生命周期评价能力:了解产品在其全生命周期中对环境的影响,帮助改善产品的绿色性。

4)产品生命周期成本分析能力:全面分析产品的制造成本、维护成本、报废回收成本等,目标是产品生命周期成本最低,而不仅仅是某一环节的成本最低。

(2)面向用户需求的研发能力

企业分布化要求企业中的员工都直接面向用户,特别是知识型员工,其

---

① 顾新建,顾复. 产品生命周期设计——中国制造绿色发展的必由之路[M]. 北京:机械工业出版社,2017.

研发要紧密贴近用户需求,要对用户需求做出快速反应。面向用户需求的研发能力包括以下几个。

1)用户需求数据获取和分析能力:善于利用互联网、微信、博客、网络社区等快速获取用户需求数据,用大数据分析技术帮助了解和分析用户需求。

2)用户产品使用数据分析能力:通过智能产品获取用户的产品使用数据,如智能空调不仅让用户有很好的体验,还帮助企业获得用户的使用习惯。用户的需求是创新的源泉。

3)技术与用户需求的匹配能力:企业要关注客户关注的东西,让懂技术的人与客户进行密切、频繁的接触和交流。

4)与用户交互创新研发能力:不仅可以快速获取用户需求,而且可以提高用户对产品的忠诚度,让用户成为企业和产品的粉丝。

(3)企业内外协同研发能力

企业分布化中的小企业和小团队是一种自我管理的、以过程为中心的组织,产品的主要研发人员往往承担小企业和小团队的领导者的角色。例如,海尔的研发人员往往同时是产品的小微企业主。这样就要求研发人员不仅技术精湛,而且有较强的小企业和小团队的管理能力。虽然企业小型化本身能够简化管理、提高管理效率,但还是需要一种高效的管理方法,有效开展企业内的协同研发。

企业分布化并不是所有的事情都是小企业或小团队自己做,他们只做自己最擅长的事情,大量的非核心能力的工作则外包。产品很复杂,需要小企业和小团队之间的协同工作和协同创新。企业小型化无疑会增加协同的难度,因为大家都有自己的考核指标和利益。但是,通过协同过程的信息化和标准化、产品结构的模块化和零部件的标准化,可以有效降低协同的难度。

员工的企业内外协同产品研发能力主要包括以下几个。

1)分布化的产品模块化协同能力:产品模块化是开展专业化分工协作的重要基础,产品模块化涉及产品越多,参与企业越多,效果往往越好,但工作难度增加,需要采用分布化的产品模块化协同方法。①

2)分布化的标准协同建设能力:德国的工业 4.0 提出标准先行,先标准化,后智能化。标准化涉及的企业和部门多,工作量大,需要一种分布化的

---

① 顾新建,杨青海,纪杨建,等. 机电产品模块化方法和案例[M]. 北京:机械工业出版社,2013.

标准建设方法,以提高效率和质量。

3)纵向、端到端和横向集成能力:这是德国工业 4.0 提出的三大集成,即在企业内围绕产品价值链的纵向集成、企业间围绕产品价值链所有节点的端到端集成、跨产品价值链的横向集成,这三大集成是实现分布化制造的基础。

4)分布化研发过程管理能力:利用新一代信息技术可以帮助开展分布化企业间的研发协同过程管理。例如,海尔的海达源模块供应商平台,将供应商提供的几千种模块集中在一起供产品设计师选用。通过模块的使用情况、用户评价情况等的透明化,方便了设计师的选用。

(4)面向全员创新的研发能力

只有把员工的创新积极性都充分发挥出来,企业的创新能力才能得到极大的提高。面向全员创新的研发能力包括以下几个。

1)知识管理和知识共享能力:企业分布化的目的之一就是充分发挥每位员工的创新积极性。实现全员创新,仅有积极性是不够的,还需要科学的方法。创新需要知识的积累和共享,知识型员工要善于利用新一代信息技术建立透明、公平的创新环境,建立知识共享平台,促进全员创新和持续创新。[①]

2)创新方法和工具的利用能力:例如,Triz 创新理论和方法以及计算机辅助创新系统等能够提高创新能力。[②]

3)基于大数据的绩效评价能力:员工创新评价难,进而导致公平激励难。所以,需要依靠员工创新过程的大数据,对员工的创新过程和成果进行评价,最终实现透明、公平的员工创新绩效评价。

4)建立内部知识产权制度:其目的是要鼓励员工积极地知识共享。当然,如果该知识需要保密,则可以存放在加密的知识库中。

(5)基于新一代信息技术的研发能力

新一代信息技术是企业分布化的重要的技术基础。基于新一代信息技术的研发能力包括以下几个。

1)信息化与工业化的融合能力:这既是当今创新的方向,如基于物联网的

---

① 顾新建,马步青,倪益华. 透明公平的制造业发展环境探讨[J]. 计算机集成制造系统,2017, 23(1):186-195.

② 陈良兵,朱莉,王玉皞,等. 基于 TRIZ 和专业课程紧耦合关系的教学方法研究[J]. 高等工程教育研究,2016(6):190-193.

智能产品,又是创新的支撑,如信息技术可以提供透明的、集成的创新环境。

2)工业大数据获取和分析能力:来自于产品生命周期的、不同产品的工业大数据可以帮助创新,提高创新的成功率。未来可以大数据环境下的海量信息资源为外脑,用技术方法弥补工程技术人员个体的有限能力,从创新方案生成的"黑箱"的外围入手,通过信息技术的综合应用,借助方法的工具实现创新能力的突破。①

3)基于 Web 2.0 的协同研发能力:利用 Web 2.0(如微信、博客、威客、维基等技术和模式),可以有效开展企业与用户以及企业间的协同研发。

4)新一代人工智能技术的应用能力:如虚拟现实、机器学习等,将大大提高产品研发的效率。

3. 企业分布化对知识型员工素养的需求

企业分布化对知识型员工素养的需求主要有以下方面(如图 2-4 所示)。

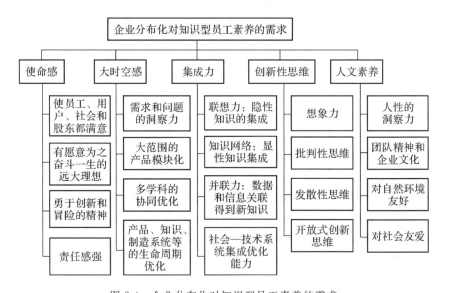

图 2-4　企业分布化对知识型员工素养的需求

---

① Hao Shi, Gang Huang, Xing-sen Li, et al. On the training model of innovation capability of engineering and technical personnel in environments of big data[C]. Proceedings of 2014 3rd International Conference on Physical Education and Society Management (ICPESM 2014 V24) Sanya,China. 2014-02-20:397-402.

（1）使命感

1）员工满意、用户满意、社会满意、股东满意。这四个"满意"是在企业分布化中研发人员应具有的使命感，即：使员工满意，就是要热爱员工，尊重员工，让员工对自己的工作满意，热爱企业，对企业有很高的忠诚度，这样才能使员工的创新激情充分发挥出来；使用户满意，就是要为用户提供他们所需要的好产品；使社会满意，就是要考虑如何让世界因你的创新而变得更加美好，而不是去污染环境，影响人们的身心健康；使股东满意，就是要为企业和社会创造更大的价值。

2）要有远大理想：愿意为之奋斗一生，热爱创新。

3）要有勇于创新和冒险的精神：因为产品研发往往充满艰难和风险，有时需要做大量的试验，承受大量的失败。

4）责任感强：忠诚于自己的事业，具有良好的职业道德。

（2）大时空感

大时空感包括大空间感和大时间感。大时空感与使命感密切相关，有远大理想，问题就看得深、看得透、看得广。

1）需求和问题的洞察力：大空间感中的空间包括问题、社会、产品、用户需求等。大空间感就是对这些空间有很深的洞察力。

2）大范围的产品模块化：这也是一种大空间感。产品模块化所考虑产品种类越多，效果往往越好。

3）多学科的协同优化：这也涉及大空间感。协同研发所跨学科越多，往往越容易取得突破。

4）产品、知识、制造系统等的生命周期优化。大时间感中的时间主要是产品、知识、制造系统等的生命周期，需要进行的是这些资源的全生命周期优化。

（3）集成力

有了大时空感，还需要行动，这就是集成力。

1）联想力——隐性知识的集成：产品研发需要人的丰富联想。

2）知识网络——显性知识集成：这可以帮助提高知识的搜索和重用的效率。

3）关联力——数据和信息关联得到新知识：这不仅需要信息技术的支持，也需要人的判断和分析。

4）社会—技术系统集成优化能力：德国工业 4.0 的报告认为，工业 4.0 还是以人为主，这里的人主要是知识型员工，要发挥他们的积极性，要支持他们与智能制造系统的协同,需要进行社会—技术系统集成优化设计,包括社会系统和技术系统的匹配、面向快速发展的技术系统的社会系统适应性优化等。

（4）创造性思维

创造性思维对于提高创新效率十分重要,其主要包括以下几点。

1）想象力:创新的对象在真实世界中往往还不存在,需要想象。想象力是人类创新的源泉。制造业创新需要新产品概念、产品新结构、新的加工工艺、新的服务模式等的想象力。

2）批判性思维:创新要超越过去,超越自我,这就需要用怀疑、审视的眼光分析现状。

3）发散性思维:发散性思维是创造性思维最主要的特点,是测定创造力的主要标志之一。

4）开放式创新思维:例如特斯拉开放所有专利,让更多的人或企业跨过一个较低的门槛就可以站在巨人的肩膀上,投入世界电动汽车发展和普及的浪潮中。[①] 当然,由此一来,特斯拉的专利就成为事实标准。

（5）人文素养

1）人性的洞察力:海尔张瑞敏对企业管理的认识已经深化到对人性的认识,认为公平和尊重是人性的最大需求。企业的分散化和自主化体现了公平与尊重。企业需要通过满足这种需求来激励员工的积极性。

2）团队精神和企业文化:创新需要不断试验和经历失败,创新需要一种宽容失败、鼓励创新的文化。

3）对自然环境友好:所开发的产品、所从事的生产制造都要牢记对环境要友好,尽可能不要增加环境负担。

4）对社会友爱:所开发的产品、所从事的活动都要有利于人类的幸福,具体一点就是有利于用户的身心健康,有利于社会的和谐发展,有利于员工及其家庭的幸福美满。

三、个人知识管理和个人知识网络

1. 问题

工科学生或企业科技人员在学习或工作中常常会遇到如下问题。

---

① 钱嘉春. 关于开放式创新,不得不看的八个案例[EB/OL]. (2015-02-03). https://article. pchome. net/content-1786405. html.

（1）多学科知识集成问题

产品和过程创新往往涉及机械、电子、计算机、管理等不同学科，如何在较短的时间内将如此众多的知识融会贯通，从系统整体的角度解决企业中的创新问题。

（2）知识间关系描述问题

知识很多，关系复杂，如何有效描述知识，使之能够快速检索和重用。

（3）碎片知识有序化问题

面对大量涌现的碎片化知识，面对新陈代谢迅速的知识资源，需要有行之有效的方法帮助过滤、集成、更新。

（4）知识深层次学习问题

提高学习效果的关键是要进行深层学习，即侧重知识深层次的加工，理解学习内容并内化。而浅层学习指的是学习仅停留在知识的表面，只记住一些没有关联的知识。需要一种方法帮助进行知识的深层次学习。[①]

新一代信息技术的发展为解决上述问题带来了机遇，能够帮助人们提高学习效率，使学习后"胸有成竹"。知识网络有隐性和显性两种。"胸有成竹"就是一种隐性知识网络。

2. 个人知识管理是要建立个人的知识网络

百度百科关于个人知识管理的定义是：个人知识管理是将个人拥有的各种资料、随手可得的信息变成更具价值的知识，最终利于自己的工作、学习和生活。通过对个人知识的管理，人们可以养成良好的学习习惯，增强信息素养，完善自己的专业知识体系，提高自己的能力和竞争力，为实现个人价值和可持续发展打下坚实基础。[②]

这里的专业知识体系就是个人知识网络。个人知识管理通过集成相关的外部显性知识，梳理自己的隐性知识，完善自己的隐性知识网络，建立个人的显性知识网络，以便在创新或工作时，可以快速整理出所需的知识。

---

① 景红娜，陈琳，赵雪萍. 基于 Moodle 的深层学习研究［J］. 远程教育杂志，2011(3)：27-33.

② 百度百科. 个人知识管理［EB/OL］.（2018-10-03）. https://baike.baidu.com/item/％E4％B8％AA％E4％BA％BA％E7％9F％A5％E8％AF％86％E7％AE％A1％E7％90％86/6290596? fr＝aladdin.

3. 显性知识网络的典型案例

欧几里得《几何原本》的内容大多是沿用前人的,欧氏的贡献在于创立并运用公理方法,将前人的知识"材料"整合成"一座巍峨大厦",形成一种知识网络。

牛顿、麦克斯韦等人采用这种方法编著陈述自己理论的书,展示了牛顿力学、电动力学等的整体结构形式原理。

门捷列夫也是基于他人积累的知识"材料"——63种元素,建立了门捷列夫周期表,从而将一个知识网络及其原理,简明形象、一目了然地展现在一页纸之上。

第二节　个人显性知识网络

思考题:

(1)你有个人显性知识网络吗? 你希望你的个人显性知识网络是什么样的?

(2)如何建立自己的个人显性知识网络?

(3)如何利用个人显性知识网络撰写科技论文?

(4)如何利用个人显性知识网络撰写文献综述?

一、个人显性知识网络的需求

大家可能有这样的经历:

• 曾经看过的知识,现在不知在哪里。

• 有很好的解决问题的方法在互联网中,但不知道,还在重复想这个方法。

• 每天辛苦学习,但学了就忘,效率很低。

• 面对如此多的文献知识,不知从何下手。

• 要写出高质量的论文,感到困难重重。

……

个人显性知识网络可以帮助解决这些问题。

个人显性知识网络是一种面向个人的、由知识构成的知识库,是一种个人的知识体系,包括知识及其评价、知识的相互关系、谁有相关知识、如何利用知识等。[1]

个人显性知识网络的需求主要包括以下几个方面。

1.个性化

如果说过去的学习是以学科知识为中心,那么未来的学习应该以问题解决为中心,以个人需求为中心。学生不再需要按照前人规定的知识体系来建构自己的知识网络,而应该根据个人需求和解决问题的需要来建构自己的知识网络,这有助于创新。[2] 作为研究生,需要围绕自己的研究方向和论文建立自己的知识网络。当然,对于本科生,由于其研究方向还没有确定,所以仍需围绕所学专业建构自己的知识网络,把基础打扎实,但也可以根据自己的兴趣和能力,建构自己的知识网络。

2.结构化

知识网络是把知识结构化了,使得人们能够快速找到所需要的知识,有助于知识的学习、存储和利用。

3.显性化

个人的显性知识网络对于知识的学习、存储和利用也是有很大价值的。"好记性不如烂笔头",在知识爆炸、知识迅速发展的今天,更需要建立个人的显性知识网络。信息技术的发展为建立个人的显性知识网络提供了很好的条件。

4.全息化

对于某一知识点,显性知识网络应尽可能提供完整的相关知识,形成所谓的知识包,而不是支离破碎的知识,这样能够提高知识的利用效率。

---

[1] 姚飘,张元.基于新建构主义的"互联网＋"课堂教学模式探究[J].信息通信,2017(7):286-287.

[2] 王竹立.新建构主义:网络时代的学习理论[J].远程教育杂志,2011,197(2):63-67.

5.可重构优化

显性知识网络需要与时俱进,不断优化。

通过自己建构个人的显性知识网络,可以改变学习方式,激发学习兴趣,提高个人的知识管理能力、学习效率和协作能力,养成善于利用 Web 知识库和知识管理工具,勤动手、勤思考、勤总结的好习惯。

基于个人的显性知识网络可以帮助人们快速搜索知识,得到想要的知识,进行知识应用;可以进行基于非相关文献的知识发现①;可以进行基于知识网络的知识融合,促进创新;可以发现知识结构空洞,帮助确定创新方向。

二、个人显性知识网络的构建

1.显性知识的获取

现在显性知识的获取非常方便,各种中文的文献型知识在中国知网(http://www.cnki.net/)中都可以找到,并可以获得一些数据,进行各种分析(如图 2-5 所示)。

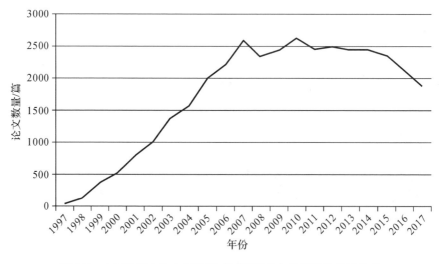

图 2-5　中国知网中的主题为"知识管理"的文献篇数的增长趋势

---

① 张云秋,冷伏海. 基于非相关文献知识发现中的文本挖掘研究[J]. 情报理论与实践,2007(2):194-197.

文献检索往往与检索的课题性质和所检索的文献类型有关。文献检索的方法主要有顺查法、倒查法、抽查法、追溯法和综合法。顺查法、倒查法都是按照时间顺序进行检索。追溯法是指利用已经掌握的文献末尾所列的参考文献,逐一地追溯查找引文的一种最简便的扩大情报来源的方法。它还可以从查到的引文中再追溯查找引文,像滚雪球一样,依据文献间的引用关系,获得越来越多与内容相关的文献。

英文文献可以查询 Web of Knowledge 的数据库以及美国哥伦比亚大学的数字图书馆,其网址是:http://www.columbia.edu/culwebhelpcliokeyword.html。

在文献阅读中要善于从文献的参考文献中找到该领域的重要文献。对于重要文献要精读。

在互联网中通过百度、谷歌等搜索引擎也可查到大量知识。

在知识阅读中,会发现许多知识是没有价值的,对这些知识就快速浏览过去,不要浪费时间。

一般情况下博士论文的价值最大。重要期刊的文献综述文章对于入门者也有很大价值,可以帮助人们快速知道哪些文献型知识是重要的。

2. 显性知识网络的构建

显性知识网络可以用多种方式进行构建。

(1)最简单和现成的显性知识网络构建方法

首先在自己的计算机中建立一个知识分类目录,将从中国知网等检索到的有价值的知识存放到相应的目录下,并阅读该知识,将其中有价值的部分复制到一个相应主题名的 Word 文档中,并以知识名为标题建立索引。特别要注意的是,要将该知识完整的引用信息放在该标题下,以便使用该内容时方便找到出处。

然后,将有价值的知识抽取出来,形成一份研究报告,如同专著或学位论文,这就是知识网络。

在此基础上,不断补充、修改、完善知识网络,目的是要让自己在需要的时候能够快速找到知识,同时对所学到的知识进行系统的梳理和积累,避免遗忘。

图 2-6 所示为个人的显性知识网络构建过程。

(2)基于新一代信息技术的显性知识网络构建方法

个人的显性知识网络是基于泛在网络环境,包括互联网、物联网、移动

基于新一代信息技术的知识资源共享和协同创新

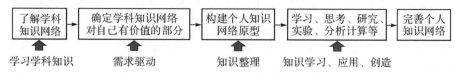

图 2-6　个人的显性知识网络构建过程

互联网等的。知识载体不限，可以是网页、Word 或 PDF 文档、图片、视频等。

1）知识集成。看到有价值的知识可以马上集成到显性知识网络系统的基础知识库中，并且可以附上自己的评价。系统应具有智能，能够自动完成以下工作：一是能判别该知识在系统中是否重复，只有不重复的知识才进行存储；二是有重复的知识需要判别是否是更早的版本，如果是的话就用它代替后面版本的知识，尽可能使存储的知识是原创的；三是快速判别该知识所属的类别，并进行正确的归类；四是同时保存知识的出处、关键词、作者、获取时间等数据。

2）知识元提取。在阅读知识时，发现和提取有价值的知识元，并可以附上自己的评价。因为一篇文献可能要关心的是其结论，也有的是关注其方法。将知识元集成到基于新一代信息技术的显性知识网络系统的知识元数据库中，系统自动完成的工作基本类似于知识集成。

3）显性知识网络原型构建。根据需要，将相关知识元（包括自己的评论）集成在一起，形成显性知识网络的原型，或称文献综述的素材。

4）显性知识网络提炼。在原型的基础上，进行分析加工和提炼，找出知识发展的规律，发现知识内隐含的关系，预测未来的发展趋势，将这些自己的研究心得、成果等聚集在显性知识网络中。

5）显性知识网络维护。在平时的工作和学习中的新的收获和发现，都可以随手嵌入到知识网络中，使显性知识网络越来越完善、自己创新的知识越来越多，最终可以成为一篇学位论文或专著。

3.显性知识网络可视化模型

显性知识网络可视化模型可以描述知识之间的关系，例如：

（1）认知地图

认知地图主要由节点和有向弧组成，节点代表知识（思想或文档），有向弧代表节点之间的认知关系和前后传承关系。

（2）概念图

概念图是将某一主题的有关概念置于圆圈或方框之中，然后用连线将相关的概念和命题连接，连线上标明两个概念之间的意义关系。

（3）思维导图

思维导图将各种点子、想法以及它们之间的关联性以图像视觉的景象呈现。[①]

这些可视化模型既可以描述个人的，也可以描述企业的显性知识网络。

三、显性知识网络与科技论文

科技论文可以看作是一种小体量的显性知识网络。

1.科技论文的内容[②]

（1）标题

标题应简明、具体、确切，充分概括论文内容和主题，符合编制题录、索引和检索的有关原则，并有助于选择关键词。科技论文写作规定：中文题名一般不宜超过 20 个汉字；外文（一般为英文）题名应与中文题名含义一致，一般以不超过 10 个实词为宜。尽量不用非公知的缩略语，尽量不用副标题。

（2）摘要

摘要应概述研究的目的、方法、结果和结论。对背景材料不要交代太多。

（3）关键词

为了便于检索，一般列 3～8 个关键词，主要从《主题词注释字顺表》中选出，或从《汉语主题词表》中选出。主要关键词一般包含在题目、摘要、子标题、正文里。正确选取关键词并核对无误。中英文关键词应完全一致。

（4）引言

引言一般是小综述，侧重介绍与论文研究相关的文献，这是对以前相关

---

① 汤铭.促进学生创新思维发展的思维导图教学研究［D］.上海：上海师范大学硕士学位论文，2006.

② 王应宽.科技论文是修改出来的［N］.中国科学报，2017-04-21；程靖.如何提高论文投稿命中率？［EB/OL］.（2017-08-26）.http://www.sohu.com/a/167399580_372418.

研究的思路和方法的综合。通过文献综述说明现有研究状况,需要说清楚人们的研究已经做到哪里了,是怎么做的,还有什么没有做,特别要说明其中存在的不足,从而引出所要研究的问题,为本文的研究提供依据和铺垫。并且需要指出所要研究的内容的理论意义和实用价值,说明论文在选题、技术路线、结果结论等方面的创新点。撰写文献综述时,可以通过比较和对照的方法,按照时间顺序或逻辑顺序排列文献。一般建议教材和工具书不列入参考文献。建议采用第三人称,不要用第一人称,如"我国"。引言、摘要、结论的内容尽可能不重复。

(5)正文

正文铺陈所研究的具体内容、技术路线和方法,注重对试验结果与应用效果的分析。不要简单地堆砌或罗列图表数据,应采用统计分析技术和定性与定量综合法,通过比较、分析、统计、推理等,归纳出数据中所隐含的规律性的东西。文字叙述简洁明了,切忌以偏概全、夸夸其谈。在行文过程中需要注意说明所引用的前人观点和自己创新结论之间的关系。

(6)结论

结论应如实概括论文主要的研究结论和前景展望,表述应该精炼,最好分段陈述,有条有理。结果和结论尽量详细,应包括重要数据。

(7)致谢

致谢部分主要是感谢资助方和曾给予重要帮助的人员。

(8)参考文献

参考文献信息要求按照标准著录。

(9)附录

附录用来给出不宜列入正文的演绎过程和某些依据(程序、数据等)。

图 2-7 为科技论文的一种通用的显性知识网络。

2.科技论文写作的一般过程①

(1)明确论文的主题

采用何种思路、观点和方法,解决了什么问题,尤其是要确认应突出的创新点,想清楚怎样用鲜明的观点组织材料。

---

① 戴世强.科技论文写前需要这么多步骤?看完你就懂了……[N].中国科学报,2016-09-29.

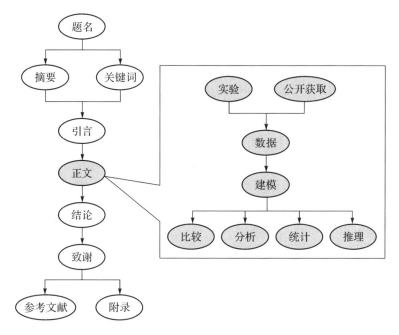

图 2-7　科技论文的一种通用的显性知识网络

（2）阅读参考文献

做研究需要阅读足够多的参考文献，博士研究生学习期间至少应该读过数百篇参考文献。在阅读的时候要注意培养独立思考的精神，许多时候研究的想法就是来源于对他人的怀疑和批判。阅读要有详有略，大多数文章快速浏览即可，而一些与自己非常有关的文章则需要反复精读。①

（3）研究素材堆积

先将研究素材集成在一起，形成显性知识网络原型。

（4）研究素材整理

对显性知识网络原型进行整理，将研究素材进行去粗存精、去伪存真，把公式、数据、图表等整理成可发表的形式。

（5）创新性研究

对研究素材进行深入分析，发现新的结论，提出创新点，形成新的显性知识网络。

---

① 教你硕博怎样做研究、做演讲和发表文章［EB/OL］.（2018－01－09）. http://www.sohu.com/a/215479946_453160.

（6）补充研究内容

在研究和写作过程中可能会发现一些欠缺或薄弱之处，需加以补充研究，完善显性知识网络。

（7）确定拟写作论文类别

虽然每篇论文的内容都不同，但是其论文结构却大同小异。关键是要多看一些经典范文，在做科研初期多学习别人的表达方式。确定要写的是快报、普通文章还是文献综述。对于许多学科领域来说，写作是有一定的"模板"的。

（8）选定拟投稿的目标刊物

熟悉目标刊物的"投稿须知"。

（9）论文内容组织

拟定论文大纲，考虑好成果的最佳表述形式，撰写论文。

（10）论文修改

论文是写出来的，同时也是修改出来的。在交稿前，要反复多次修改。交稿后，当编辑返回修改意见时，需要认真按照专家和编辑提出的意见修改论文。在修改好论文返回编辑部时最好附上一份修改说明，列出针对专家和编辑意见以及作者自己的检查做了哪些修改，对没有修改的地方进行解释说明。

3. 科技论文写作中需要考虑的问题

（1）研究所述及的课题的动机何在？

（2）前人已做了哪些工作？还存在什么问题？

（3）自己的研究在前人工作的基础上取得了什么实质性的进展？

（4）所研究的科学问题是什么？

（5）所进行的理论分析、数值模拟和实验研究的基本过程如何？

（6）如何令人信服地演绎和分析成果？

（7）从哪些角度验证成果的正确性和有效性？

（8）论文的主要结论是什么？

（9）有待于进一步深入研究的遗留问题何在？

当然，随着写作的进展，原定的思路和提纲可以随时发生变化。

4. 科技论文的写作规范化问题

（1）语言文字和逻辑表达

科技论文中的用词应当规范准确，避免口语化。表示同一概念的词或术语在全文中应统一。文中第一次出现的英文缩写若不是众所周知的,应给出英文全拼,下文中再次出现时可直接用缩写。语言表达应自然流畅,符合逻辑。

（2）公式

科技论文中出现的公式、字母、变量等,都需要说明其所代表的量的名称及其国际单位,上下角标等须清晰准确地标出。科技期刊排版规定,文中出现的向量、张量、矩阵都要用黑斜体（黑斜体指加粗的斜体）表示,而黑斜体变量的下标、矩阵元素和一般变量用斜体表示。文中表示相同意义的变量全文应统一名称,大小写应一致。只有那些被下文引用的公式才需要序号,公式的序号从 1 开始排序,公式序号直接用括号括起即可。

（3）插图和表格

尽可能用计算机绘图工具绘制论文中的插图,图中数字、文字、符号、图注等一律标注清楚。坐标图须标明坐标量的名称及其单位,照片图须标明图的上下方向及序号。插图和表格都要有标题,分图要有分图小标题,图题字数不要太长（对图的解释性词语应放在正文中）,且应在正文中按顺序引用。

四、显性知识网络与文献综述①

文献综述也是一种小体量的显性知识网络。

1. 相关概念

（1）按出版形式划分的文献

1）图书是对某一领域的知识进行系统阐述或对已有研究成果、技术、经验等进行归纳、概括的出版物。图书的内容比较系统、全面、成熟、可靠,但传统印刷版图书的出版周期较长,传递信息速度慢,电子图书的出版发行可弥补这一缺陷。

2）期刊,也称杂志,是有固定名称、版式和连续的编号,定期或不定期长期出版的连续性出版物。其特点是内容新颖、信息量大、出版周期短、传递信息快、传播面广、时效性强,能及时反映国内外各学科领域的发展动态。据统计,科技人员所获取信息的 65% 以上来源于期刊,它是十分重要和主要

---

① 鲍海飞.学生该如何写科技综述论文？［N］.中国科学报,2017-09-08.

的信息源和检索对象。

3)科技报告,也称技术报告、研究报告,是科学研究工作和开发调查工作成果的记录或正式报告。这是一种典型的机关团体出版物。其特点是内容新颖、详细、专业性强、出版及时、传递信息快,每份报告自成一册,发行范围控制严格,不易获取原文。

4)会议文献,指在各种学术会议上交流的学术论文。其特点是内容新颖、专业性和针对性强,传递信息迅速,能及时反映科学技术中的新发现、新成果、新成就以及学科发展趋向,是了解有关学科发展动向的重要信息源。

5)专利文献是实行专利制度的国家,在接受申请和审批发明过程中形成的有关出版物的总称。它包括专利说明书、专利公报、专利分类表、专利检索工具以及与相关的法律性文件。

6)标准文献是经过公认的权威机构批准的以特定的文件形式出现的标准化工作成果。技术标准是对产品和工程建设质量、规格、技术要求、生产过程、工艺规范、检验方法和计量方法等所做的技术规定,是组织现代化生产、进行科学管理的具有法律约束力的重要文献。其特点是对标准化对象的描述详细、完整,内容可靠、实用,有法律约束力,时效性强,适用范围明确,是从事生产、设计、管理、产品检验、商品流通、科学研究的共同依据,也是执行技术政策所必需的工具。

7)学位论文指高等学校或研究机构的学生为取得某种学位,在导师的指导下撰写并提交的学术论文,它是伴随着学位制度的实施而产生的。学位论文有博士论文、硕士论文、学士论文。博士论文论述详细、系统、专深,研究水平较高,参考价值大。

8)政府出版物指各国政府部门及其所属机构出版的文献,又称官方出版物。它可分为行政性的和科技性的两类。

9)产品资料指厂商为推销产品而印发的介绍产品情况的文献,包括产品样本、产品说明书、产品目录、厂商介绍等。

10)科技档案指在自然科学研究、生产技术、基本建设等活动中所形成的应当归档保存的科技文件,如课题任务书、计划、大纲、合同、试验记录、研究总结、工艺规程、工程设计图纸、施工记录、交接验收文件等。其内容真实、详尽、具体、准确可靠,保密性强,保存期长,是科研和生产建设工作的重要依据,具有很大参考价值。它通常保存在各类档案部门。

(2)不同层次的文献

人们在利用文献传递信息的过程中,为了便于信息交流,对文献进行了不同程度的加工,随之形成了不同层次的文献。

1)一次文献,指作者基于生产与科研工作成果所撰写的文献。无论它以何种手段记录、何种载体存储,也不论其是否参考、引用了他人资料,均为一次文献,如期刊论文、科技报告、会议论文、专利说明书等。一次文献的内容比较新颖、详细、具体,是最主要的文献信息源和检索对象。

2)二次文献,指对一次文献信息进行加工、提炼、浓缩后形成的工具性文献。它反映一次文献的外部特征和内容特征及其查找线索,将分散、无序的文献信息有序化、系统化,是文献检索的工具,也称检索工具,如目录、题录、文摘、索引、各种书目数据库等。二次文献对文献信息进行报道和检索,其目的是使文献信息流有序化,更易被检索和利用。

3)三次文献,指对一次文献和二次文献的内容进行综合分析、系统整理、高度浓缩、评述等深加工而形成的文献,如文献综述、述评、词典、百科全书、年鉴、指南数据库等。

2.文献综述的作用

(1)普及和推广相关知识

文献综述是对一段时间内在某个领域上学科发展的总结和概括,包括原理、方法和进展等,可以帮助读者在很短的时间内对某一领域内的发展有一个整体的印象和感知,快速掌握某一领域内的较为全面的知识及其进展。

(2)提高自身的综合分析能力和科学素养

在写作文献综述的过程中,能够不断提高自己的逻辑和综合分析能力,为下一步研究方向的探索和未来科研方向的选择提供有益的启示,通过对资料的综合分析也为其他科研人员提供了第一手的资料。

(3)建立某一方向的知识网络

对某一方向和某一时间段内的研究型论文进行较为全面的、系统的总结和综合分析,形成一个有机的知识网络,使知识有序化。

(4)推动某一方向的创新

文献综述主要是资料的收集和整理工作,但在这个过程中也需要有所创新,如对先前资料进行新的阐释,或者用已有的阐释来解释新的发现,并能够对研究进行适当的评估,给出建议等。

3.文献综述主要写作过程

(1)理清问题

理清问题包括资料来源、概括的方面、探讨的主题或者问题、对资料的评估等。

(2)找到模型,即写作参考的模板

寻找本领域内的综述文章,了解其写作方式和重点,并由此确定自己的归纳总结方式和主题。

(3)尽量缩小所要涉及的主题范围

学术研究文献成百上千,涉及面又广,因此,选择的文献主题范围要小一点,这样就比较容易掌控。

(4)所选择的内容是目前最新的

因为对于许多新文献,许多人还没有时间去了解,通过文献综述可以帮助他们快速了解。

(5)确定写作策略

先要找到一个聚焦点,围绕该点组织资料,而不是简单罗列资料来源。要厘清资料之间的关系,即相关性。要选择合适的描述方法,如采用按发表时间或者趋势等时间顺序的写作方法,或采用主题式、方法式等方法写作。在组织写作的过程中,要注意材料的选择,充分利用重要的文献、证据和引用,既要有总结又要有综合。原始稿件一旦完成后,还需要不断修改,反复锤炼。

五、显性知识网络帮助创新

通过表 2-1 的一些方法可以利用显性知识网络帮助创新。

表 2-1　利用显性知识网络帮助创新的方法

方法	显性知识网络的内容	原理	关键
缺点列举法	尽力列出某事物(如产品)的缺点,再选出主要缺点,形成显性知识网络,然后研究创新方案	矛盾分析结果用于发现新作用原理、新物理结构,进而找出相似实例	正确分析事物中所存在的矛盾
联想类推法	对显性知识网络中的知识的相似、相近、对比几种联想的交叉使用以及在比较之中找出同中之异、异中之同,从而产生创造性思维和创新的方案	描述世界万物内在规律的各门学科领域的知识具有相互关联的特性	快速找到与问题关联的知识,找到各种知识的联系

续表

方法	显性知识网络的内容	原理	关键
反向探求法	采用背离惯常的思考方法,对已有产品或已有方案的功能、行为、结构、原理等显性知识网络进行逆向分析和转换分析,寻求解决问题的新途径(新的知识网络)	突破常规,突破显性知识网络定式,实现创新	对显性知识网络的逆向分析和转换分析能力
组合创新法	打破现有的技术或产品的显性知识网络,将其中的功能、原理和结构等进行重构,将毫无关联的不同知识要素结合起来,摄取各种产品的长处使之综合在一起,形成具有创新性的设计技术思想或新产品,即新的显性知识网络	许多创新是由现有的技术或产品重构,由已有显性知识网络重组而来的	组合方案是无穷的,要有很好的直觉(隐性知识)快速摈弃无用的方案
知识链接法	通过各种方式将大量涉及创新的相关知识、与知识相关的实体链接组织在一起,组成显性知识网络,在每个知识供应者和知识使用者之间建立知识反馈,使知识交换更为有效	创新是一个动态、复杂的过程,也是知识管理的运作过程,它包括知识的组织、利用、产生和转移等	该方法适于更大范围内、更高层面上的创新

利用已有的显性知识网络帮助创新不是简单的"拿来主义",需要一些技巧和技能,如图 2-8 所示。需要注意防止"按图索骥"、教条主义等。

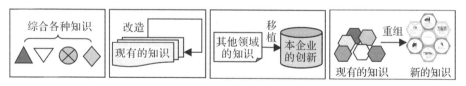

图 2-8　在已有的显性知识网络基础上进行知识创新

第三节　个人隐性知识网络

思考题:

(1)你是如何积累个人隐性知识的?如何提高学习效率的?

(2)你是如何构建个人隐性知识网络的?

(3)你是如何利用你的个人隐性知识网络帮助创新的?

一、个人隐性知识网络的需求

对于创新而言,隐性知识比显性知识更重要。创新主要依靠隐性知识,依靠发散性思维,依靠灵感。

1.问题

大家可能有这样一些问题:

• 为什么自己对所学知识这么容易遗忘,特别是记不住没有联系在一起的知识?

• 为什么知识传递时,被错误理解的知识的比例很高?

• 为什么碰到问题时,自己的点子总觉得少?自己的思路总比别人慢一拍?

• 为什么面对同样的知识资源,有的人用得活,能够融会贯通、举一反三?

……

个人隐性知识网络可以帮助解决这些问题。

隐性知识网络有助于隐性知识的学习、存储和利用。例如,特斯拉的老板马斯克曾分享了一条自己的经验:在学习的过程中,最重要的一件事就是将知识看作"语义树",确保自己理解了基本的原理,即主干和大的分枝,然后再去琢磨树叶这样的细枝末节,否则,它们会无处依附。马斯克也提到了知识之间的联系与迁移,人们往往记不住那些自己无法联系在一起的知识。如果没有一个"挂钩"来捕捉新知识,那它往往会一只耳朵进,另一只耳朵出。掌握知识就在于获取这些"挂钩"。①

所以,要构建个人的隐性知识网络,不断向自己的知识网络中增加所需要的内容,融会贯通,这样学习才会具有明确的方向和较好的效果。

2.隐性知识的类型及特点②

表 2-2 描述了隐性知识的 4 种类型及特点。

---

① 阿什利·万斯. 硅谷钢铁侠:埃隆·马斯克的冒险人生[M]. 周恒星,译. 北京:中信出版集团,2016.

② 田志刚. 个人知识管理(PKM)实施[EB/OL]. (2002-05-19). https://wenku.baidu.com/view/ab5b8a69a45177232f60a274.html.

表 2-2　知识的 4 种类型及特点

隐性知识类型	应对策略	怎么学
"知道自己知道"的知识	不需要重新去学习	只需要对这些知识进行整理并进行合适的存储,以便需要这些知识的时候能够找到它们
"知道自己不知道"的知识	把这部分知识作为学习知识的重点	根据需要有选择地学习。可以通过传统的上课或自学掌握,可以通过网络搜索引擎、图书馆找到相关的资料。
"不知道自己知道"的知识	需要从自己内部发现知识	需要对自己进行知识盘点,将这些知识整理出来将其转化为"知道自己知道"的知识
"不知道自己不知道"的知识	必须想办法掌握的知识,这是对我们的个人和组织最重要的知识	多交朋友、多看、多听、多思考

3. 建构主义理论与隐性知识网络

建构主义理论(constructivism)是认知心理学派的一个分支,也是一种关于知识和学习的理论。它强调学习者的主动性,对知识的主动探索、主动发现和对所学知识意义的主动建构(而不是像传统教学那样,只是把知识从教师头脑中传送到学生的笔记本),认为学习是学习者基于原有的知识经验生成意义、建构理解的过程,而这一过程常常是在社会文化互动中完成的。因此,建构主义学习理论认为"情境""协作""会话"和"意义建构"是学习环境中的四大要素或四大属性。这里的意义是隐性知识网络。

建构主义理论的一个重要概念是图式。图式是指个体对世界的知觉理解和思考的方式,也可以把它看作是心理活动的框架或组织结构。图式是认知结构的起点和核心,或者说是人类认识事物的基础。因此,图式的形成和变化是认知发展的实质。图式即为隐性知识网络。

认知心理学的研究表明,人类思维具有联想特征。超媒体的网状信息组织方式符合人类联想思维的特点,便于学生建立新旧知识之间的联系,使学生变被动接受信息为主动获取信息,激发学生自主探索知识的积极性。此外,网状信息呈现方式使知识表征多维化,学生可以以非线性方式灵活地在各个知识节点之间自由选择和浏览相关信息,有助于学生把握知识网络的复杂性,提高认知灵活性。[①]

---

① 景红娜,陈琳,赵雪萍.基于 Moodle 的深层学习研究[J].远程教育杂志,2011(3):27-33.

二、个人隐性知识的积累

1. 个人隐性知识积累的需要

隐性知识网络构建的第一步是隐性知识积累,即将显性知识转化为隐性知识,或称知识学习,将书本上、知识库等载体中的知识转化为大脑中的知识。

隐性知识积累不单是一个知识在大脑中的积累过程,也是一个提高创新素质的过程。

人类的知识总量正以前所未有的速度激增,新技术、新理论层出不穷,科技发展一日千里,知识创新的速度不断加快,知识更新周期大大缩短。处在这样一个日新月异的知识经济时代,每一个人,不论从事什么工作、具有何种学历,都面临着继续学习的问题。社会发展的速度远远超过了我们在学校所学知识更新的速度,知识或能力不够用成为导致生存压力的主要因素之一(并且会越来越严重)。终身学习是 21 世纪的生存方式。

随着知识经济的到来,知识更新的速度不断加快,学生在学校所学的知识在进入社会之后可能已经面临淘汰的命运。因此,越来越多的人离开学校后需要不断地在工作和生活中学习积累各种知识和技能。一个人最重要的能力,就是隐性知识积累的能力。

隐性知识的来源(如图 2-9 所示)主要有:知识内化,即通过知识库的学习、对数据和信息的知识挖掘,形成自己的知识;知识群化,即在与其他人员的知识交流中获取知识;知识创新,即通过创新形成新的知识。

显性知识的来源(如图 2-9 所示)主要有:知识外化,即从隐性知识转换而来;知识挖掘,即从各类数据的分析中得到知识;知识整合,即通过信息系统,从企业内外将各种各样的知识源囊括进来。把知识从其所在地方提取出来的同时,还要进一步对它们加以发掘提炼。

2. 在知识应用中积累隐性知识

在知识应用中积累隐性知识,即所谓的"实践出真知"。知识应用过程本身是一个隐性知识积累过程和知识创造过程。

(1)在工作过程中积累隐性知识

人们从事业务活动的过程同时就是一个不自觉地向大脑记忆库输入、

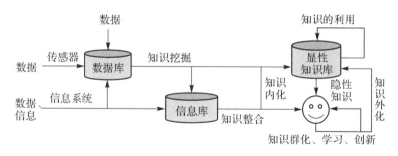

图 2-9 知识的来源

存储隐性知识的过程。工作与隐性知识积累的结合不仅能提高隐性知识积累的效率,而且能让员工乐在其中,提高对工作的兴趣。

图 2-10 描述了一种"显性知识—隐性知识—实践—隐性知识—创新—隐性知识"的隐性知识积累过程模型。

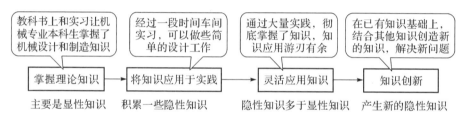

图 2-10 "显性知识—隐性知识—实践—隐性知识—创新—隐性知识"
的隐性知识积累过程模型

(2)通过计算机仿真学习

计算机仿真能够提高隐性知识积累的效率,及时发现创新中的问题。

(3)通过试验学习

试验是创造和检验新知识的活动,也是一种重要的隐性知识积累方式。

(4)通过轮岗和角色转换学习

例如,管理者在不同的岗位间轮换,并让其中最优秀的人承担一部分总经理的职责,也可以获得各种工作经验。

(5)利用互联网学习

互联网已经成为大家离不开的重要的隐性知识积累工具。互联网上的知识多如牛毛,如果要提高隐性知识积累的效率,必须善用搜索引擎工具,并要充分利用好浏览器的收藏夹,做好分类,建立个人专有的显性知识网络。

利用慕课(massive open online courses,MOOC)可以帮助人们提高隐性知识的积累效率,可以学到国内外最好大学的课程。2012年起,美国的顶尖大学陆续设立慕课,在网上提供免费课程。Coursera、Udacity、edX三大课程提供商的兴起,为更多学生提供了系统学习的可能。中国MOOC的网址有:https://www.icourse163.org/; https://mooc.guokr.com/; https://www.imooc.com/等。

3. 在与他人的互动中积累隐性知识

(1)通过社交网络学习

人际网络是隐性知识交流和积累的一个重要途径。通过人际交往,可以学到很多书本上学不到的知识。人际圈子越广,交往人员的素质越好,可能学到的知识就越多。多几个朋友有很大的价值,也许某一天某一个朋友的某一句话能使你发现自己"不知道自己不知道"的知识或发现自己"不知道自己知道"的知识。人际网络的获得和维持都不容易,但建立后,往往是可以获得最直接、最深入的知识的重要来源。因此,应尽可能扩大交往圈子,多与朋友交往,多沟通讨论,在交往中积累隐性知识。

(2)通过虚拟社交网络学习

互联网中有许多知识社区,微信中有许多朋友群,比网下更容易找到"情投意合"的社区,与大家一起切磋学习。

4. 个人的隐性知识网络构建

个人的隐性知识网络构建是一种元学习方法,即指学习方法的学习、个体获得学习机制的学习,涉及的是关于个体如何获得其赖以进行学习的机能的问题。元学习能力应包括如下几种能力:会激励自己勤奋学习;会确立学习目标;善于选择能达到目标的最适当的学习方法;善于检测达到目标的情况,必要时采取补救措施;善于总结自己达成目标的成功经验和失败教训,及时调整自己的学习方法。[1][2]

---

① 元学习[EB/OL]. (2017-05-08). https://baike.baidu.com/item/%E5%AD%A6%E4%B9%A0%E5%85%83%E8%83/5020907? fr=aladdin.

② 元学习:让孩子成绩从中等到优秀[EB/OL]. (2015-11-28). http://www.sohu.com/a/45005071_125744.

三、个人的隐性知识网络与显性知识网络的融合发展

1.个人的隐性知识网络与显性知识网络的融合发展方法

个人的隐性知识网络与显性知识网络的融合发展强调利用"群脑"（群体思想库）与电脑（知识库），实现学习者的主脑与"群脑"、人脑与电脑相结合的多"脑"协同工作，这实际上是隐性知识网络和显性知识网络的协同工作。

个人的显性知识网络与其隐性知识网络需要集成，相互促进。一方面，显性知识网络是在隐性知识网络的指导下建立的，它是隐性知识网络的映射和延伸。另一方面，显性知识网络又能够帮助隐性知识网络的有序化和完善，有助于将头脑中的碎片化知识有机组织起来，提高知识的利用效率。

具体方法是要多读、多写、多思考，要善于利用互联网上的资源。可以利用微信、博客、网络社区等，将自己的所见、所闻和所想记录下来，并与人共享，扩大自己的交流范围。

古人说过：学而不思则罔，思而不学则殆。思是隐性知识网络的构建和整理，学是隐性知识的获取，要结合显性知识网络，形成新的学习模式，如图2-11所示。要读、思考和写一起进行，否则学习效率不会高。

显性知识 → 读 → 隐性知识 → 思考 → 隐性知识网络 → 写 → 显性知识网络

图2-11　个人的隐性知识网络与显性知识网络的融合发展

掌握隐性和显性知识网络的互动关系，不断完善隐性和显性知识网络。有一个伴随终身的显性知识网络，掌握一种隐性和显性知识网络协同发展的学习方式，将使自己终身获益。

2.个人的隐性知识网络与显性知识网络的融合发展的软件工具

一些个人知识网络构建软件工具如下所示。

（1）Microsoft OneNote

Microsoft OneNote可用于笔记本电脑或台式电脑，更适合平板电脑，其特点如下。

1）灵活性：可使用触笔、声音或视频创建笔记，可书写创意或绘制草图，可以从互联网中搜索和剪辑网页资源。

2）协同性：支持多人协作的版本控制。

3）结构性：每一页笔记都必须归类到一个笔记本与一个分区，便于查找知识与复习。但缺少标签功能，不利于发散性思维。

4）经济性：在使用的全过程中都是免费的。

（2）Evernote（也称印象笔记①）

Evernote的口号是：管理你的第二大脑，随时随地获取、整理、分享笔记，让灵感时刻与你同行，其特点如下。

1）支持所有的主流平台系统，一处编辑，全平台同步。同时，印象笔记支持 Web 版和移动网页版，可以在浏览器中打开操作。

2）用网页剪辑插件剪辑和保存完整的有价值的网页到印象笔记账户里。

3）可以搜索到图片内的印刷体中文和英文以及手写英文，对 PDF、Excel、Word、PPT 中的中文和英文也同样有效。

4）支持任意格式文件作为附件插入到笔记中，并实现跨平台同步，方便储存任意格式的资料。

5）允许不同用户之间多人共享和共同编辑一个笔记本，支持协作办公。

（3）有道云笔记

有道云笔记是网易旗下的有道公司推出的个人与团队的线上资料库，其特点如下。

1）采用了增量式同步技术。

2）云端存储，采用"三备份存储"技术，保障数据安全。

3）提供了 PC 端、移动端、网页端等多端应用，用户可以随时随地对线上资料进行编辑、分享以及协同。

（4）石墨文档

石墨文档是支持云端实时协作的企业办公服务软件，可以通过 PC 端和移动端实现多人同时在同一文档及表格上进行编辑和实时讨论。

（5）幕布

幕布是一种思维导图在线工具，其专注结构化的思维记录，把笔记结构化。

---

① 百度百科. 印象笔记. (2018-10-03.) https://baike. baidu. comitem％E5％8D％B0％E8％B1％A1％E7％AC％94％E8％AE％B0/1378865? fromtitle＝EverNote&fromid＝429331&fr＝aladdin.

（6）蚂蚁笔记

蚂蚁笔记支持语音、图片输入，随时用微信记录身边的一切。

（7）为知笔记

为知笔记除了保存网页、灵感笔记、重要文档、照片、便签等功能外，还支持团队记录和团队协作沟通的需求。

（8）麦库记事

麦库记事可以方便地随手记事、记备忘、拍照、录音、分类整理。同时，信息还将安全地存在云端的私密个人空间中，永不丢失。

第三章　企业知识管理

📖 **本章学习要点**

学习目的:提高企业知识管理能力、知识共享能力、企业知识网络建设能力、知识应用能力、创新能力。

学习方法:对于来自企业的工程师学员,可以联系自己的企业进行学习和思考,思考的问题主要有企业知识管理的现状、存在的问题、如何解决。或许你不是企业知识管理主管、不是企业领导,但你不妨从企业知识管理主管或者企业领导的角度进行学习和思考,这样你会收获多多。

对于来自学校的学生,可以设想你要创建一家知识密集型企业,你要考虑如何让员工主动共享自己的知识,如何建立企业的知识网络。

第一节　企业知识管理的总体分析

思考题:

(1)华为轮值 CEO 认为,华为最大的浪费是经验的浪费,为什么?

(2)你认为,你所在企业总体竞争战略和知识管理战略现在(或者未来)是什么?

(3)你所在企业的知识管理的社会系统和技术系统已经有哪些,还有哪些急需完善?

一、企业知识管理战略

1.企业知识管理战略实施过程模型

与企业知识管理密切相关的部门有知识管理部、人力资源部、企业大学、企业商学院、总师办、战略发展部、技术创新部、企业情报部、项目管理部、IT管理部、流程管理部、档案管理部、质量管理部、客户服务部、图书管理部等。不同企业的知识管理部门设置和名称有很大不同。

图3-1所示是一个企业知识管理战略实施过程模型。企业和知识都是个性化的,因此企业知识管理战略的实施需要充分考虑企业的知识内容和分布情况、企业环境和组织管理水平。

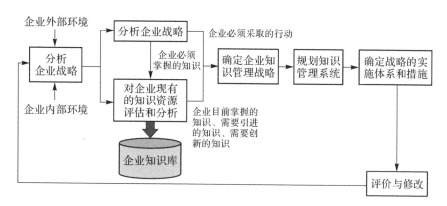

图3-1 企业知识管理战略实施过程模型

2.企业知识管理战略和企业总体竞争战略

企业总体竞争战略是关于全局的、整体性的谋划,是反映企业本质和方向的决定。知识管理战略主要是通过实施知识管理,使企业具有知识和创新方面的优势。

图3-2描述了企业知识管理战略和企业总体竞争战略的关系。企业总体竞争战略瞄准的是竞争对手、市场等外部因素;企业知识管理战略瞄准的主要是企业内部的知识积累、共享、管理、应用和创新等。

例如,德国的中小企业不仅是在德国企业贡献大,而且在全球市场处于领先地位。据相关数据统计,在2764家中型全球领导企业中,德国就占了47%。德国的许多世界领先的中小企业的总体竞争战略:一是需求驱动,即只关注用户需要的;二是创新驱动,即通过创新,将核心技术掌握在自己手中,而不是依靠别人;三是高度专业化,即只是在某一细分领域做深、做到极致、做到世界领先;四是全球化,即将该技术和产品卖到全世界,占领世界市

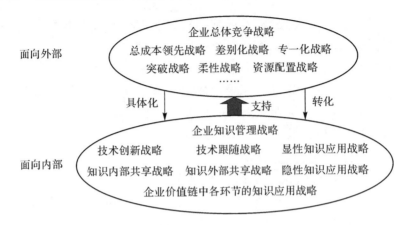

图 3-2　企业知识管理战略与企业总体竞争战略的关系

场的较大份额,从而有丰厚的利润支持持续创新。[1] 因此,其知识管理战略就是技术创新战略。

(1)产品研发中的知识管理战略[2]

企业产品研发的主要战略如图 3-3 所示。

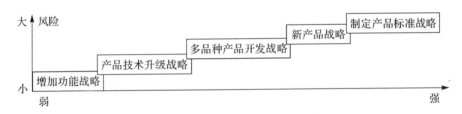

图 3-3　企业产品研发战略

在各种企业产品研发战略中,所需要的知识及知识管理内容是不同的。

1)制订产品标准需要在该领域中掌握产品、市场、与用户的关系、与合作伙伴的关系等方面的知识,制订产品标准者比遵守产品标准者拥有的相关资源要多得多。

2)新产品研发需要大量的知识,这些知识很多是分散的、隐性的、互补的。要保证产品研发能满足客户的需要,多个部门的小组之间的合作是很关键的。

3)多品种产品开发是在基型产品的基础上进行的。除了基型产品知识

①　佚名. 德国小企业为何能称霸全球?[EB/OL].(2017-04-22). http://www.sohu.com/a/135789836_481796.

②　郎咸平.中国创新企业批判[J]. 计算机世界报,2002(1):F1、F2、F3.

的复制外,还需要面向产品族的知识。

4)产品升级换代所需要的知识,不仅需要新的知识,也要熟练掌握原来产品的知识。

5)增加产品功能所需要的知识主要是关于产品新功能的知识。

（2）生产中的知识管理战略

这里指的主要是面向低成本生产的知识、资源有效配置的知识、成本控制的知识、工艺知识、加工知识等。生产中有很多诀窍,是工人和技术人员在长期实践中摸索出来的,其中许多是隐性知识。

（3）质量管理中的知识管理战略

知识管理的方法在质量管理的过程中得到了最好的体现,几乎所有的质量管理都是建立在记录和文档化的基础之上的。知识管理更要求在质量管理的过程中,具有认识上的提升,而不仅仅停留在记录的层次上。例如,六西格玛(6σ)管理中的各种培训,使员工通过学习掌握分析不良原因的方法,如鱼刺图法及其他统计方法等。

（4）市场营销中的知识管理战略

市场营销中涉及大量的数据、客户、竞争对手,市场知识等对市场营销的成功的意义越来越大。数据挖掘系统可以帮助企业从数据中发现知识,这已在许多公司的市场营销中得到成功的应用,其被用来分析市场的变化趋势和客户行为。

（5）客户知识管理战略①

客户知识管理战略的目标是发展并改善与客户的关系,要跟踪和联系客户,了解客户的问题,客户的购买分布情况,以及客户的期望等。客户的满意是企业继续成功的基础。

在当前的买方市场中,客户关系、客户需求知识和客户服务知识越来越重要。客户知识成为发展企业知识战略中应该首要考虑的知识类型。

二、企业知识管理的社会—技术系统模型

1.知识管理的社会—技术系统模型

知识管理系统是一个社会—技术系统,可以采用社会—技术系统模型

---

①　杨林.“以客户为中心”经营理念的深层次诠释[EB/OL].(2003-04-18).http://www.amteam.org.

进行描述。社会—技术系统模型需要充分考虑知识管理中社会系统和技术系统的匹配问题。例如，当企业还不具备促使知识共享的社会系统时，支持知识共享的工具显然是无能为力的。社会系统和技术系统的匹配只有满意解，而不存在最优解，因为社会系统难以精确描述，并且总是在不断变化。

知识管理的社会—技术系统模型如图 3-4 所示。

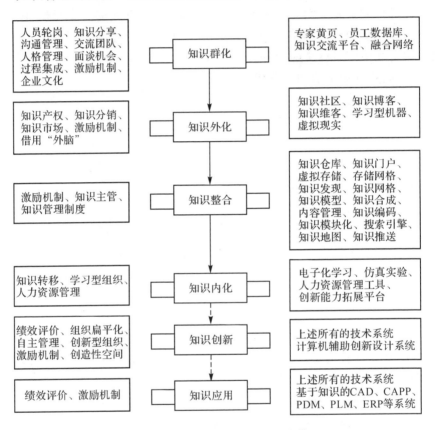

图 3-4 知识管理的社会—技术系统模型

有效的知识管理首先取决于愿意共享知识的企业文化；其次，在此基础上，结合企业业务过程，理顺知识创建、储存、共享、应用和更新过程，并制定相关的管理机制。而知识管理软件工具和系统作为一种技术支撑，只是第三位的。

2.知识管理的社会—技术系统模型中的社会系统设计

知识管理的每个环节都需要知识型员工的参与。只是在不同的环节中,知识与员工的互动程度不同而已。社会系统包括以下方面。

(1)文化

1)尊重知识的文化和机制,即民主、透明、公开化的决策机制,充分尊重员工的知识价值。

2)相互信任的文化。信任是实现知识交流、使用与共享的前提。信任文化表现为:员工的合作精神;大家积极主动贡献知识;有一种有利于交流的组织结构和文化氛围,使员工之间的交流在心理上畅通无阻。

3)对创新中的失败持宽容态度。创新的失败概率是很高的,如果不持宽容态度,员工对创新就心有余悸。

(2)制度

1)完善的外部知识产权制度:国家通过知识产权制度,既要保护知识发现者的利益,又要促进知识的交流和应用,促进创新,促进人民生活水平的提高。

2)完善的内部知识产权制度:企业对于内部知识共享者的利益要给予充分的尊重和保护,促进企业内的知识共享和协同创新。

3)完善的知识市场机制:以一定形式存在的知识可以作为商品进行交易,使企业的知识财富变现。

4)必要的知识管理制度:有相应的业务流程和管理制度规范,将知识管理系统与员工的日常工作紧密结合。

5)合理的奖励制度:"论功行赏",对积极将自己的知识共享出来并产生效益的员工一定要给予合理的奖励。

(3)组织管理

1)责权利统一:让员工具有进行知识创新的责任和权力,并能从中获得相应的报酬。

2)自主管理:权力下放,以充分发挥员工的主动性和创造性。

3)有效的组织激励:将知识管理系统与员工的考评结合起来;将知识积累创新与员工激励结合起来。

4)扁平化的组织:消除传统的员工与上司之间、员工与员工之间知识交流的障碍。

5)学习型组织:共同学习,实现知识共享。

6)为员工提供创新空间:方便员工的知识创新。

7)设立企业知识主管:使知识管理有专人负责。

知识管理的社会系统显然是人类社会多少年来追求的比较理想的企业

模式,即自主、自律、工作充满乐趣、工作与学习交融、相互协作等。

3.知识管理的社会—技术系统模型中的技术系统设计

技术系统包括以下环节。

(1)信息技术基础设施

1)知识网络:促进知识的集成和流动。

2)搜索引擎:帮助快速找到所需要的知识。

3)知识安全技术:确保企业的知识和信息处在可控制的状态。

(2)面向知识集成的信息系统

1)知识仓库:存储知识,便于知识的重用。

2)知识门户:集成分散的知识,便于找到知识。

3)企业显性知识网络:帮助了解知识的分布情况,以便快速找到知识。

4)知识社区:建立知识交流的环境,如微信、钉钉等。

5)专家黄页:帮助快速找到所需要的专家。

6)内容管理:利用计算机对显性知识进行有效管理。

7)基于信息技术的知识处理:对知识进行条理化和模型化等。

8)知识发现:从数据和信息中挖掘和提炼知识。

9)电子化学习:利用网络和计算机进行学习。

10)知识合成:将不同的知识进行关联,发现新的知识。

知识管理的技术系统是知识管理的推动器,其中新一代信息技术是知识管理的引擎。其作用是:推动知识共享和协同评价;将知识有序地分类、有规律地存储;为员工间知识的传播提供一个有效的学习型组织的环境,帮助用户快速寻找到所需要的知识和专家。

第二节　企业知识共享方法

思考题:

(1)你所在企业的知识管理现状是什么?知识共享模式是哪一种?

(2)你所在企业的知识管理系统或信息系统能否有效支持企业员工快速找到自己所需要的知识,快速找到想要咨询的人?

(3)你所在企业的知识主要分散在哪里?获取难吗?你觉得有什么好的方法帮助获取这些知识?

一、不同企业的知识共享模式

对应不同的企业,知识共享模式有很大不同,如图 3-5 所示。

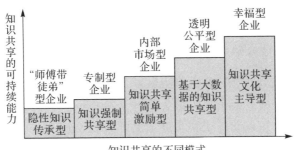

图 3-5 知识共享的不同模式

1. 隐性知识传承型模式——"师傅带徒弟"型企业

这类企业依靠的是口头或手把手地传授知识。人类出现以来,就主要是靠这种方式继承和传播知识。存在的问题是:知识传递的效率不高,范围有限,远不能满足当今复杂产品创新的需求。当然对于一些"只能意会,不能言传"的隐性知识,只能采取这样的方法。

2. 知识强制共享型模式——专制型企业

这类企业依靠强制命令,例如,规定企业员工必须每年发布多少条知识,提多少条建议,或者规定员工在工作完成后,必须总结自己的经验,将知识保留下来。这对于企业知识的积累有一定的作用。特别是当员工意识到这些知识的共享对于企业发展有重要价值的时候,他们会认真对待这些工作。典型的案例是美国军队的"事后总结"制度。军人认识到自己所总结的经验对于战友的生命安全至关重要,所以他们会去认真执行这一制度。存在的问题是:员工往往较多考虑自己的利益,不愿上传有价值的知识,因为这是他们的吃饭本领,他们担心"教会了徒弟,饿死了师傅",上传的知识往往是些垃圾知识。

3. 知识共享简单激励型模式——内部市场型企业

这类企业对员工的知识共享进行简单的统计,例如,将发布的知识条数折算成点数,然后给予相应的经济和精神激励。员工的对策往往是:或者发布一些价值不大的知识,或者少发布、不发布知识。因为有的员工会觉得,这么点激励不能反映自己知识的价值,而若过多发布没有价值的知识,拿奖金时,又不好意思。例如,中国某研究所有过规定,发一条知识有 400 元奖金,但大家知识共享的积极性还是不高。

4.基于大数据的知识共享型模式——透明公平型企业

利用新一代信息技术,特别是大数据技术,使企业员工的知识共享程度和过程透明化,并据此给出尽可能公平的激励,从而使员工愿意贡献自己的知识。其难点是,知识和知识共享度不易评价,激励不易充分准确。互联网和大数据为建立透明公平型企业提供了机遇,有助于使企业变得越来越透明,激励越来越公平。

西门子的 ShareNet 将遍布全球的专家通过网络联系在一起,让他们能够通过网络共享和拓展他们的知识;每个发布的知识都会受到所有网络社区人员的评论;对于任何有价值的知识共享,其贡献者都可以获得 ShareNet 的"股份"或者奖励点数。

IBM 通过基于 Web 2.0 的创新梦工场,实现企业内部知识交流,支持员工发表创意、给创意打分、给创意评审、创意分类、整理系统、知识发掘等。

透明、公平的企业有助于大家积极贡献知识,协同创新,逐渐形成知识共享的习惯和文化,成为幸福型企业。

5.知识共享文化主导型模式——幸福型企业

员工在企业中感到很幸福,以企业为家,将知识无私贡献给企业。幸福型企业依靠文化和价值观激励员工贡献知识,这是最理想的企业。日本的稻盛和夫文化代表这一类企业文化,其已经在影响一些中国的民营企业,例如宁波中兴精密、方太等。深圳华为也在打造这类企业。其难点是,在目前的市场环境和企业制度环境中要实现幸福型企业,难度很大。这种企业文化的建立需要长期不懈的努力。特别重要的是首先要求企业领导做到无私忘我,要求领导有很好的人格魅力。合伙人制、稻盛和夫的"阿米巴经营"理念及管理方式等,如果再加上互联网和大数据带来的企业透明化,可以促进幸福型企业的成长,让员工与企业成为"精神共同体、命运共同体、目标共同体、利益共同体",释放员工潜能。

二、员工隐性知识的外化方法

1. 员工隐性知识外化方法的定义和目的

员工隐性知识的外化又称为知识的符号化、编码化、显性化、法典化和结构化,即将人们头脑中的经验和诀窍总结出来,用可继承、易传播的显性知识表示,达到将隐性知识与其所有者分离的目的。

隐性知识是诸如手感、质感、分寸感、节奏、时机、火候、度的把握能力。员工隐性知识在企业创新中经常起关键的作用,可直接产生创新性的成果。隐性知识的例子有产品设计的经验、工艺设计的经验、企业管理的诀窍、对市场潜在的需求的直觉等。古人云"兵法可以意授,无法语传",隐性知识的特点:一是存在于员工头脑中,难以明确地被他人观察和了解;二是难以言传度量,是与人的智能活动有关的判断、经验和体会等;三是具有私人性质,有特殊背景;四是创造性知识、思想的体现;五是依赖于体验、直觉和洞察力;六是植根于个人的行动和个人经验之中,也植根于个人对企业的理想、价值和情感上。

2. 员工隐性知识外化方法概述

隐性知识外化方法主要有两种:一是对于可以转化为显性知识的隐性知识,要尽可能实现外化;二是对于难以转化为显性知识的隐性知识,要能够快速定位到掌握隐性知识的人。

隐性知识是企业创新能力的重要组成部分。因此,企业首先要尽可能采取各种方法,留住那些在企业的核心竞争力中占有较大份额的员工,即留住掌握隐性知识的员工。而当企业实在无法留住那些员工时,就需要采用显性知识外化的方法和工具,尽可能留住那些可能被这些员工随身带走的无形资产。

不同的隐性知识的外化难度是不一样的,需要区别对待。有些隐性知识可以通过及时的总结和适当的方法用文字和语言表达出来;有些隐性知识需要借助视频系统等帮助记录;也有些隐性知识目前还无法表达,知识交流往往要通过面对面、手把手地进行。例如,学徒只能靠实践摸索才能从工匠那里继承知识;知道了烤面包的程序,并不等于就能烤出好面包。隐性知识的学习常常是在不知不觉中的,例如骑自行车、说话、弹钢琴等,人们虽然学会了这些技能,但是却无法描述学会和使用的过程。一些隐性知识无法完全用文字准确表述出来,如优秀销售人员的市场直觉、研发人员的灵感、企业家的决策和判断能力等。

3.几种常用的员工隐性知识外化方法

图 3-6 所示为几种常用的员工隐性知识外化方法。

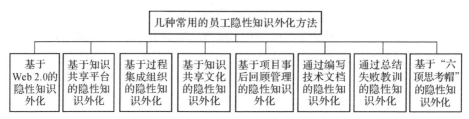

图 3-6　几种常用的员工隐性知识外化方法

(1)基于 Web 2.0 的隐性知识外化方法

微信、博客、维客、掘客和社会化书签等 Web 2.0 模式可以比较方便地用于企业的知识管理,帮助企业找人才、找知识;开展协同设计和制造;帮助企业了解客户的需求;帮助建立知识库,管理好企业内部的知识。图 3-7 描述了博客、维客、掘客、社会化书签、标签等 Web 2.0 技术和系统的作用及关系。

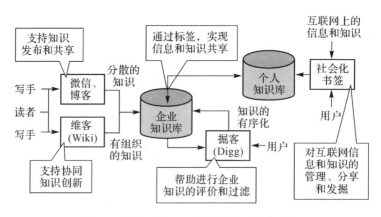

图 3-7　基于 Web 2.0 的隐性知识外化方法

对于难以言传的隐性知识,提供专家黄页、鼓励员工直接互动要比试图以结构化文字整理记录其知识本身更有效率。传统的师徒传承制度很成功地保留了许多古老的知识,就是这个道理。

知识社区是企业在知识管理中出现的一种非正式组织。知识社区是由一群具有共同兴趣或来自同样团体的人们，因为互动的需求集聚而成。通过知识社区的持续性互动，共同创造知识，共享知识，不仅可增加员工个人知识，也可增强企业竞争优势。[①]

(2)基于知识共享平台的隐性知识外化方法

企业员工在工作中产生的隐性知识是企业不断创新发展的主要源泉之一，这些知识不仅量多，而且价值大，因此需要以合适有效的手段对这些知识进行获取、集成和利用。但在实际情况中，往往没有便捷的途径以及没有合理的激励措施，这导致员工日常积累的知识难以固化传播。具体对策如下。

1)提供方便的知识发布途径。首先需要一个使用方便的知识发布平台，能够让员工及时、便捷地将研发中产生的新知识进行结构化存储。该平台可以与员工在研发设计中使用的各种软件系统进行集成。用户可以通过常见的业务应用工具快捷、方便地将知识共享到知识集成系统中，实现不同信息系统之间的知识共享和集成。

2)建立知识共享的激励机制。没有激励，知识共享就难以持久。需要建立知识共享的激励机制。而知识管理系统需要向领导提供员工知识共享方面的各种统计数据，以便企业领导的激励。

3)建立内部知识产权制度。许多企业内部员工知识共享的积极性较低，很少主动进行知识创新。这主要是由于知识产权不能很好地得到保护，经常会出现"教会了徒弟，饿死了师父"的现象。因此，必须在内部进行个人的知识产权保护。方法是：在企业的知识网络中，员工可以发布自己的创新的想法、建议等，并由大家评论、引用、应用。这些创新的想法和建议等在发布之日起，就获得企业内部的知识产权，企业给予保护。如果间接或直接应用这些创新知识产生了经济效益，企业给予奖励。

这种个人的知识产权保护不同于企业的知识产权保护，是企业内部市场化在知识和创新范畴的延伸，其目的是保护企业员工创新和进行知识共享的积极性。

内部知识产权制度与外部相仿。因为企业的许多知识不适合发布到外面，许多知识只是一点经验、教训，不适合形成专利，但这些知识对于企业的其他员工而言可能有价值。这里对知识的限定比较宽泛，企业内部知识产

---

① 陈永隆.突破知识共享瓶颈[N].中国经营报,2001-10-09.

基于新一代信息技术的知识资源共享和协同创新

权及建立方法如图 3-8 所示。该制度的目的是鼓励大家共享创意和知识,避免重复性研究,促进协同创新。

知识共享平台	员工在工作中有新的想法或总结可以信手发布在知识共享平台

知识产权制度	谁发表知识,谁就拥有该知识的版权;即使你已经拥有该知识,并用于产品中,但你不发布,知识产权仍属于发布者

大众评价	依靠广大员工在使用知识时,评价知识的价值和关系,发现知识侵权行为;不同员工在不同的知识领域有不同的评价权重

标准	形成高度有序的知识网络,可以看到知识发展的来龙去脉,了解知识之间的关系,确定研究的方向

信息反馈	对员工在知识共享和评价中的表现进行自动分析和排名,将员工所发布的知识应用情况及时反馈给发布者

图 3-8　企业内部知识产权制度及建立方法

4)记录员工在知识管理系统中的操作行为。知识系统应用中的行为包括:知识阅读、下载、推荐、打分、关联、评论、引用、应用、转发等。知识管理系统对用户的每一个操作行为都进行记录,大量的记录数据被存储在知识集成系统中,通过对这些数据的分析和处理,可以快速反映知识的价值、员工的专业领域和水平,这可以用来进行评价和分析。最后将这些机制融入知识管理系统中。

(3)基于过程集成组织的隐性知识外化方法

过程集成的组织结构是一种以组织融合的手段挖掘和共享隐性知识的组织,它有助于减少知识交流的空间差异,推进隐性知识共享。过程集成可以使具有不同见解的人来到一起,共同研究一个项目,迫使他们在一定的时间内得到一个共同的答案。

过程集成的组织结构有利于知识共享。在以"货"易"货"为主要支付方式的知识市场中,知识的扩散主要是在有较紧密的利益关系的小团体中,因为面对面的接触是获取知识的最好方式,很多人从经常接触的人那里可以得到所需要的知识,而且所贡献的知识的回报是可以预期的。在这种知识市场中,传统的按功能分解的组织对于某项任务(如某产品的开发和制造)所需的知识交流是不利的,因为卖方和买方的距离(不同部门的利益)阻碍了知识的交易。因此,建立面向过程的团队组织,有意识地形成合理的知识体系和市场,使员工的知识结构具有互补性,有利于知识的交流。

这方面最典型的例子是并行工程。这种方法要求产品开发人员在设计一开始就考虑产品整个生命周期中从概念形成到产品报废处理的所有因素,包括质量、成本、进度计划和用户要求。并行工程要求各方面专家一起工作,如设计、质量保证、制造、采购、销售、售后服务及计算机等方面的专家,在这种组织中,知识群化就相对容易得多。

(4)基于知识共享文化的隐性知识外化方法

在企业知识管理中,无论企业采取什么方法,耐心是很重要的,因为它面对的不仅是一个计算机系统,更主要的是一整套文化,这需要花一段时间。

知识管理不是用简单的条文或者制度就能达到预期效果的,必须有企业文化为知识管理营造氛围。企业导入知识管理时,最大的阻碍并非信息技术或管理阶层的决心,而是员工对于知识共享的认知与配合度。

如果企业内部缺乏信任,员工相互提防,那么整个知识市场的效率会很低。知识市场是建立在"信用"的基础上的,相互信任是知识交换的核心,是决定知识市场良好运转的最重要的因素。企业必须让员工看到知识共享所带来的益处,建立相互信任的氛围。当然,信任必须从企业的领导层开始推动。

企业作为员工实现自我价值的实体,有责任为员工提供一个和谐和宽松的工作环境及极具团队精神的文化氛围,形成全体员工对事业共同追求的凝聚力和向心力。

支持知识共享的企业文化的特点主要如下。

1)知识友好的文化。在这种文化中,员工具有强烈的求知欲,能够享受与人讨论知识、帮助他人的乐趣,形成尊重知识、尊重创新的风气。知识友好的文化使知识管理项目和组织的文化之间能够很好地融合。

2)知识共享的文化。在这种文化中,企业员工乐于将自己的知识拿出来,让大家共享,而不是垄断。这一方面需要企业加强员工教育,另一方面企业要确保员工知识共享的利益。

3)以人为本的文化。在这种文化中,企业管理向以人为中心的工作方式转变。因为:第一,人才具有不可替代性。国内外无数的创新成功或失败的事例表明,人才,特别是尖子人才,在原始性创新和高新技术产业化中发挥着不可替代的作用。第二,人才难得,要十分珍惜人才。尖子人才不仅是个人才能和勤奋的产物,也是整个社会的产物,是国家教育巨大投入的结果。人才来自教育,人才的社会结构是一个金字塔形的,巨大的塔基支撑着塔尖,这是普及教育大量投入的结果,因此,对尖子人才要非常珍惜。第三,人才问题具有空前的紧迫性。当今世界,各国可以用关税、非关税壁垒等手段保护本国的产品,控制生产要素的跨国界流动。但是,唯一无法控制流动的就是人才。因此,在人才问题上,只有一条路,就是参与国际争夺人才的竞争,全力创造一个有利于留住人才、有利于尖子成长的环境。

以人为本的文化要求组织机制具有以下特点:一是有利于个人聪明才智的发挥,从而带来个人实现价值的机会;二是有利于个人的持续学习和提高;三是把知识管理嵌入组织的结构中,使知识共享成为工作中很自然的一部分。

4)高度信任的文化。在这种文化中,企业员工相互间高度信任,建立起知识的良性循环,并朝着知识共享方向发展。与仅靠法规维系的社会相比,具有高度信任的社会有着巨大的竞争优势,因为交易成本和管理成本降低了。

知识共享的基础是信用,而不是金钱。没有相互信任的环境,员工就不愿将自己的知识与他人共享。一个机构应建立相互信任的企业文化,实现知识的互惠性(即我将我的知识无保留地传授给你,当我需要时,你也可以如此)。当这种理念成为机构的行为准则时,所有人就都愿意贡献自己的知识,同时所有人都从中受益。[①]

(5)基于项目事后回顾管理的隐性知识外化方法[②]

项目事后回顾(PPR)是指通过正规的项目回顾管理来获得经验教训,以利于未来的项目。这是一个反馈控制模式的管理过程。事后回顾管理在知识型行业中比较盛行。

回顾管理的难点主要有以下几点。

1)心理障碍。项目的结果涉及特定的历史背景,而且项目技术的不断变动及其复杂性使其不易理解,寻找过去事件的因果关系需要很高的技巧。此外,人类的选择性记忆与团队的记忆压抑现象使得在 PPR 中项目团队倾

---

① 关明文. 企业隐性知识的转化研究[EB/OL]. (2004-10-12). http://www.kmcenter.org/blog/index.asp.

② Max von Zedtwitz, 汤超颖. 研发项目反刍式管理[J]. IT 经理世界, 2003(10):74.

向于记忆易被分类的事件,压抑似是而非的、更为复杂的经验。

2)团队的缺陷。多数研发项目是基于团队的工作,对该项目进行回顾也是一种团队工作。回顾过程就是找到问题和提出批评的过程,直言坦诚可能会伤害多年的交情或者影响彼此的关系。为了在将来的项目中彼此能更顺利合作,成员间的反馈常较温和,这往往导致无效,哪怕讨论的是纯技术内容。此外,考虑到失败会影响职业生涯或为了避免在公开场合承认错误,个别成员也不愿为失败负责。而且成员组成的多样性往往增大了团队沟通的难度。

3)认知障碍。研发项目的技术与诀窍是特定的,对其结果的理解及如何从中进行学习是与特定环境相联系的。即使有充足的时间精力,从一大堆具体项目中提炼出通用经验也绝非易事。有很多知识是可意会而不可言传的。

4)管理局限。研发部门与公司其他部门一样承受着持续的业绩压力,因此很少有时间回顾过去发生的项目。在实际工作中,PPR 往往是为了应付管理层的控制要求,是项目管理总部所强加的行政事务。

美国军队将项目事后回顾管理工作环节制度化,提出了缩写为 WESK("还有谁是应该知道的")的活动,帮助关键的人及团队了解别处的经验并立即加以采纳。

(6)通过编写技术文档的隐性知识外化方法①

通过编写技术文档,将企业员工的相关隐性知识转化为显性知识,以帮助企业的其他部门或其他员工学习企业的生产实践经验。如日本日产公司为了拓宽欧洲的汽车市场,派遣数百名日本工程师前往欧洲收集有关汽车市场、交通文化和道路状况等的信息,并在布鲁塞尔建立了一个信息中心。为了将企业的生产技术从日本转移到在英国的工厂,日产公司通过编撰各种手册来将已在日本企业中的隐性知识外化,帮助员工学习这类经验。

技术文档的使用程度反映了企业知识集成过程中显性和隐性知识的相互转换,体现了员工之间或员工与外部环境的知识流动。企业员工通过与技术项目实践的结合,由个体知识到小组知识,最后进一步充实企业有形的和无形的知识仓库,而经过这一轮又一轮的集成过程逐渐使企业知识仓库得到完善。日本某企业规定,新产品开发的各职能部门,尤其是产品质量和成本评估部门必须收集整理与新产品品质相关的所有技术文档的详尽信

---

① 江辉,陈劲.集成创新:一类新的创新模式[J].科研管理,2000,21(5):31-39.

息,从而制订出新产品的各项标准。在实际操作中,有些优秀企业对其技术情报部门的技术文档的使用率达到 25%。

作为企业的有形知识仓库重要组成部分的相关技术文档,对于企业实施新产品计划有着极为重要的意义。技术文档包括对一些事实的描述、有关技术的数据参数、行业的技术规范、产品项目执行总结报告及有关科学技术的理论等,它们可以通过物理手段加以存储,在需要的时候可随时调用。企业为了提高积累文档的效率,增加文档积累量,可以设立专门的技术情报和技术档案部门,负责收集、整理、储存相关的文档,供企业有关部门和人员调阅。

(7)通过总结失败教训的隐性知识外化方法[①]

1)失败教训中包含有内容更多、层次更深的知识。隐性知识外化的内容不仅是成功的经验,更多的是失败的教训。有统计显示,当今世界,每 60 分钟就能产生 101 个新专利申请,每一天就能有 2265 个新企业开张。但是,一天之内也有超过 2131 家企业会停止营业或申请破产。

"智者千虑,必有一失。"任何企业,不论是声名显赫的大企业还是名不见经传的小企业,要想做到永远不败是不可能的。"前事不忘,后事之师""前车之覆,后车之鉴"。借鉴企业失败的案例,能够给创业者或如日中天的企业以警示。

失败教训中的知识的价值更高。成功的案例并不意味着我们用同样的方法,做同样的事,就能获得同样的成功。所以,知道"如何做"并不具备真正的价值。而从失败的经验中学习,知道了"为什么",知道了别人失败的原因,却能避免自己将来遭遇同样的失败。

2)失败信息知识化的机制。隐性知识外化需要把失败信息上升为理论知识。失败是有成长力的,小事不处理,就会变成大事。失败是可以预测的,在重大失败发生之前一定有一些预兆。人类致命失败不断重演的原因是,人们总是把失败当成可耻的事情而尽力隐瞒。为此,将失败信息知识化非常必要。这种机制能将失败的过程与事后的经验传达给所有的员工,使员工认识到,每个人都有义务共享与记录失败的教训,这非常有利于防止失败的再度发生。

著名的劳工灾害 Haendich 法则提到:"1 件重大灾害的背后,有 29 件轻灾害,其背后更有 300 件没有造成伤害但令人后怕的事件发生。"将失败的

---

① 夏志琼.企业要向失败学习[N].计算机世界报,2003-11-06.

信息加以知识化的机制能将失败的过程与事后的教训传达给所有的员工,其前提是,企业的所有成员都有虚心学习的精神,不嘲笑将失败教训传达出来的员工,更不进行秋后算账。失败的员工不仅要清楚地描述失败原因,而且还要描述当时的情景及决策过程,使这些知识成为知识数据库的一部分,并长期保存下来,帮助其他员工有效避免再度失败。

美国塔克商学院教授芬克尔斯坦在教授管理学时,没有把如何模仿成功企业的管理模式作为经典教学内容,而是把眼光瞄准了最差企业和企业失败的教训。芬克尔斯坦认为:"学习成功经验的最好方法是从研究失败的教训中获得。"

3)错误越多人越能进步。美国管理大师彼得·德鲁克认为,无论是谁,做什么工作都是在尝试错误中学会的,错误越多,人越能进步,因为他能从中学到许多经验。他还认为,没有犯过错的人,绝对不能将他升为主管,因为没有犯过错的人容易倾向于得过且过的敷衍办事态度,更糟的是他并不知道怎么早期发现错误,并很快地修正他的做事方法。[①]

因此,企业的对策是:首先,企业应该有一定的肚量,在一定范围内容忍员工出错,相信谁都不愿意犯错,只要他们不是故意犯错或是累犯,他们的这种出错是可以累积成工作经验的。其次,企业应该将这种员工出错的教训累积成册发给大家参考。因为这种教训的获得,企业是付出了相当大的代价的,如果大家能从这些教训中学到一点东西的话,犯同样过错的机会将降低许多,公司的付出才值得。如果是每一个人都要有亲身做错的经历才能学到东西的话,那么企业这种代价未免太大了。

(8)基于"六顶思考帽"的隐性知识外化方法[②]

"六顶思考帽"针对人们通常思维的混乱性和杂合性,以六顶颜色不同的帽子来做比喻,把思维分成六个不同的方面(如图3-9所示)。要求人们在一定的时段内只能从一个方面考虑问题,从而改变了人们通常所采用的混乱无序的思维方式,使人们的思维变得更具体、更有针对性、更积极、更具备创新能力。对于一个团体而言,它能够使各种不同的想法和观点和谐地组织在一起,避免人与人之间的对抗,使团队中的每个人都积极参与思考,共同寻找最终方案。

---

① 金言.从错误中"掘金"[N].中国企业报,2003-09-16.
② 唐骏.思考将是人类的最终资源[N].中国经营报,2004-03-22.

红色表示　　蓝色代表思维　　黑色表示事物　　白色表示客观　　黄色表示寻找　　绿色表示创新
直觉和情感　　的组织和控制　　的缺点、危险　　全面地收集信息　事物的优点
　　　　　　　　　　　　　　和隐患　　　　　　　　　　　　及光明面

图 3-9　六顶思考帽的意义

4.员工隐性知识外化方法的注意要点和问题

（1）员工隐性知识外化方法的注意要点

1）隐性知识的表达往往需要依靠不同岗位人员在适当场合中的脑力激荡。

2）要有明确的知识管理组织，并要求有关人员对隐性知识外化工作负明确的责任。

3）要有明确的制度和激励机制，鼓励员工的显性知识获取，鼓励员工写下自己了解的东西，并存入知识仓库。

4）要有支持隐性知识外化的文化，使个人和群体都知道隐性知识外化的价值。

5）知识的背景知识很重要。兵法上的战略会有很多自相矛盾的地方，这边讲"置之死地而后生"，那边说"自入绝地，自取灭亡"；这边讲"穷寇勿追，归师勿遏"，那边说"宜将剩勇追穷寇"；这边说"坐山观虎斗""渔翁得利"，那边讲"观其坐大，步人后尘"，这些都是相矛盾的。因为这里有它的使用条件、前提条件和边界条件。①

6）隐性知识外化并非万能。不是所有的隐性知识都能转化为显性知识。对于难以获取的隐性知识最好以知识交流的方式交流。例如，优秀销售人员的丰富销售经验可以通过他讲述，或通过师傅带徒弟的方式传播给其他销售人员。又如，许多专家系统难以成功的原因主要是显性知识获取难。领域专家往往不能准确地描述他们解决问题时的推理过程、形象思维和创造性思维过程，特别是推理过程中的直觉、联想、经验和判断等。

（2）员工隐性知识外化中的问题

1）知识交流和知识保密的关系问题，即知识保密措施的适当性。出于

---

① 肖知兴. 从知到行有多远［EB/OL］.（2018-01-20）. https://baijiahao. baidu. com/s?id＝1591021365370405097&wfr＝spider&for＝pc.

保护企业机密不被竞争对手轻易拿走的原因,企业对自己内部的关键性的知识有严格的保密措施,这是必要的。但如果在企业内部相互间过度保密,那将对知识的交流产生危害,得不偿失。

在以知识应用和创新为中心的知识管理中,知识保密可能会被弱化。毕竟,在一层层的保密措施限制之下,知识应用所能创造的价值也会受到相应的限制。不可否认,在市场竞争环境中企业的某些知识是需要保密的,但是在一个实际运营的企业中,在很多情况下知识保密的范围被人为地扩大了,实际上真正要保密的部分往往只占需要共享部分的十几分之一甚至更少。为了少数需要保密的知识而限制多数需要共享的知识,放弃知识共享所能创造的价值,大多数情况下是舍本逐末。①

2)个人知识和组织知识的关系问题。不是企业中所有的个人知识都要转化为组织知识,因为转化需要成本,并且并不是所有的隐性知识都能顺利转化的。

3)合理的人才流动与员工流失的关系问题。一些有价值的隐性知识分别保留在不同员工的大脑中,员工的流失意味着这些知识财富的流失。但是合理的人才流动也是必要的,因为企业不能将所有需要的知识都留在自己的企业中,这需要成本。

理论上,上述关系的处理都可以用一个全成本的优化模型描述和求解,但实际上,隐性知识自身的价值、转化的成本等都很难估算。

三、显性知识的获取方法

1.基于网络机器人的知识主动获取与处理

网络机器人也称为网络蜘蛛、爬虫等。无论是何种程序代码产生的网页,都是以 HTML 样式进行显示的。而网络机器人则解析网页中的HTML 代码,将需要的内容取出存放到临时数据库中,接着再查找该页面内的超链接,转向新的 URL 页面进行解析处理,以此类推,直至穷尽。

2.著作、设计手册、论文、专利和标准等知识获取技术

公开发布的著作、设计手册、论文、专利和标准等知识具有相对较高的

---

① 孙洪波.不管知识的知识管理[J]. IT 经理世界,2004(4).

价值,是知识获取的重点。论文、专利可以从中国知网、专利库搜索,免费获取,但自动获取有难度。标准则可以付款下载购买。著作和设计手册很少有网络版本。

这些知识的获取技术主要是:

(1)针对论文、专利等知识,采用"网络蜘蛛"(又称智能代理)自动下载。

(2)对扫描获得的著作和设计手册等知识,采用智能识别软件提取知识内容。

3.分布在员工计算机和记录本中的知识获取的智能技术

分布在员工计算机和记录本中的知识很重要,但又很零碎、分散。更难的是,员工不一定愿意将这些知识贡献出来。这类知识获取的智能技术主要是:

(1)建立面向员工的知识管理系统,让他们分类管理好自己的知识,同时该系统与企业的知识管理系统集成在一起,当员工认为需要时,就能很容易地将知识共享到企业的知识管理系统。

(2)建立基于手机的工作记录本,利用智能语音技术,让员工能够方便地将平时的点滴经验迅速记录下来。

(3)更重要的是要让员工愿意并积极共享自己的知识,这需要一个信息透明、评价准确、激励充分的环境。

4.企业信息系统中的大数据挖掘技术

制造企业利用信息系统对产品和服务的全生命周期进行管理,对员工的知识和工作过程进行管理,同时加深管理深度,提高管理精度,由此产生大数据。企业信息系统中涉及的异构系统多,需要快速集成,使信息流畅,便于管控;企业信息系统中涉及的非结构化的数据、信息和知识多,需要进行结构化处理,便于集成和分析;企业系统需要管控的对象多,对实时性要求高,需要进行海量数据的智能分析。

5.基于 Web 2.0 的企业情报协同获取方法

在现代企业生存发展的过程中,企业必须关注外部的竞争因素,及时了解和掌握竞争对手的最新情况。令人苦恼的是,一家公司往往面临多个竞争对手,要想在同一时间内掌握尽可能丰富和详尽的信息,并对其进行汇总和整理,需要花费相当多的时间和精力。根据美国竞争情报从业者协会的分析,企业所需的竞争对手信息,其实大部分是公开的,只不过散落在各个角落;而在当今信息时代,互联网信息已经占有很高的比例。目前,在美国所有的大公司都设有竞争情报部门。①

企业情报是企业创新的主要知识,世界各大企业非常重视企业情报的搜集。目前我国企业情报搜集中存在的问题和对策如下。

(1)管理问题

各自为政,缺少统筹规划,跨部门情报资源无法共享,形成信息孤岛。企业所得到的情报存在极其严重的浪费,大量内容是重复的,资源分散。

对策:把企业情报系统作为企业的基础设施,统筹规划,全面集成。

(2)人员问题

专职竞争情报人员只占少数,兼职人员可能会占一部分,在许多情况下,竞争情报业务还需要大家参与。但有的员工不愿主动搜集情报,觉得这是情报部门的事情。有的员工看到有价值的情报不愿共享。如何实现从少数人的情报工作变成全员的情报工作?

对策:对在企业情报采集、分析和应用中的员工的贡献情况进行统计分析,对企业情报进行全生命周期跟踪,根据情报价值进行评价和激励,提高员工参与企业情报采集、分析和应用的积极性。

例如,日本的大小公司都有自己的情报部门,在企业内部开展全员情报活动,每位员工都有较强的情报意识,自觉地收集对企业有用的信息。②

(3)效率问题

情报渠道很多、差别很大,如何既不让有价值的情报流失,又不花费过多的人力物力?

对策:建立个人、部门、企业、集团多层情报系统,在此基础上建立集成的企业情报系统,方便员工了解情报信息库中的信息收集情况,知道哪些情报信息需要收集。

(4)时效问题

现有的情报采集工作无法适应大数据时代快速的特征,做不到实时动态地对信息进行跟踪。

对策:利用 Web 2.0 技术,建立透明公平的企业情报采集、分析和应用

---

① 孙昭荣,王振强. 易地平方"智能爬虫"咀嚼知识管理[N]. 计算机世界报,2002-03-18.

② 轩书新,唐毅. 日本企业竞争情报系统的发展及对中国的启示:以三井物产为例[J]. 现代情报,2012,32(4):114-116.

环境，一方面依靠员工通过各种渠道获取情报信息，另一方面通过基于人工智能的情报信息获取和分析软件，对外部和企业内的情报数据库的信息进行分析。

四、知识共享中的激励方法

1. 概述

员工是知识产生、共享、再用、创新的主体，其作用无可替代。由于知识型员工创造价值的劳动形式非常特殊——阅读、思考、研究和讨论，他们运用掌握的知识帮助企业的产品和服务增值，同时也在实践中累积他们自身的知识资本。与有形资本掌握在少数投资者手里不同，企业的知识资本大多是分散在每个知识型员工的头脑中的。因此，如何提高员工的知识共享、知识获取的绩效是现在许多企业管理层关心的问题。

美国哈佛大学的詹姆斯教授对人才资本的激励问题做过专题研究，结论是：如果没有激励，一个人的能力发挥只不过是 20％～30％，如果实行激励，一个人的能力则可以发挥到 80％～90％。因而，企业应使员工获得与其贡献相匹配的合理公正的报酬。在进行激励选择和设定时，应有针对性地满足员工的不同需要，从而激发其创造和共享知识的积极性。[①] 透明、公平的激励机制的精髓在于：在企业中创造出高绩效的透明、公平的环境，使得员工的敬业精神发扬光大，使不劳而获者无处藏身。

激励方法不存在唯一的最佳答案，因为没有相同的员工，在不同的阶段中，员工有不同的需求。但还是有一些常用的激励方式，如图 3-10 所示。

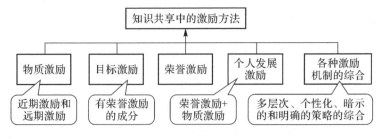

图 3-10　知识共享中的激励方法

---

① 张坤，金延平.让职业忠诚与企业忠诚并存[N].中国企业报，2003-04-03.

2.不愿意共享有价值的知识的问题和对策

问题:多数人其实都很愿意把知识表层的部分与人共享,至于"如何取得该知识"或"为什么会有这些洞见"等有价值的知识就舍不得共享了。

原因:这些知识是他们依赖的力量,是他们获得工作与赚取酬劳的工具。

对策:

(1)贡献的知识的价值越高,回报也越高。否则知识共享将永远停留在不痛不痒的表面阶段。

(2)对知识的价值给予比较准确的评价。这在操作上有较大难度。因为:第一,有些知识说穿了很简单,很容易被人掌握,但最初获得该知识却很难,花费了很大的精力;第二,有些知识很关键,如掌握了某个产品的99.99%的知识,但由于缺少0.01%的知识,该产品就是不成功;第三,有些知识的价值的体现是长期的;第四,知识价值有时需要非常专业的人才能搞清楚。所以,可采取的对策:一是对知识的贡献情况要有准确和及时的记录,并对知识的应用情况进行长期的跟踪,对知识价值进行长期的和全面的评价;二是与效益紧密挂钩,及时奖励兑现;三是要有一个比较完善的评价系统,如及时请权威专家进行评估、请多名专家一起进行评价等。

3.知识垄断的问题和对策

问题:有些潜在的知识卖方并不参与企业的知识市场,因为他们相信,与共享知识相比,垄断其知识会给他们带来更多的利益。知识的垄断性越强,得到的补偿就越高。此外,有的人可能会利用自己单独拥有对企业非常重要的知识的优势来建立自己在企业中的权力和地位,而如果一旦与别人共享这些知识,无疑就等于抛弃了自己的一切。

对策:第一,企业需要培育新的支持知识共享的企业文化;第二,建立新的奖励制度。要让员工看到与独占其知识相比,共享知识会给他带来更多的利益,企业会保护知识贡献者的利益,不让"雷锋"吃亏。要通过组织机制保证员工把自己辛苦获得或因时间而累积的知识共享给其他同仁后,其位置不会被取代,不会出现工作位置朝不保夕的可能。

第三节 企业知识整理方法

思考题：

(1)你所在企业知识库中知识的条理化程度高吗？你觉得如何进行知识条理化工作？

(2)请整理一个你所在部门的企业显性知识网络。

(3)你所在企业知识库中有知识评价吗？你觉得如何进行知识评价？

一、企业知识整理的需求

企业知识整理的目的是使知识有序化，其需求主要有以下几个。

(1)减少"信息爆炸"和"知识爆炸"带来的负面影响

当前"信息爆炸"和"知识爆炸"已严重影响到知识的获取、传播和应用的效果。知识整理有助于解决这一问题。

(2)提高知识再用度

知识整理可以帮助检索和利用企业中分散的、无序的知识。

(3)固化企业获取知识的手段

企业常常面临这样的情况：在花费了大量时间和金钱获得知识后，获取知识的方法不能变成程序，当第二个人需要获取同样的知识时，还要付出相同的代价。知识整理可以固化企业获取知识的手段，帮助企业方便地找到所需要的知识。

(4)知识的系统化和全息化

只有提供系统化和全息化的知识，才能提高知识的使用价值。知识的系统化和全息化是知识整理的目的之一。知识的系统化提供了完整的知识结构；知识的全息化提供了具有内在关系的知识。

二、企业知识条理化方法

知识条理化方法主要是对知识库中的杂乱知识有序化，使其便于应用，主要有以下几种方法。

1. 去粗存精

对一个具体企业而言,并非所有知识都有用。过多的细节往往会喧宾夺主,使用户无所适从。因此,知识再用的关键是要抽取对企业业务有关键作用的知识。在建立企业的知识仓库时,首先要从海量的知识中删除那些与企业业务无关的和过时的知识等,然后根据知识的重要性,从文档中抽取关键知识,把它们分门别类地存储在知识仓库中以供调用,由此建立知识"对象",让许多人能搜寻并调用经整理的知识,而无须接触该知识的最初开发者,使知识再用更加方便。

2. 去除冗余

知识库中除有效概念外,还有大量的冗余知识。在知识输入时,要求输入者必须通过分类系统选择一定数量的关键词,然后对具有一些相同关键词内容的知识进行识别,以避免冗余知识的输入。同时,将新输入的知识与知识仓库中原有的知识进行比较,若出现多余的知识,可提示给知识仓库系统管理员,由系统管理员确定是否将冗余知识删除。

3. 清除无关知识

不能排除有人故意或无意中输入与知识仓库无关的知识的情况出现,可采用关键词匹配等方法对无关的知识进行自动识别和清除。

4. 知识分类

为了使企业的知识被更好地共享和应用,应该建立知识分类体系。企业知识的分类既要根据岗位、专业分类,更要按照局部知识和全局知识、例常知识和例外知识等进行分类。

(1)局部知识和全局知识

局部知识指的是企业的一个班组、一个部门应共享的知识,而全局知识则是指企业所有部门都应该共享的知识。

(2)例常知识和例外知识

例常知识指的是经过实践的检验已经很成熟的知识,可以采用标准化处理和计算机处理。例外知识则需要人参与,特别是需要行家里手根据实际情况灵活处理,这部分知识个性化较强。例外知识经过完善并接受实践的考验后可逐渐转变为例常知识。

5.知识分层

可以建立分层的知识库:最高层是"精品"知识库,其容量有限,存放有关特定项目的最有价值的知识;中间层是包含有具体知识的较大型的知识库;最下层存储各种随时得到的知识素材,知识库最为庞大。

此外,知识本体也是一种很有价值的知识有序化方法,这将在第六章中介绍。

三、企业显性知识网络

1.概述

企业显性知识网络是知识整理的成果,其作用是帮助人们知道在哪里能够找到知识。企业显性知识网络将企业各种资源的入口集成起来,以统一的方式将企业的知识资源介绍给用户。企业显性知识网络采用一种智能化的向导代理,通过分析使用者的行为模式,智能化地引导检索者找到目标信息。

企业显性知识网络的最终指向可以是人、地点或时间,但它们都指出了在何处人们能够找到所需要的知识。

企业知识库中的知识如果没有组织成显性知识网络,如知识没有附加上"知识来源、适用性、产生过程以及局限性"等服务于知识重用的信息,会使得员工对知识库中的知识理解难、应用难。因此需要在知识库中建立显性知识网络,将知识的背景信息准确地描述和存储,以便知识有效重用。这里的关键是准确地描述知识的背景信息。企业显性知识网络如何构建,这需要本体技术的支持。

2.企业显性知识网络介绍

图 3-11 所示为面向产品和过程的企业显性知识网络,其中有产品和零件的进化图、技术进化图、材料关系图、知识分布图等。

(1)知识分布图

企业知识分布图表示了企业的知识结构和组织结构之间的关联,二者通过知识存量进行集成,如图 3-12 所示。

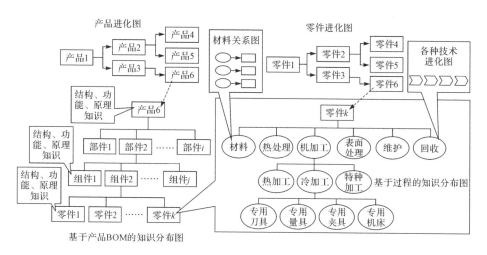

图 3-11　面向产品和过程的企业显性知识网络

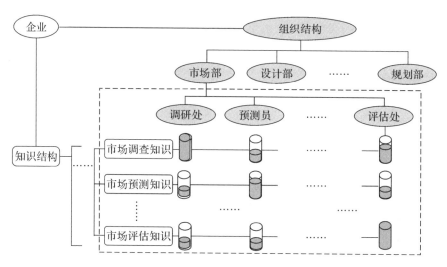

图 3-12　企业知识分布图

（2）技术进化图

技术进化图是一种对大量专利资源进行分析整理得到的知识网络，反映了知识进化的过程。这种过程对于跨领域创新特别有价值，是创新方法的核心之一。技术进化图的建立需要大量的人力，采用 Web 2.0 技术有助于解决这一问题。

（3）技术路线图

技术路线图描绘技术的现状和历史信息，还考虑市场的需要，是预测未来技术发展的一个工具。技术创新与发明不同,只有将创新成果转变为用户手中的商品,创新才算成功。

四、面向 AI 的显性知识网络

这里讨论的显性知识网络主要是面向人工智能(AI)技术的。

1.知识基模型

知识基系统是一种以符号主义为代表的人工智能专家系统。采用模仿人类专家解决问题的方式,通过向人类专家学习的方法获取知识。

实现的形式是知识基专家系统,如创成式计算机辅助工艺设计(CAPP)系统、故障诊断专家系统等。知识基模型是对知识的有序化描述,主要有以下类型。

(1)逻辑模型

使用逻辑模型表示知识,需要将以自然语言描述的知识,通过引入谓词、函数来加以形式描述,获得有关的逻辑公式,进而用机器内部代码表示。可采用归结法等进行准确推理。

(2)产生式规则模型

产生式规则模型采用单一形式描述事物间的因果关系,即"如果(　　),那么(　　)"。

(3)知识框架模型

框架理论的基本观点是人脑中已存储的大量的典型情景,当人们面临新的情景时,就从记忆中选择(粗匹配)一个称作框架的基本知识结构。这个框架是以前记忆的一个知识空框,而其具体内容依新的情景而改变,即对这个空框的细节进行修改和补充,形成对新情景的认识,并记忆于人脑中。框架理论将框架看作知识的单位,将一组有关的框架联结起来便形成框架系统。

系统中的不同框架可以有共同结点,系统的行为是由系统内框架的变化来表现的,推理过程是由框架间的协调来完成的。

2.语义网(Semantic Web)模型

语义网就是能够根据语义进行判断的网络。简单地说,语义网是一种能理解人类语言的智能网络,它不但能够理解人类的语言,而且还可以使人与计算机之间的交流变得像人与人之间的交流一样轻松。

语义网是对未来网络的一个设想,在这样的网络中,信息都被赋予了明确的含义,机器能够自动地处理和集成网上可用的信息。语义网使用 XML 定义定制的标签格式,用 RDF 的灵活性来表达数据,用 Ontology(本体)描述网络文档中术语的明确含义和它们之间的关系。

知识语义网络是对知识的有向图表示方法,其由一些有标注和有方向的弧和表示概念、事物、事件和情况等的结点组成。

图 3-13 是描述零件的知识语义网络。

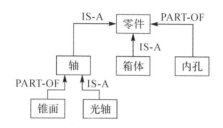

图 3-13　零件的知识语义网络

3. 知识图谱(Knowledge Graph)①

(1)知识图谱的主要特点

知识图谱于 2012 年 5 月 17 日由 Google 正式提出。知识图谱是通过将应用数学、图形学、信息可视化技术、信息科学等学科的理论与方法和计量学引文分析、共现分析等方法结合,并利用可视化的图谱形象地展示学科的核心结构、发展历史、前沿领域以及整体知识架构以达到多学科融合目的的现代理论。它把复杂的知识领域通过数据挖掘、信息处理、知识计量和图形绘制显示出来,揭示知识领域的动态发展规律,为学科研究提供有价值的参考。

其主要特点有:

1)用户在 Google 中搜索次数越多,范围越广,知识图谱就能获取越多信息和内容。

2)知识图谱融合了所有的学科,以保证用户搜索时的完整性和系统性。

3)为用户找出与关键词相关的更准确、更新、更有深度、更全面系统的知识和知识体系。

①　最全的知识图谱技术综述[EB/OL].(2018-01-09). http://www. sohu. com/a/196889767_151779.

4)用户只需登录 Google 旗下 60 多种在线服务中的一种就能获取在其他服务上保留的信息和数据。

5)Google 从整个互联网汲取有用的信息,让用户能够获得更多相关的公共资源。

(2)知识图谱能提升 Google 搜索效果

知识图谱从以下三个方面提升 Google 的搜索效果:

1)找到最想要的信息。语言可能是模棱两可的——一个搜索请求可能代表多重含义,知识图谱会将信息全面展现出来,让用户找到自己最想要的那种含义。现在,Google 能够理解这其中的差别,并可以将搜索结果范围缩小到用户最想要的那种含义。

2)提供最全面的摘要。有了知识图谱,Google 可以更好地理解用户搜索的信息,并总结出与搜索话题相关的内容。例如,当用户搜索"玛丽·居里"时,不仅可看到居里夫人的生平信息,还能获得关于其教育背景和科学发现方面的详细介绍。此外,知识图谱也会帮助用户了解事物之间的关系。

3)让搜索更有深度和广度。由于知识图谱构建了一个与搜索结果相关的完整的知识体系,所以用户往往会获得意想不到的发现。在搜索中,用户可能会了解到某个新的事实或新的联系,促使其进行一系列的全新搜索查询。

(3)知识图谱的结构

知识图谱旨在描述真实世界中存在的各种实体或概念及其关系,其构成一张巨大的语义网络图,节点表示实体或概念,边则由属性或关系构成。现在的知识图谱已被用来泛指各种大规模的知识库。

五、知识评价

1.知识评价的定义

知识评价的含义主要包括了解知识的价值、了解知识的关系、了解员工的知识水平、了解员工知识共享的贡献价值。

没有准确及时的知识评价就没有公平的激励,就会影响员工知识共享的积极性。华为的口号是不让"雷锋"吃亏。

知识的价值最终要体现在创造物质财富和提供服务上,如产品性能提高了,产品开发更快了,销售量上升了,有更多技术熟练的员工,那些能更好地满足客户要求的服务得到了加强(如图 3-14 所示)。

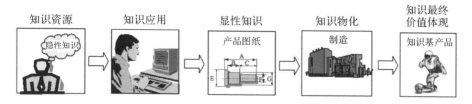

图 3-14　知识的价值最终要体现在创造物质财富和提供服务上

2.知识评价的需求

目前我国科技工作者的创新才能大部分没有得到充分发挥,主要原因之一是知识成果的评价机制存在问题。只把论文、专利、科研成果、获奖等作为评价标准,但由于评价人数有限,并且评价时间有限,更重要的是评价人的知识结构与评价对象往往不对应,容易导致评价失准。面对海量的论文、专利等,人们往往很难找全、看遍,结果往往是自以为在创新,而可能该工作早已有人做过,从而导致大量的垃圾论文、专利、获奖源源不断涌现,这还使得造假者有机可乘。我们是制造大国,但远不是制造强国,更不是科技强国。大量的科技人员的才华和精力、大量的科研经费浪费在制造科研"垃圾"上是很可惜的。更严重的是,这样的情况若不改变,将会败坏科研风气,影响年轻一代。

(1)知识管理和技术创新的评价监管体系不健全的负面效应

1)导致投机取巧成风;

2)知识共享和技术创新的积极性受挫;

3)企业认为技术创新活动难以评价监管,风险太大,不愿投资。

(2)知识管理和技术创新评价监管的难点

1)一些知识的价值可能因为环境的某种变化而消失;

2)知识成果经常是在短期内并不见效,难以做出评价;

3)知识成果的效益有时很难用单纯的经济效益回报来评估;

4)知识成果的应用效益还取决于诸多因素,如市场的需求和成熟等。

随着知识管理的深入开展,企业知识库中的知识将越来越多,同时大量无用、过时的垃圾知识会充斥其中,导致知识库的利益效率越来越低。需要对知识价值和知识之间的关系有序化,提高知识库的使用价值。但知识库有序化工作需要一线知识型员工的参与,只有他们最知道企业需要的知识的价值和知识间的关系。但一线员工很忙,难以抽出大量时间进行知识库有序化。利用员工的知识库应用行为(知识发布、阅读、评价、使用等)的大数据可以帮助企业知识库有序化,使知识库越使用越聪明,并且可以了解员工的知识领域和水平及其对知识库有序化的贡献度。

3.知识整理的自组织

利用信息技术可以帮助建立一种知识整理自组织系统,其有以下特征。

(1)更透彻的感知

利用基于 Web 2.0 的大众化评价方法,可以知道哪些论文、专利、科研成果有价值;知道哪些人是哪方面的专家,感知新的技术和知识,做出准确的评价和判断;利用网络数据挖掘和分析技术,感知市场的变化、用户的需求。

(2)更全面的互联互通

利用基于互联网的知识整理自组织系统,对论文、专利、科研成果等进行全生命周期的跟踪;对科研人员的科研生涯进行跟踪;实现知识供需双方的快速对接;同一学科的科技工作者协同建立本学科的知识网络;不同学科的知识网络互联互通;同行专家协同建立技术进化图和技术路线图;一些有价值的想法、方法等可以直接发布到网上以得到评价和利用;知识贡献、共享和激励机制有机集成。

(3)更深入的智能化

利用基于 Web 2.0 的大众化评价方法,使论文、专利、科研成果等中的知识形成一个显式的有机的网络;可以快速知道自己的创新位于知识网络的哪个部分;可以快速发现新的研究方向,避免重复研究;可以方便地将不同学科的知识进行组合,集成创新;可以自动对科技工作者的成绩做出有充分根据的客观评价。

上述思想和方法的实现需要政府有关部门的制度重建,但在企业层的应用可以先开始进行。

图 3-15 所示为知识整理自组织流程。

4.知识整理自组织中的知识评价机制

(1)将知识评价活动与知识的日常使用活动相结合

这里包括知识阅读、下载、推荐、打分、关联、评论、引用、应用、转发等。

假设 1:知识的日常使用活动本身或多或少体现了一种知识评价,对其记录并给予不同的分值,可降低知识评价成本。

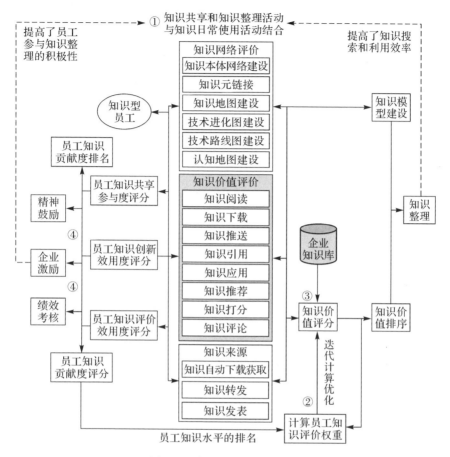

图 3-15 知识整理自组织流程

假设 2:知识使用的人越多,该知识的价值就越大。

假设 3:通过统计众多员工的知识评价活动,积少成多,有可能得到关于知识的较准确的评价。

(2)计算员工的知识评价权重

假设 4:某员工的某类知识水平越高,其对该类知识的评价权重也就越大,即该员工的知识日常使用活动对该类知识评分的影响越大。

假设 5:员工的某类知识水平与其发表的知识的评分有关,与其知识日常使用活动的质量和影响有关。

假设 6:知识日常使用活动发生的时间越近,所产生的权重越大,以避免"靠老本吃饭"的现象发生。

假设 7:重视同行专家的评价。知识领域的相似度越大,给予的权重越大。

（3）知识评分计算

假设8：知识的评分值取决于其日常被使用情况和使用该知识的员工的权重。知识的评分值越大，说明其在同一类知识中越重要。

（4）通过对员工知识评价权重排名，激励员工积极、认真参与知识网络有序化，形成正反馈的良性循环

假设9：员工的知识评价权重反映了员工对知识网络有序化的贡献，其评分和排名以适当的方式展示在网上，可以起到精神鼓励的作用，并可作为企业绩效考核的评价工具之一。由此促进知识网络的有序化。

5. 面向知识网络的活动和知识评价标准

图3-15中的各种评分计算都需要相应的标准。

（1）评价活动定量评分标准

评价活动定量评分标准包括对阅读、下载、推荐、打分、关联、评论、引用、应用、转发等活动的评价。有时，很简单的活动也能为企业取得显著经济效益。因此，评价活动定量评分是随着时间变化的，需要综合考虑其他员工的反应，考虑后续应用所产生的效益。例如，对有不同潜在价值的知识的推荐活动，其评分值就不相同。又如，有潜在价值的知识的推荐活动的前后次序不同，其评分值也不相同。

（2）知识评价标准

知识评价标准包括知识创新性、知识影响度、知识关联度、知识使用活动等的划分和评分标准。知识评价也是一个动态过程。

（3）员工评价权重计算标准

建立和维护评价标准的技术路线是：

1）通过企业调研，提出企业标准草稿；

2）采用维基（Wiki）模式，让企业员工协同建立面向知识网络的活动和知识评价标准；

3）通过应用，发现问题，进一步修改和完善标准。

人工智能在知识管理中有不可替代的作用。群体智能在没有集中控制并且不提供全局模型的前提下，为寻找复杂的分布式问题的解决方案提供了基础。这是因为群体智能的个体简单性、分布性、自组织性、协作性等特征非常适合于分布式环境，可利用其为分布式知识管理服务，提高知识管理的效率。[①]

---

① 刘波. 基于群体智能的分布式数据挖掘方法[J]. 计算机工程，2005，31(8)：145-147.

第四节　企业知识应用和创新方法

思考题：

(1)如何有效利用知识帮助技术创新？

(2)为什么说关键知识引进难？如何积累自己的关键知识？

一、知识应用和创新

知识管理的最终目的在于知识应用和创新，即将知识价值转变为市场价值。知识管理的灵魂是创新。

1.知识应用和创新的主要过程

知识应用和创新能力作为一种知识体系，是与企业所掌握的人力资源和知识紧密相关的。图 3-16 所示为知识应用和创新的主要过程。

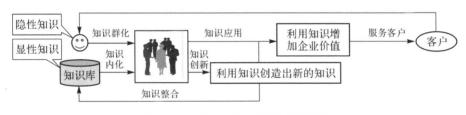

图 3-16　知识应用和创新的主要过程

2.知识应用和创新的意义

学习到知识后的最重要的工作就是知识应用和创新，这种能力才是企业和个人的核心竞争力之所在，而这也正是知识管理中最困难的部分。

(1)将知识转变为企业价值

知识是企业的最宝贵的财富源泉。企业要千方百计地将已经拥有的知识转化为企业的财富，否则，就是浪费企业的最主要的资源。

(2)通过创新提高企业的竞争力

从"中国制造"迈向"中国创造"是我国制造业的发展方向。通过创新可以大大拓展市场本身的大小，从而使竞争力大大增强。同时，通过创新(包括管理的创新、产品本身的创新、流程的创新等)也可以大大改善产品的成本、质

107

量、上市时间等指标,提高市场份额和产品利润,从而大大增强产品的竞争力。

(3)通过知识应用和创新实践提高员工的创造力

过去有的国有企业不顾实际需要招进大量的大学生,美其名曰"人才储备"。殊不知,"流水不腐",知识不应用最终将变得没有知识。只有通过不断的实践锻炼,在知识应用和创新中积累知识,才能具有较大的创造力。

3.知识应用和创新能力是企业最重要的核心竞争力

在知识经济条件下,企业的核心竞争力集中地体现为知识应用和创新能力。

创新的本质意义在于创造竞争优势。企业的创新能力是多方面能力的集成,其中有些能力较易通过引入外部资源或模仿获得,例如,设备生产能力可通过购置先进设备和对工人进行培训获得。而有的能力是不能通过简单引入外部资源或模仿获得的。应该看到,那些可以通过市场从外部引入或可以模仿的能力,并不能为企业提供持续的竞争优势。因为竞争者也可以通过市场购买先进设备和先进技术,甚至可以仿冒已有的产品。因此,在创新能力中真正提供长久竞争优势的能力才是最为关键的,即为企业的核心竞争力。

1990 年,哈默尔(Gary Hamel)和普哈拉德(C. K. Prahalad)在战略管理中提出了核心竞争力的定义:核心竞争力是组织中的积累性学识,特别是关于如何协调不同的生产技能和有机结合多种技术流派的学识。

二、知识引进、消化和创新

1.知识引进

知识引进曾经使日本迅速崛起,如在 20 世纪 50 年代,日本从美国进口大容量火力发电设备,同时引进其技术资料,仅花一两年时间就仿制成功,造出本国产的发电机。又过了不久,日本造出了比欧美更先进的发电设备用于出口。有人总结出日本引进技术的"公式",即"一号机引进,二号机国产,三号机出口"。知识引进也给中国的发展带来了巨大的好处,使中国迅速从落后的农业社会转向工业化社会,并向后工业化社会发展。例如,中国机械制造业中的 57% 产品的产业化是在引进技术基础上完成的。知识引进可以形成一种"后发优势",通过引进知识,实现跨越式发展,别人几十年、一百年走完的路,我们可以在很短的时间内走完,即所谓的"缩略时代"。

(1)知识引进的模式

有多种知识引进模式,其比较见表3-1。

表3-1 知识引进模式的比较

知识引进模式	正面作用	负面作用	适应范围
外资(独资)企业	除了提供就业机会外,还可以帮助培养人才。虽然所培养的人才有可能大部分终身为外资服务,但也有可能部分人才会建立自己的企业	高薪聘请所在国的优秀专业人才,有可能扼杀民族工业,例如,精密机床制造业中有不少人才为外资做销售	对所在国尚无基础的高技术产业可能有利;对所在国有一定的基础的高技术产业可能不利
合资企业	如果技术完全控制在外人手中,技术知识引进情况与外资(独资)企业模式相差无几,但管理知识可以学得多些	对民族工业的发展有积极和消极的两面性影响,与产品有关,全面的、系统的知识获取较难	对所在国有一定的基础的高技术产业可能不利;所在国尚无基础的高技术产业搞合资的可能性较小
购买知识	短期内能获得所需要的知识,制造出自己的产品	许多引进知识的吸收和消化很难	与国外差距较大的、对国民经济影响不大的知识容易购买;要具备使引进知识产生价值的条件和环境

(2)"后发优势"小于"后发劣势"

有两种不同的经济发展观:"后发优势"和"后发劣势"。表3-2对两者进行了比较,显然,"后发优势"的作用小于"后发劣势"。"后发劣势"这个概念是西方一位叫沃森的经济学家提出来的,其英文名称直译过来是"对后来者的诅咒"。发展中国家所处的后发地位是本质性的最大劣势,正是由此决定了发展中国家存在的其他劣势。

表3-2 "后发优势"和"后发劣势"的比较

"后发优势"	"后发劣势"	"后发优势"和"后发劣势"的比较
从容易模仿的地方入手,渐进地切入实质	在没有成熟的管理和制度基础上的技术性模仿,短期内的成功会掩盖许多隐患,甚至影响到长期的发展	在竞争中,谁占得先机,谁就取得极大的优势。西方国家已跑出很远并取得巨大成功的现状决定了后发国家在开始竞争时便已处于明显的劣势地位

续表

"后发优势"	"后发劣势"	"后发优势"和"后发劣势"的比较
不必重走发达国家走过的老路,实现跨越式发展,如利用最新的通信技术,使我国可以一下跨过国外的几个发展阶段	不是所有的技术和产品都可以跨越式发展;即使是可以跨越式发展的产品,其关键技术往往还是掌握在有雄厚基础技术、产品和市场开发经验的发达国家手中。产品需要经过市场应用验证,需要不断反馈使用信息和不断完善	深度跨越受阻:跨越式发展最终还是受人控制,如通信技术的核心还是掌握在外国企业手中;全面跨越受阻:后发国家在追赶发达国家启动之时,便已受到人口包袱、环境压力和传统重负的束缚;市场受阻:后来者的产品在开辟市场方面存在先天不足
利用教育的国际化,实现与发达国家的同步,加快知识型人才的培养	绝大多数后发国家都存在着教育落后、人才匮乏的严重问题	顶尖人才很难留在国内,或者为本国的民族工业服务;人才潜力的发挥和成长需要一个好的环境,而该环境的建设需要较长的时间

（3）知识引进的局限性

1）设备和技术图纸引进容易,但隐性知识引进困难。因为知识最有价值的部分主要是隐性知识。从国外购买的技术图纸所呈现给大家的是显性知识,里面所隐含的经验和知识是难以直接了解到的。即使是请国外专家指导产品的生产,也主要适用于成熟的和规范的流程,更多的隐性知识很难学到。

2）个人知识引进容易,但组织知识引进困难。引进几个专家并非难事,但要在整个企业中引进国外标杆企业的组织知识（如企业管理知识、市场发展知识、产品创新知识等）却非常难。

3）局部知识引进容易,但系统的知识引进困难。国外公司往往有意识地对一些关键的知识卡住不放。这样,所引进的知识形不成系统,难以产生有竞争力的全新产品来。特别是在企业竞争异常激烈的今天,具有最先进技术的企业不会在别人具有模仿能力之前轻易放弃丰厚利润的回报。

4）过分强调知识引进,容易使人懒惰,丢掉自我,放弃知识积累,最终丧失创新能力。只能一味地引进、引进、再引进。"实践出真知",有许多知识需要通过实践才能得到,"纸上得来终觉浅"。

5）由于知识梯度过大而使引进的新知识难以理解、吸收和消化。让小学生去理解大学生的知识,这是一件很难的事情。由于发展中国家人力资本水平低下,将可能导致其整体上技术引进的失败。

6)"心急吃不了热豆腐。"有的技术引进来也不是马上就能用得上的,需要企业通过内部消化吸收,与本企业的生产、管理融合之后,才能取得实效。例如,现在企业提管理创新、制度创新的非常多,但这些方面更是只有可能缩短而无法"跨越"。中国的企业家已经有充分的渠道,能够了解到国外企业走过哪些弯路,但大多数苦头还是要自己一个个亲身尝过后才有切肤之痛。

7)知识引进的代价越来越高。随着科技的发展和企业竞争的需要,企业所需要的技术也越来越先进和复杂,其价格也越来越高,企业要获得技术就要付出更大的代价。

8)知识引进的难度越来越大。随着发展中国家经济发展水平的不断提高,发展中国家与发达国家之间知识水平的差距越来越小;与此同时,发展中国家可以引进的知识越来越少,引进的难度越来越大,引进成本越来越高。

(4)知识引进中观念的误区

1)现在经济全球化,知识没有国籍,没有必要强调民族工业。其实,当别人在经济上、政治上和军事上卡你的时候,就有国籍问题了。

现在世界上有这样一说:什么东西只要中国人会造了,其价格就会跳水。这里说明了两个问题:第一,当我们在某些方面还没有掌握某些知识时,就会让人任意宰割;第二,我们还不会利用知识挣更多的钱。

2)在中国生产的产品,就是国产货。有人认为,外资在中国生产的产品,就是国产货,就实现了知识引进的目的。例如,现在满街跑的汽车绝大多数都是在中国生产的,有人就说,中国几代汽车人的梦想现在实现了。其实这是一种误导。

在产品价值链各环节中,知识的作用是不同的,如图 3-17 所示。在经济全球化的今天,产品价值链各环节完全由一个国家完成的情况很少。发达国家利用自己的知识优势,主要抓住关键环节,而将一般环节的任务外包。例如,汽车的装配已经变得比较简单,可以放到中国完成,一般的环节我们也可以实现国产化,但其他关键环节都还控制在发达国家手中。在这种情况下,我们能盲目乐观吗?因为技术控制在别人手中,利润大部分被别人通过各个环节赚走了,并且可能随时被人卡脖子。

同样,购买国外关键的计算机散件和软件,组装成一台计算机,表面上看是国产货,其实中国只在其中赚了很少一点钱,因为核心零部件和软件都是人家的。

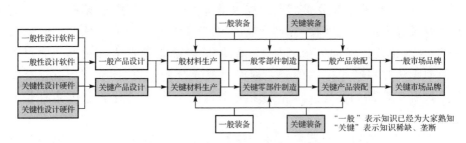

图 3-17　产品价值链中知识的作用

所以在知识引进中,要引进的是关键的知识,使产品的关键知识掌握在自己手中,而不是受人控制。中国是一个大国,应该做到这一点。例如,我们引进某种型号的飞机生产线,可以造出飞机,但关键零部件还是要别人提供,这样的知识引进是不完整的。日本人有本书,叫作《日本可以说不》,就是仗着他们有控制别人产品的知识,因为没有日本的知识,美国的导弹就可能不准。

2. 知识消化

在知识引进过程中同样也要注意消化吸收,不能一味依靠外部知识的"输血",必须培育自己的"造血"机能,建立可持续发展的知识创新机制。当年日本、韩国引进欧美技术,用于引进的资金和对引进知识消化吸收创新的资金投入比例为 1∶8,而我国这一比例仅为 1∶0.07。[①] 显然,这是我国许多知识引进项目陷入"引进—落后—再引进"的恶性循环的主要原因之一。

3. 知识引进和知识创新的比较

自主知识创新已成为许多国家着眼未来发展的战略选择,先前模仿创新较为成功的日本、韩国等国家都早已开始努力转型。

知识创新前面已经介绍较多,这里主要对知识引进和知识创新战略进行比较。知识引进和知识创新战略的选择需要考虑市场变化的速度、知识进步的速度、知识消化的难度、投入与产出等。表 3-3 为针对不同环境的知识引进和知识创新战略。

---

① 刘峥毅. 完善以企业为主体的技术创新体系[N]. 科学时报,2005-10-12.

表 3-3 针对不同环境的知识引进和知识创新战略

战略	适用范围	优点	弱点	案例
知识引进	知识水平发展缓慢，而市场发展迅速，企业就没有足够时间自行开发。竞争对手也会采用同样策略。此时，企业就应尽可能取得知识的独家版权	监测和跟踪各种不同技术的发展状况，以便当其中一种知识成为主流时，企业能够有所准备，迅速采用。某些情况下，购买知识版权并开发利用，可以使企业获得知识上的独占地位	随着国际技术竞争的日趋激烈及竞争经验的积累，通过引进方法得到先进技术成果的可能性越来越小。发达国家企业为了保持技术上的优势，只愿意转让第二流的研究、开发成果	二战后，日本的科技发展就是采取这种模式；联碳公司已将引进的聚乙烯催化剂发展成自己的技术。埃克森公司把联碳公司的凝聚专利向前发展了一步
创新外包	知识和市场发展都很快	请第三方设计，知识产权归出资方	企业可能要与潜在的竞争对手的合作者共享技术成果。这样的选择会削弱企业在市场上的战略优势	我国的一些汽车企业通过外包模式生产自主知识产权品牌的轿车
收购企业	知识和市场发展都很快	企业可以获得所收购企业的市场经验和有竞争力的知识	由于企业文化等的不同，容易使收购企业的目的不能达到	IBM 收购莲花公司，进军知识管理软件领域
协同创新	单个企业无法负担产品开发的巨大成本，或者即使能够负担却对这种新产品在本企业开发成功投入市场后的获利大小并无确切把握	缩短研究开发时间，降低成本，分散风险；通过协作，采用最新技术，共享科技成果，以利于提高生产效率和产品质量；突破贸易限制，进入世界市场	由于是多文化交织，高度复杂的研究开发形态，管理和协调难度较大；对信用机制要求较高	许多美国化工公司都采取重点项目合作开发，因为在各方面都居领先地位很难；美国奥梯斯电梯公司生产的程控电梯，是5个国家6个实验室联合研制成功的
知识创新	知识发展速度缓慢，市场发展水平适度，同时，市场对可能进入的新竞争对手存在高壁垒	如果研发取得成功，企业将获得暂时性产品或工艺垄断，企业可凭借它取得最大的市场份额和利润	如果知识水平发展迅速而市场发展缓慢，那么，企业自行开发知识就有很大风险，有可能导致开发出的知识最终被遗弃或没有市场	GE研发中心在极高的压力和温度条件下，研制出了人造金刚石，并一直靠这项独创的工艺秘诀，保持着市场领导地位

三、知识网络的应用和创新方法

知识应用和创新是一个复杂的、非结构化的过程，涉及因素很多。知识应用和创新＝知识＋创新兴趣＋创新环境，如图 3-18 所示。

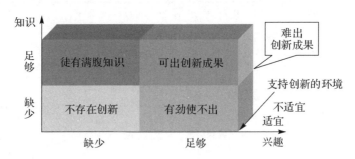

图 3-18　知识应用和创新的三个必要条件：知识、兴趣和环境

1. 积累足够的知识

知识包括独特的知识结构、创新实践能力、组织管理知识、创新成果开发与转化的能力、捕捉和处理信息的能力等。需要通过培训和学习，培养员工的创新能力，主要是培养员工的创新思维能力和创新实践能力。要培养员工担任不同角色和拥有多种技能，鼓励他们改变自己的工作，以积累和发展技能。

知识创新能力表现在创新主体在所从事的领域中善于敏锐地观察原有事物的缺陷，准确地捕捉新事物的萌芽，提出大胆新颖的推测和设想，并进行认真周密的论证，拿出切实可行的方案付诸实施。创新能力与创新主体的心理特点、思想观念、知识、能力以及社会环境有很大关系。知识应用和创新能力是通过自身学习积累起来的，不是通过相应的要素市场买卖获得的，在很大程度上是通过外部的学习获得的，包括从客户那里得到的知识。

2. 提高决策者和创新者的创新兴趣

创新兴趣包括决策者和创新者的创新兴趣。创新兴趣又称为创新冲动。

(1)决策者的创新兴趣

创新需要决策者的支持。影响决策者的创新兴趣的主要原因有：

1)短期行为，无长远眼光，为一时利润而不断改变产品领域。无自己固定的技术产品，就无法形成本企业的技术优势。

2)自我满足，停滞不前，在某种产品成功之后，就不再有投资兴趣，而是把资金投往其他产品领域，或是坐吃老本。这也会因为不能超越自我而使企业失去优势。

3)思想观念保守,墨守成规,惧怕风险,排斥新技术。①

（2）创新者的创新兴趣

创新者的创新兴趣包括积极的求异性、敏锐的观察力、创造性的想象力、活跃的灵感与直觉等。有关调查指出,成功企业常试图通过提高员工的创新兴趣(如允许员工参加与日常工作没有直接联系的项目)来增强企业的知识创新能力。

3.外部挑战驱动的创新

外部挑战和困难也常常对创新有较大的推动作用,即所谓的"逼上梁山"。图 3-19 描述了一种挑战(或需求)驱动的创新过程模型。

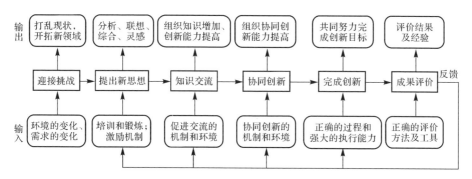

图 3-19　挑战(或需求)驱动的创新过程模型

4.知识应用和创新的难点

图 3-20 描述了知识应用和创新中的难点。

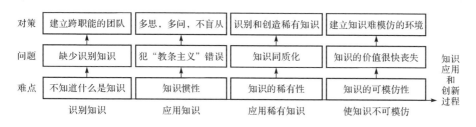

图 3-20　知识应用和创新的难点

---

① 邹海林.论企业核心能力及其形成[J].中国软科学,1999(3):56-59,67.

第五节　企业知识管理的实施方法

思考题：

(1)人人都说知识管理好,人人又都说知识管理难。知识管理难在哪里?

(2)如何利用新一代信息技术解决知识管理实施中的问题?

一、企业知识管理实施中的难点

1. 企业知识管理实施中的问题和对策

知识管理项目的失败率较高,有的专家估计可能高达50%,甚至有人认为是70%。

表3-4描述了知识管理实施中的问题和对策。

表3-4　知识管理实施中的问题和对策

问题	对策	案例
视知识管理本身为目的,使知识管理失去驱动力,导致失去管理层的配合	知识管理定位在将知识应用于企业最迫切的工作,使知识管理服务于企业战略,把知识管理与企业日常的业务流程结合起来	BP的石油和天然气勘测分部(BPX)的高层在知识管理推进中意识到,仅仅为了知识而共享知识,效果不是很大,而是要在扩大全局利益的同时帮助每个业务单元实现各自目标
规划不当和资源配置不足,从而使项目流产	在推动项目试验计划的同时,就规划何时展示成果。这样经理人就会知道试验计划的结束,才是真正工作的开始。此举也有助于公司承诺拨更多的资源给知识管理	美国生产力及品质中心调查的标杆企业中,许多一开始就至少投入100万美元推动知识管理方案,紧接着每年会拿出更多的预算维持运作以及持续发展。安永顾问公司每年将营业额的6%用在知识管理上
没有专人负责,最后可能"虎头蛇尾"或者"雷声大雨点小"	需要有人负责帮助项目经理从最新项目里汲取教训,让知识管理的内容持续更新,甚至设置帮助热线以咨询、指导如何善用知识管理系统	麦肯锡公司的知识管理之所以取得一定成效,是因为有数百名员工负责此事
缺乏符合企业真正需要的内容,无人问津	只有提供符合公司需要的内容,知识管理才能发挥最大功效。知识管理系统越通用,其功能就越有限	安永顾问公司的"聚力"文件汇整系统,就是专为特定产业的咨询师所设计的

续表

问题	对策	案例
不与企业文化相配合,推行就难	将知识管理系统的实施与企业文化建设相结合,如:知识共享的文化;双赢的价值观;尊重他人价值、相互学习的文化;宽松、自由的创新文化;等等	IBM 的莲花(Lotus)部门强调团队合作,其员工不仅贡献自己的知识,还会时常注意其他同事在这方面的独到想法;莲花具有"宽容"的企业文化:任何第一次抛出的计划,无须完美无缺,稍后再修正不可行的地方
企业信息化基础薄弱,导致知识管理实施风险增大	知识管理系统实施与信息化基础密切相关,需要采用信息技术支持知识管理,如知识的交流和存储	—

2.知识管理实施中所要注意的问题

(1)知识管理实施的长期性

即使在知识管理较为盛行的美国,知识管理的推行也很不尽如人意。成功的企业知道,知识管理和信息技术不是一回事。在这些企业里,知识管理不是一个专门的一次性的项目活动,而是涉及企业的方方面面、需要与其他战略决策相配套的长期工作。[1]

(2)知识管理必须与业务流程紧密相连

知识管理必须与业务流程紧密相连,否则必定失败。将知识和技术创新与扩散同企业的业务流程结合起来,可以节省大量开支,并产生巨大价值。

知识的创造、共享与应用不是在真空中发生的,信息的搜集与再用只有与特定的业务流程密切联系,才能有效地发挥作用。

(3)知识管理实施方法应因地制宜、与时俱进

没有一种千篇一律、适合任何企业的知识管理实施方法,对不同的企业应采用不同的实施方法。

也不存在一种一成不变的、适合企业任何时候的知识管理实施方法,需要对企业的不同时间的情况采用不同的实施方法。

(4)"执行力"——知识管理实施的关键

企业即使提出了非常科学的知识管理战略和方法,也选择了非常合适的工具和系统,但如果缺少能把知识管理战略和方法实施到底、能将系统应

---

[1]　Hauschild S,Licht T,Stein W.营造知识文化[J].IT 经理世界,2001(23):30-31.

用到底的机制,那么知识管理也是无法成功的。知识管理的实施是对企业造成很大震动的变革,每一次变革必然带来利益的重新划分。而要触动既得利益,就必然会有阻力。所以阻断企业的知识化成功之路的,往往是企业本身缺乏必要的执行力。执行力不是来自于咨询公司的知识管理系统规划方案,也不是来自于知识管理软件公司的产品,而是来自于企业自身的组织、人力资源、管理流程和制度。

所以,知识管理的实施需要企业领导的亲自参与和强力推行,需要有一个专门的组织来实施,需要一套制度提供实施的保障。

3.知识管理存在的问题和挑战

表 3-5 说明了知识管理各个环节中的难点及对策。

表 3-5　知识管理各环节的难点及对策

环节	主要难点	对策
识别隐性知识	组织内拥有知识的人可能不知道他的知识对其他人有用;同时,那些可能需要这些知识的人不知道在组织内何人拥有这些知识	建立专家黄页,让寻求知识者有渠道对外求助,拥有知识者可以有选择地发布知识
	隐性知识不易表达,发现何人具有何种隐性知识有一定困难,甚至自己也不知道自己掌握哪些知识	专家黄页中要提供专家的丰富经历,以帮助人们估计出哪些专家掌握某些知识
共享隐性知识	知识供应者与知识接受者存在知识梯度,阻碍知识流动	举办各种知识培训,减少知识梯度
	对知识的垄断会给掌握知识的人带来更多的利益,类似其他市场的垄断	建立新的奖励制度,让员工看到与独占其知识相比,共享知识会给他带来更多的利益;创造一种环境,使共享知识者可以得到尊重和奖励
	知识获取方经常会在没有"支付"的情况下获得所需的隐性知识,出现"知识交易"的不公平,这将使得掌握隐性知识的员工不愿共享自己的知识	知识获取方应通过一定的方式向知识提供方提供"报酬",这可以通过组织的协调、完善企业内部知识交易市场等方式实现
	隐性知识的掌握一般要经过长期的实践和积累,来之不易。员工拥有隐性知识是某种优势的象征,而与其他人共享会使他们丧失这种优势。因此,拥有隐性知识的员工出于独占性心理,一般不愿主动传播知识	让知识留在原处,让别人很容易发现知识在哪里,借此创造共享的机会;当人们觉得自己能自由地共享想要共享的知识时,就不应从人们手中取走知识,而是为人们找到重要的联系对象。在这样的过程中,公司赋予员工的隐私权越大,员工反而越愿意与他人共享

续表

环节	主要难点	对策
表达隐性知识	隐性知识往往难以表达,人们明白的往往要比能讲出来的多,如掌握某项工艺诀窍的熟练技工能演示其技能,却无法用语言清晰、准确地表达出来	采用多媒体和虚拟环境帮助表达
	并不是每一个员工都能够很好地表达自己的知识;许多隐性知识的表达往往是零星、破碎、主观的,甚至可以说是随意的	加强员工培训,提高知识表达能力,或专家辅助表达
	隐性知识表达为文字,但字面含义的背后往往涉及许多相关知识	将所有知识关联起来表述隐性知识,隐性知识才有可能变得具有使用价值
过滤隐性知识	在知识外化时存在一个隐含的过滤器,不仅过滤了大量的冗余、重复、无用的知识,也无意中过滤了与隐性知识有关的某些环境、细节等方面的信息	提高知识外化的能力;采用师傅带徒弟的手把手教的方法;难以外化的知识就保留在知识的拥有者那里,只要能快速找到该人就行
	知识与其他许多事物都有联系,这种联系往往不很清楚,也不可能将知识从这些事物中完整地分离出来	研究包含有知识情景的知识模型,尽可能将隐性知识描述完整
存储显性知识	"人人都痛恨别人不写文档,人人自己都不愿意写文档!"在一家国内知名公司的办公区内,墙上贴着这样的条幅。这表明,隐性知识转化为显性知识并不容易	需要培育员工的共享知识的愿望和将知识明确表达出来的能力;利用知识博客等工具帮助隐性知识的转化
	知识型员工往往喜欢将精力放在开发新产品上,因为这更有成就感。另外,任务也往往比较紧。因此,他们很少有时间能够坐下来存储知识	要建立管理机制,让员工觉得存储知识如同开发新产品一样有价值;采用自组织的方法存储知识
	知识不断膨胀,会产生许多的分叉并显得散乱;知识更新速度加快,今天专家级的技能知识明天可能仅仅是入门级的基础知识;在知识成为一种标准时,它会变得更加具有价值;有期限的专利权或以前的交易秘密会因广泛流传而贬值	对知识仓库自动更新,淘汰过时的知识;对知识经常进行重新分类和条理化
	许多有用的知识会转瞬即逝。例如,在"头脑风暴会"上,员工提出的想法会迅速消失	录音、录像、记录等方法可以用于克服历史性的时间障碍。特别是多媒体知识仓库的发展可以较好地解决这一问题

续表

环节	主要难点	对策
发现 显性 知识	使用互联网搜索引擎时,信息经常以成百上千条的数量出现,影响了知识发现的效率	采用知识过滤技术、基于 Web 的知识发现技术等
	知识分散在企业的不同地方,搜索困难	企业知识门户能提供给用户强大的、不断改进的指向组织知识和信息的"企业显性知识网络"
	面对海量的数据,人工分析困难	采用功能强大的数据挖掘技术
整理 显性 知识	知识在不断变化,对知识的应用需求在不断变化,整理知识要花不少时间,但知识常常刚整理好,却又过时了	企业在整理显性知识时,要考虑所需要整理知识的长效性;采用自组织的方法整理知识
	即使有整理好的知识库,也不能保证每位员工愿意利用。大部分高级经理都喜欢通过与他们认为知识渊博的人探讨来进行决策	不能将知识库看成万能的,尤其对于知识的创新;逐步改变员工的习惯,同时完善知识库管理系统;提供人机友好的知识库管理系统
	不同的行业乃至个人对知识名称有不同的叫法	采用知识本体方法
搜索 显性 知识	显性知识分散在各个地方,并且知识的命名方法也不一样,知识的存储方式也不尽相同,即使在一台计算机内的各种文件,都很难进行快速和精确的搜索	要有一套智能的知识搜索技术,可以进行模糊搜索;要采用本体方法,加强知识命名的标准化和关联搜索;要有搜索 PDF 格式及各种压缩文件中的知识的技术
学习 显性 知识	学习能力具有路径依赖性,即一个企业或个人目前的学习能力是由他过去所参与的某种产品市场、研究开发活动和其他技术活动所积累的经验来决定的	要有一套系统的员工学习能力测评系统和学习能力发展系统方法,提高学习效率
积累 隐性 知识	知识不像企业所需的人力资源那样可以到市场上去寻找,也不像金融资本那样可以到金融市场上去筹集	企业的知识一部分来自于企业的外部,这就要求企业始终保持关注,从知识海洋中敏锐而及时地发现对自己有用的知识和信息;企业的另一部分知识要靠自己在生产实践过程中积累归纳形成

续表

	主要难点	对策
知识的评价	知识不像其他资源那样是有形的,而近似为无形的、难以计量的。知识的价值只有在应用后才能体现,但这种应用过程往往包含着应用者的其他知识的融合,因此很难确定知识的真正价值	企业应努力找到对企业知识评价的方法,努力对类似如下的一类问题做出回答:研发投资的回报是否令人满意? 专利权是否值得更新? 值得进行商标保护吗?
	除非发生天灾人祸,否则有形资产绝不会在一夜之间化为乌有。但无形资产却存在着这种可能:一项高科技专利可能会被另一种新技术取代;无来由的流言能减损一个品牌的声誉;前景美好的研发计划可能一败涂地;技术骨干也可能另攀高枝	在知识评价中,需要对这种变化给予足够的重视,同时企业也需要对这种变化给予足够的重视,以保护自己的无形资产
知识的应用和创新	影响知识有效应用和创新的因素很多,有社会和技术方面的因素,也有偶然和必然的因素	对知识应用和创新问题不断研究分析和总结,使知识应用和创新从自由王国走向必然王国
	企业知识创新有风险,往往不如采用技术追随和模仿来得风险小、获益大。有所谓的"不创新等死,创新找死"一说	高收益往往意味着高风险;创新成功可以使企业进入竞争较少的"蓝海",获得丰厚的效益;另一方面,当企业的技术水平与世界一流企业接近时,不创新就难以超越和持续发展

二、知识管理实施过程模型

1. 知识管理"慢过程"和"快过程"的综合模型

知识管理是一个动态过程,需要采用过程模型进行描述。

知识管理过程可以分为两大部分:一是平时的知识学习、搜集、积累、综合的过程。该过程面向企业的长期发展战略,时间历程较长,称之为"慢过程"。二是需要平时的知识寻找、应用和创新的过程。该过程面向企业的近期工作需要,时间历程较短,称之为"快过程"。

知识管理"慢过程"和"快过程"及其关系如图3-21所示。这里只是包括知识管理的部分内容。这里的专家黄页与隐性知识有关,知识仓库与显性知识有关。

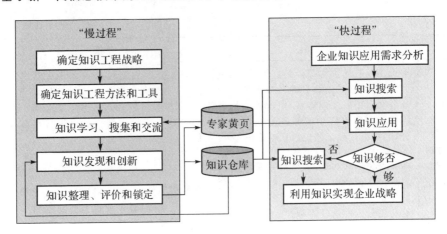

图 3-21　知识管理"慢过程"和"快过程"及其关系

2.知识管理实施过程模型

知识管理实施过程即知识管理的"慢过程",这是整个知识管理的基础工作。是否有一个合理的知识管理基础工作的机制,对整个知识管理的质量有着重要的影响。

知识管理实施过程模型很多。图 3-22 所示为知识管理实施过程的一种模型。

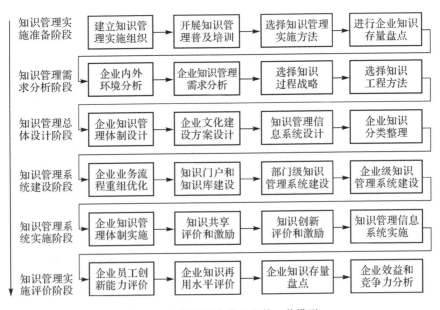

图 3-22　知识管理实施过程的一种模型

3.知识管理的总体设计

(1)确立知识管理团队、策略和总体计划

建立专门的项目小组(包括企业的高层领导,设计、实施、质量监控人员),负责知识管理的战略和实施,确立总体的项目计划、实施策略、项目制度。

(2)进行知识清点

对企业中已经存在的知识资源进行清点,确定企业知识资源的价值、数量以及获取这些知识的难易程度。知识清点的内容包括:整理各种公开发布过的文档;确定各种未公开发布过的知识资源;详细清点企业从外界获取的各种知识。

(3)确定企业内外部的知识需求

研究企业内外对知识的各种需求,以便确定:知识管理应该向哪些部门倾斜,重点满足哪些部门的需要,这些部门的业务现状如何,在业务的每个关键点上需要什么样的资源。

对知识管理需求较多的是高层管理者、销售和市场部门、客户服务和技术支持部门、人力资源部门、产品管理部门、研究与开发部门等。

还应该了解潜在和现有的客户、机构和个人投资者等能够对公司产生影响的人士对知识管理的需求。

通过确定这些关键岗位、关键人员、关键业务点对于知识的需求,可以绘制出知识在企业业务中的历程图,描述知识、业务和人员之间的关系。

(4)选择知识管理战略

知识管理战略服从于企业的总体战略。根据企业的战略、目标、关键的成功因素和对企业环境的分析,定义对企业具有战略性重要意义的知识领域,决定重要的知识密集型经营过程和活动。通过知识管理可以有效地支持企业关键绩效指标的实现,从而确保企业战略部署的达成,最终帮助企业实现总体的战略目标。需要从战略角度确定企业的必要知识和可利用知识,由此确定知识鸿沟,即必需的知识与可利用知识的差距。

将知识管理战略与其他企业战略集成。孤立对待知识管理的企业有可能收不到效益。只有当知识管理与人力资源、信息技术和竞争战略相协调时,企业才能获得最大效益。

(5)提出知识管理方法和工具

为了实现知识管理,需要提出一个知识管理方法,包括:知识管理实施过程的详细定义,如知识的编辑、结构化和转移的转变;过程重组,如根据知识的文档化、供应、传递和使用而对现存经营过程的转变;组织重构,如建立交叉部门团队以改善直接的交流;激励方案;培训计划。还需要提出知识管理工具的方案,包括网络架构、软件系统、知识库等。

(6)确定策略,选定产品,制订实施计划

满足各部门和人员的知识需求可以从两个方面入手:一是知识建设,这包括是否购买外部的知识、怎样将已有的知识重构以满足新的需求或者满足不同人员的需求、怎样进行研发创新等;二是建设知识管理的系统,并采取切实措施,确保应用,包括确定知识管理工具的建设策略、进行产品和技术方案的选择。

技术路线确定后,就可根据产品特点、知识管理的要求制订出系统的实施计划,用以指导系统的建设。

(7)建设知识管理系统

为了确保知识管理系统的成功实施,可以先选定1~3个部门进行试点,总结经验后再全面推开。在这个阶段,有两个方面是难以回避的:一是多种知识获取渠道的集成。仅仅将知识存储好是远远不够的,用户应该能通过多种渠道、多种形式获得所需的信息。二是与其他系统进行有效的集成,包括与 OA、ERP、CRM、SCM 等业务系统的集成。在集成时,需要综合考虑需求的强烈程度、成本等诸多因素,按收益成本最大化的原则进行。

(8)支持知识与具体的业务过程的集成

企业的知识管理不是在真空中发生的,知识的获取、开发、创造、共享以及再用等都是与特定的业务过程密切相联系的。将知识与特定的业务过程紧密结合起来,才能让知识最大限度地发挥作用。可以说,知识管理就是企业对业务过程中无序的知识进行系统化管理,实现知识共享和再用,以提高企业的业务水平和效率。这样,可以节省大量开支,并产生巨大价值。所以,企业在考虑知识管理的组织机制、企业文化和技术手段等问题时,必须将知识与具体的业务过程集成起来。

企业员工在具体的业务过程中通过获取和开发等方法得到各种不同知识。但是,这些获取的和创造的新知识在企业业务过程中的再用和应用并不能自发地实现,即知识与业务过程的集成不是自发实现的。企业中有很多因素对知识与业务过程的集成产生影响,如业务过程、组织结构、企业文化、激励机制、知识特征和技术工具等。

知识管理是企业全员参加的、全面的、全过程的管理行为,其魅力就在于潜移默化,通过它可以把企业的工作流程和相关的知识结合起来,只要员工按流程办事,他就可以实现经验与知识的不断积累。

(9)提高知识管理系统的安全性和保密性

知识管理系统的安全性和保密性非常重要。知识是企业竞争的核心资源。在计算机和网络环境中,稍有不慎,知识资源就很容易不知不觉地流失。安全性是影响知识管理系统普及应用的瓶颈。提高知识管理系统安全性和保密性的主要措施有以下几种。

1)访问机制控制。首先,采用数据服务器、应用服务器和客户端三层结构的访问机制。其次,应用服务器访问数据库的链接字符串经过加密处理,以便在互联网环境下充分保证数据传输的安全性。

2)安全性、保密性设计。首先,在系统逻辑层进行访问控制。用户都必须经过密码验证才能访问系统,且只能应用相应功能。其次,对系统数据库的安全管理进行控制。应用服务器提供系统的业务逻辑、数据访问和安全机制,保证系统的灵活性与安全性。企业可以根据负载或网络的情况释放、部署服务器的数目,或应用不同的访问机制。

3)知识库备份与恢复。对知识库进行人工备份和自动备份。这样,在知识库出现问题的时候能进行知识库自动恢复,保障系统的运行。

4)企业局域网与外网的安全管理。可以通过硬件防火墙来管理企业内网与外网的联系,增加可靠性;在外联网上进行知识共享时,可以用 VPN 技术构建虚拟网,提高知识安全性。

第四章　企业大数据

本章学习要点

学习目的：了解企业大数据的背景和定义、现状、需求和分析方法。

学习方法：企业大数据目前还不多，有了大数据还不清楚如何应用。因此建议从企业或部门领导的角度研究企业大数据的需求，探讨如何获取大数据，如何利用大数据解决工作中的问题。

第一节　企业大数据概述

思考题：

(1)你所在企业有哪些大数据？

(2)你所在企业大数据的应用程度如何？

(3)请举例说明大数据对企业的价值。

一、企业大数据的基本概念

1. 大数据

2011年6月，麦肯锡在研究报告《大数据：下一个竞争、创新和生产力的前沿领域》中说：数据已经渗透到当今每一个行业和业务职能领域，成为重要的生产因素。[①]

大数据一般具有"3V"特性：大量(volume)、多样(variety)和快速产生

---

① McKinsey Global Institute. Big data：The Nextfrontier for Innovation Competition and Productivity[R]. USA：McKinsey & Company,2011.

(velocity)。①

大数据可分为:结构化数据,例如通过产品或生产线上的传感器所采集的数据;非结构化数据,例如网络日志、音频、视频、图片、地理位置信息等数据。或者分为:主动数据,即由网络用户主动提供的数据,例如上传的文档、发表的评论等;被动数据,例如用户在浏览网页的悬停等信息;过程数据,即在处理数据过程中产生的数据。②

在 2015 年,人类总共创造了 4.4ZB(44 亿 TB)的数据,而这个数字大约每两年就会翻倍。在这些数据中隐藏了各种关于消费习惯、公共健康、全球气候变化以及其他经济、社会还有政治等方面的深刻信息。③

小知识

1 byte(B)＝8 bits

1 KB＝1024 B(一个简短对话)

1 MB＝1024 KB(一首歌曲或一条生产线一日的数据量)

1 GB＝1024 MB(一部电影或一个工厂一日的数据量)

1 TB＝1024 GB(一个企业数据库中的数据量,飞机发动机 6 个小时采集的数据)

1 PB＝1024 TB(沃尔玛全球每天产生 2.5PB 数据,谷歌每天处理 20PB 数据)

1 EB＝1024 PB(顶级 IT 企业数据量,如阿里、亚马逊、易趣)

1 ZB＝1024 EB(在互联网中数据存量为 2.7ZB)

1 YB＝1024 ZB

根据 IDC 的估测,数据一直都在以每年 50％的速度增长(大数据摩尔定律),并且大量新数据源的出现导致了非结构化、半结构化数据的爆发式增长。

---

① Chen H，Chiang R H，Storey V C，et al. Business intelligence and analytics：from big data to big impact[J]. Management Information Systems Quarterly，2012，36(4)：1165-1188.

② Gu F，Ma B，Guo J，et al. Internet of things and Big Data as potential solutions to the problems in waste electrical and electronic equipment management：An exploratory study [J]. Waste Management，2017(68)：443-448.

③ 美国公布长达 35 页的《2016—2045 年新兴科技趋势报告》.(2017-07-13). http://www.sohu.com/a/156895155_163524.

2.企业大数据的定义

我国工信部在 2017 年 2 月发布的《企业大数据白皮书（2017 版）》中有关企业大数据的定义是：企业大数据是在工业领域中，围绕典型智能制造模式，从客户需求到销售、订单、计划、研发、设计、工艺、制造、采购、供应、库存、发货和交付、售后服务、运维、报废或回收再制造等整个产品全生命周期各个环节所产生的各类数据及相关技术和应用的总称。其以产品数据为核心、极大延展了传统工业数据范围，同时还包括企业大数据相关技术和应用。[①]

企业大数据和互联网大数据的不同点主要是：互联网大数据是用户在互联网中的各种系统的应用过程中自动产生的，如用户搜索和购买产品时的行为数据。这些数据可以看作是用户行为的副产品，是一种被动数据。而企业大数据是企业为获取数据有意设置产生的，如为了获得某台设备的运行情况，在设备中安装大量的传感器，获取设备的各种运行状态数据，是一种主动数据。

并且，一些企业大数据早在互联网大数据出现之前就已经存在，如在使用地震波法勘探石油的过程中涉及大数据的处理。

企业大数据可分为：企业外大数据，主要来自互联网等外部数据源；企业内大数据，主要来自企业信息系统和数字化装备。企业大数据是各种网络平台上产生的内容，如图 4-1 所示。

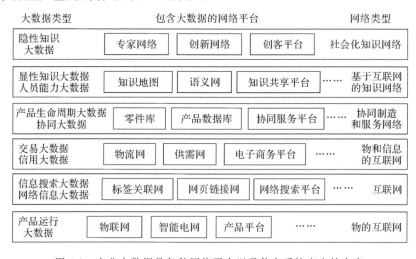

图 4-1　企业大数据是各种网络平台以及信息系统产生的内容

---

①　中国电子技术标准化研究院．企业大数据白皮书［EB/OL］．(2017-05-27)．https://max.book118.com/html/2017/0527/109578630.shtm.

二、企业大数据的来源、方法、应用和目标

1. 企业大数据的来源、方法和应用的示意图

图 4-2 分析了企业大数据的来源、方法、应用和目标。

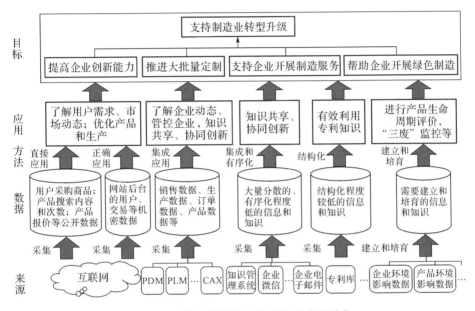

图 4-2　企业大数据的来源、方法和应用示意

图 4-2 中的大数据都已经有或者将具有 3V 特点。例如，企业环境影响数据是对环境保护非常重要的数据，但现在基本无法直接获取。这里提出一种方法：通过国家立法，如延伸生产者责任制、环境税以及碳排放额交易，要求企业必须提供完整的采购（输入）数据和出厂销售或"三废"处理（输出）的数据，然后根据企业的现有设备和工艺，可推算出企业每天的"三废"排放情况，并与企业申报的数据进行对比，从而可以对"三废"排放进行严格的控制和征税。这里的数据量非常大，数据更新快、形式多样，对实现环境保护具有相当重要的价值。

在互联网上，人们在搜索信息、购买商品、交流信息、提供服务等活动过程中留下了大数据。这些互联网大数据对制造业的发展也有重要价值。

2. 从互联网中直接获取大数据

互联网中有许多现成的用户需求数据以及产品采购和销售数据,企业可以直接拿来创造价值。

(1)用户网上搜索行为的大数据

用户在电子商务网站(如淘宝、京东等)、搜索引擎(如百度、搜狗、谷歌等)或在一些社区、行业网站中的搜索行为的大数据可以帮助企业了解用户需求。例如,利用 Google Trends(谷歌趋势)工具来分析某一搜索关键词在 Google 被搜索的频率和相关统计数据,以帮助企业开展销售预测,再结合企业自己的内部数据,可以进一步完善产品的销售预测。用户可分别直观地看到每一关键词在 Google 全球的搜索量和相关新闻的引用情况的变化走势,并有详细的城市、国家/地区、语言柱状图显示。当前谷歌趋势已被用于股价预测①、油价估计②以及传染病分析③中,并在数值上具有较高的契合度。例如,国外曾通过用户搜索感冒症状和药品的大数据,发现流行性感冒的爆发趋势。

(2)用户网上购买产品行为的大数据

用户在网上购买产品行为的大数据对于企业了解用户需求具有很大价值。特别是对于快速消费品,企业需要在较短的时间内了解用户需求,快速做出反应,否则机会就会很快流失。用户大数据可以帮助企业了解用户对产品的核心关注点、用户需求的变化趋势、用户关注的核心问题、用户对现有产品的质量评价等。例如,有的服装企业的老板说:他甚至可以通过一天的网上销售数据快速了解到服装市场的时尚潮流,从而帮助他做出哪些服装需要追货,哪些服装需要立即停止生产的决策,达到增加销量,减少库存的目的。有的企业与阿里巴巴建立电商战略联盟,开展大数据应用合作。

(3)用户内容创造和评价大数据

Web 2.0 平台如网络社区、微信、论坛、博客、微博等,为用户创造内容

---

① Da Z, Engelberg J, Gao P, et al. The sum of all FEARS: Investor sentiment and asset prices[J]. Review of Financial Studies, 2015, 28(1): 1-32.

② Guo J F, Ji Q. How does market concern derived from the Internet affect oil prices? [J]. Applied Energy, 2013, 112(4):1536-1543.

③ Yang S, Santillana M, Kou S C, et al. Accurate estimation of influenza epidemics using Google search data via ARGO[C]. Proceedings of the National Academy of Sciences of the United States of America, 2015, 112(47): 14473-14478.

和评价内容提供了很大的方便,也为企业发现产品需求提供了资源和新的途径。在 Web 2.0 平台随处可见网友使用某款产品的点赞、吐槽、需求、质量评价、外形美观度和款式样式点评等数据,这些都构成了产品需求大数据。企业通过收集网上评论数据,建立网评大数据库,然后再利用分词、聚类、情感分析等方法了解用户的消费行为、价值取向、评论中体现的消费需求和企业产品质量问题,以此来改进和创新产品,量化产品价值,制定合理的价格及提高服务质量,从中获取更大的收益。

(4)用户产品使用行为大数据

智能产品(如智能家电、智能汽车等)中有许多传感器的作用主要是方便用户使用、改善用户体验。但通过这些传感器,企业可以了解用户的使用习惯,这对于企业改善产品具有重要意义。例如,用户在到家 10 分钟前打开智能空调,回到家中就会感到十分凉快。同时,企业通过千千万万用户的空调使用行为数据,知道哪些功能用户常用,哪些不常用,哪些功能是如何使用的。企业可以通过用户识别、用户标签、用户聚类和用户细分等方式监测用户的行为模式,对用户进行全方位的认识,建立用户画像,准确把握目标用户群体及其需求,从而针对目标用户群体开发相应的空调。借助大数据分析技术还能够建立大数据数学模型,从而对未来市场进行预测。

(5)用户评价大数据

用户评价数据具有非常大的潜在价值,它是企业改进产品设计、产品定价、运营效率、用户服务等方面的一个很好的数据渠道,也是实现产品创新的重要方式之一。用户的评价既有对产品满意度、物流效率、用户服务质量等方面的建设性改进意见,也有用户对产品的外观、功能、性能等方面的体验和期望。有效采集和分析用户评价数据,将有助于企业改进产品、运营和服务,有助于企业建立面向用户需求的产品创新。利用用户评价大数据,汽车之家网站(https://www.autohome.com.cn/beijing/)已经为整车厂商提供了系列增值服务,包括营销策略改进、外观设计变更等,实现了客户与自身的双赢。

3.企业自建平台获取互联网大数据

还有许多用户需求、供应商的产品质量等数据在互联网中直接获取有难度,需要企业进一步设法利用互联网自建平台获取这些数据。

(1)企业利用互联网平台,让客户参与数据的交互,提升数据质量。例如,目前国内外都已经有部分的品牌服饰电子商务平台拥有整合的购物社交网络。当一用户购买了一条裙子之后,该服饰购物平台会通过各种奖励鼓励这名用户提交穿上这条裙子之后所拍的相片。

(2)企业建立官方微信服务号(公众号),自建用户社区,通过基于微信的信息推送与问答机制,提高用户黏着度,了解需求,提供服务,让用户成为企业的粉丝。这样,既可获得大数据,又可利用大数据为用户服务。例如,宁波雅戈尔公司通过公众号向用户宣传自己的产品,还开展用户调查。雅戈尔甚至让其股民也成为粉丝。

(3)建立企业情报系统,自动在指定网站中搜索、下载和分析数据。

4. 跨界互联网大数据应用

所谓跨界大数据应用就是利用别的行业和场景的大数据为自己的企业服务。例如,过去人们设想通过对道路上的车辆进行摄像头监控,以便了解道路的拥堵情况,现在智能手机已经普及,智能手机的移动轨迹能够被实时自动采集,可以用于跟踪车辆的行驶情况,了解道路的拥堵情况。大量随车运行的智能手机的移动轨迹是一种通信公司获得和管理的互联网大数据,被跨界地用于道路拥堵情况分析以及消费行业分析,例如高德地图。

三、企业大数据的主要类型

1. 产品监测大数据

企业在越来越多的产品上安装了越来越多的传感器,用于产品监测,帮助预防和诊断故障。条形码、二维码、RFID等能够唯一标识产品,传感器、可穿戴设备、智能感知、视频采集、增强现实等技术能实时采集和分析产品的生命周期数据,这些数据能够帮助企业在产品生命周期的各个环节跟踪产品,收集产品使用信息,从而实现产品生命周期的管理。例如,越来越多的产品上有一张电子身份证(如RFID),可以获取产品全生命周期过程的数据。一旦发现问题产品,企业或监管部门可以立即采取措施。

2. 制造过程大数据

产品制造过程很复杂,有许多工序,设备和工件有许多状态,从而有大数据。许多产品在其生命周期中有一些不同的制造企业参与。为了保证产品质量的可追溯性,为了使产品维护维修以及产品回收时能够查询到必要的产品历史状态数据,需要对产品状态数据进行管理。例如:模具钢材的状态数据有钢厂名、出炉时间、检验数据等;模具毛坯的状态数据有锻造厂名、锻造时间、锻造工艺、检验数据等;模具设计的状态数据有设计单位和设计师名、设计时间、设计图纸、各种设计文档等;还有模具热处理、各道加工工序、试模、返工、工作、维护、保养、维修、再制造等状态数据。

3.企业信息系统中的大数据

(1)产品数据管理系统(PDM)中的大数据

企业多年来积累了大量的产品数据和模型。随着用户需求多样化和个性化趋势的增强,产品品种增加、批量减小,产品数据和模型也急剧增加。例如,雅戈尔的服饰总共有 52440 款,每一款服饰还有很多尺寸变型和面料颜色的变化。假设这些服饰的彩色款式图片、工艺文件等每套数据存储量是 10GB,则有 512TB 的存储量。这些数据的快速重用和优化组合,有助于提高企业的创新能力。

(2)CAX 系统中的大数据

CAD、CAPP、CAE 等系统所产生的产品模型的数据量是很大的。如果将各种实验的数据、分析的数据整合进 CAX 系统的模型库中,数据量会更大。这些数据可以使产品设计和分析的经验得到重用,使 CAX 系统能够支持企业的快速创新和设计。

(3)产品全生命周期管理系统(PLM)中的大数据

PLM 系统不仅包括了 PDM 系统中的数据,还包括了大量的产品销售和售后状态的数据,特别是产品使用和维修的数据。

(4)ERP 系统中的大数据

企业的 ERP 系统多年来积累了大量的企业生产和管理数据。需要研究如何充分利用这些数据,帮助企业更好地决策和优化业务过程,使 ERP 系统应用更上一层楼。例如,雅戈尔 ERP 系统中的数据量达到 2TB。利用这些数据有助于分析企业的生产和管理效率,发现影响企业发展的瓶颈问题,加强企业内部控制。目前这些数据的量不够大,不够细致、完整和准确,作用发挥得还不够。

(5)生产过程执行系统(MES)中的大数据

生产现场变化很快,数据很多,但大部分数据的价值很低。一些大型服装企业有生产流水线及监控系统,可以获得大量的车间现场的实时数据。

（6）供应链管理系统（SCM）中的大数据

一些大型企业有 SCM 系统。例如，方太厨电将本企业的 6S 管控方式植入第三方，保证了整条供应链管控的严密性，同时降低了产品因物流业务外包所造成的残损。这种"6S 管理"将会产生大数据，并能提高方太的供应链一体化管控能力。

（7）企业制造服务系统中的大数据

例如，宁波永尚机械有限公司为每一客户、每一台产品建立档案，跟踪回访，进行预防性维护服务，由此获得大量数据。宁波量子星自动化设备有限公司致力于自动化系统成套解决方案，集聚了大量数据。宁波帮手机器人有限公司提供数字化工厂的整体解决方案，包括生产数据采集分析管理系统，分析车间利用率、空闲率、报警率、零件生产情况，生成相应报告，可以制定有针对性的管理措施。

4. 企业知识管理系统中的大数据

企业知识管理系统中不仅会有大量的知识，而且有员工下载、阅读、评价知识的行为数据，这些大数据的作用有：

（1）有助于实现知识管理全过程的透明化、可追溯；

（2）可以帮助评价员工知识共享和知识水平，促进知识共享；

（3）有助于实现知识自动有序化，提高知识利用效率；

（4）可以支持知识产权协同保护，促进协同创新；

（5）有助于企业对员工的全面评价；

（6）有助于员工找到最合适的专家；

（7）有助于企业产品创新。

第二节　企业大数据的总体分析

思考题：

（1）你所在的企业目前已经采用了哪些大数据战略？还有哪些大数据战略值得关注？

（2）你所在的企业的大数据最具应用价值的研究领域是什么？

（3）为什么大数据分析首先要从企业需求出发？

（4）为什么要进行企业大数据的顶层设计？你所在的企业要利用大数

据需要做哪些工作？

一、企业大数据分析的需求

1.企业面临的问题

企业可能面临如下的问题：

（1）快过年了，企业领导在发愁，担心红包发得不准确，年后一些优秀员工不回来了。

——如果企业有员工一年来为企业做出的贡献、产生的价值的大数据，领导就可以据此发出准确的红包，不让优秀员工吃亏。

（2）企业好不容易培养员工掌握了技术，但有的员工不讲诚信，只求产量，不求质量，以便多得奖金。如果处罚重了，他们就跳槽，反正技术在手。

——如果将员工日常的工作表现数据放在网上，企业老总都可以看到，员工的诚信度就可能改善。

（3）企业购买了据说是宝钢生产的模具钢，供应商还信誓旦旦地拿出了宝钢的证明。结果制造出来的模具一试模，发现不对。

——如果宝钢生产的钢材的来龙去脉的数据都可以追溯，这种问题就可避免。

（4）企业想创新，但发现新产品的整个技术体系，从原材料、制造、装配、测试到配件，都难以找到合适的合作伙伴。什么都自己投资，这完全不可能，只能暗叹创新太难。

——如果有一个比较完整和可靠的面向全国技术创新的知识库，创新难度就可能大幅度降低。

（5）企业领导常感叹：蓝领好管，白领不好管。蓝领的活儿可以计数考核，白领不行。哪个白领离职了，他的经验和知识也随之流失。

——如果有一个比较完整和可靠的员工知识库，让白领发布自己的工作经验、建议等，大家进行评价，并根据使用效果进行评价。这样可以对白领的水平、贡献以及知识共享程度等进行评价，并据此给出激励，支持白领的知识共享和协同创新，同时使企业知识库越来越完善，留住了员工的知识。知识经济时代，知识将成为企业的主要财富。企业对固定资产有很好的管理方法，但往往对知识财富的管理束手无措。

（6）发到国外的产品已经使用 10 多年了，现在出了问题，需要更换某一零部件。但该产品已经更新设计多次,该零部件已经有多种变型,不知是哪一种零部件。

——需要对产品大数据进行管理。

(7)企业信息系统多年积累了大量的数据,并在每日产生大量的数据;互联网中每天在产生大数据;电子商务平台中也存了大量数据,是否需要考虑如何发挥这些数据的作用,解决企业面临的问题。

(8)如何利用大数据帮助建成一个信息透明、诚信自律、上下协同、资源共享、全员创新、高效运行的理想企业?

大数据分析首先要从企业需求出发。大数据分析只是帮助解决企业问题的手段。

2. 企业大数据的来源和意义

企业大数据的来源和意义如图 4-3 所示。

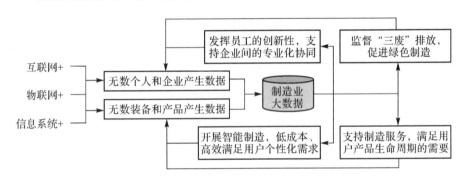

图 4-3　企业大数据的来源和意义

对于企业发展来讲,最有价值的是互联网、物联网和信息系统中的数据。例如,企业所建立的大量产品模型比 CAD 系统本身更有价值,ERP 系统和企业销售管理系统中多年累积的数据比系统本身也更有价值。随着数据的快速增加和集成,所形成的大数据将对制造业的转型升级产生重大影响。

3. 企业大数据发展的动力

企业大数据发展的动力是需求拉动和技术驱动,如图 4-4 所示。

如图 4-4 的右半部分所示,企业大数据的需求主要有以下几种。

(1)对知识大数据的需求

技术创新能力与知识大数据的数量和质量有关,要提高知识数量和质

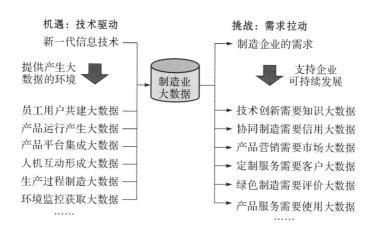

图 4-4　企业大数据发展的需求拉动和技术驱动

量,需要员工的知识共享和知识评价,这又涉及员工参与知识共享和知识评价的行为大数据。

(2)对信用大数据的需求

协同设计和制造是实现技术创新和大批量定制的有效途径,信用是关键。对人和企业的日常行为的跟踪和评价的大数据可以帮助了解其信用。大数据促进信息的透明化和可追踪,这有助于建立信用社会。

(3)对市场大数据的需求

电子商务的快速发展、卖场信息系统的普及,使企业获得越来越多的数据,依据这些数据,企业可以开展精准的产品营销,并支持企业开发出客户真正需要的产品。

(4)对客户大数据的需求

工业 4.0 的目标是利用信息物理系统(cyber-physical system,CPS)将生产中的供应、制造、销售信息数据化、智慧化,最后达到快速、有效、个人化的产品供应。客户大数据有助于企业将产品生命周期的定制点后移、将不同的个性化需求中的共性部分分离出来,采用统一的解决方法,使个性化定制服务快速、有效。

(5)对绿色评价大数据的需求

绿色设计和制造需要绿色评价大数据的支持,而这方面的数据非常缺乏,需要依靠广大员工和企业协同获取和有序化。

(6)对产品使用大数据的需求

现代企业将承担越来越多的产品生命周期服务任务,为了完成好这些任务,需要大量的产品使用状态的数据,这需要采用远程监控的方法获取。

此外,新一代信息技术提供了产生大数据的环境,如:

(1)员工用户共建大数据

Web 2.0 提供了员工用户共建大数据的环境,如微信圈、社区等,特别是成千上万用户的参与,使数据量急剧增加。员工用户共建的大数据包括对产品的选择和评价、知识共享和经验交流等。

(2)产品运行产生大数据

基于传感器和物联网,可以获取大量的产品运行数据,并传递给企业。由于产品很多,并且获取的产品运行参数也很多,这很容易形成产品运行产生大数据。

(3)产品平台集成大数据

工业 4.0 中的智慧装备和智慧工厂通过服务互联网集成大量的 APP(Application 的缩写,表示应用程序)。APP 一开始只是作为一种第三方应用的合作形式参与到互联网商业活动中去的,随着互联网越来越开放化,APP 被更多的互联网商业大享看重,它一方面可以积聚各种不同类型的网络受众,另一方面他们可以借助 APP 平台获取流量,其中包括大众流量和定向流量。APP 可以支持更丰富的交互设计、更好的用户体验;对设备有更大的控制权,如获得用户位置,使用摄像头、陀螺仪、NFC 等;产品和用户有更好的互动,如主动推送信息等。

(4)人机交互形成大数据

在各种信息系统的使用中,有大量的人机交互,这就产生了大量数据。

(5)生产过程制造大数据

在信息物理系统(CPS)中,生产过程不仅制造产品,也同时制造出大量数据。

(6)环境监控获取大数据

利用各种传感器对环境的监控,每时每刻都在产生大量数据。

二、企业大数据战略和原则

1.大数据支持各种企业战略的实现

企业面临的困难越来越多,大数据可以在一定程度上帮助企业解决这些困难。图 4-5 描述了大数据支持各种企业战略实现的情况。

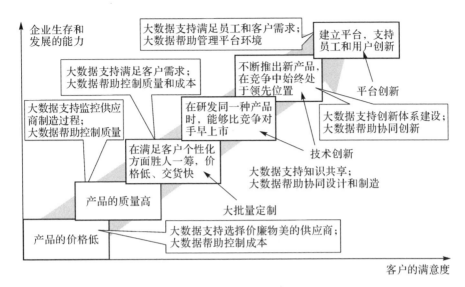

图 4-5　大数据支持各种企业战略的实现

2.开展企业大数据分析的基本原则

（1）需求驱动原则

发展企业大数据应瞄准企业迫切需要解决的问题,如企业创新、大批量定制、制造服务、绿色制造等,大数据只是手段和工具,不是目的。

（2）新一代信息技术拉动原则

新一代信息技术的发展会导致企业大数据的产生。所以应通过应用新一代信息技术产生大数据,然后利用大数据帮助解决企业发展中的问题。

（3）大数据培育原则

大量的企业大数据需要通过顶层设计,主动培育,如知识大数据等。因为许多这样的大数据不会自动产生,需要建立一定的制度,以建设和培育大数据。

（4）大数据集成原则

数据只有通过集成才能产生更大的效益。数据集成需要数据开放,还需要建立数据模板标准和接口标准。

（5）大数据有序化原则

许多企业大数据只有有序化了,才能提高其应用价值,如企业的知识大数据。有序化的工作很难,需要广大员工的参与,需要有相应的制度和标准支持。

（6）大数据安全性原则

企业应主动维护隐私和安全性以及开展监管活动，以确保所分析数据的安全性和准确性。

（7）大数据应用文化原则

企业应培养一种将分析融入方方面面的文化，支持所有员工根据大数据和分析做出决策，而不是依靠直觉和过往的经验。

三、企业大数据的顶层设计方法[①]

企业大数据可以为企业和企业价值链的转型升级带来巨大的推进力，如促进网络智能制造的发展。但这类大数据在数量和质量方面远不能满足要求。有许多数据需要从不同企业和部门集成；许多半结构化或非结构化数据需要结构化才能方便利用；不少数据没有现成的，需要特地建设才能获得。这些工作不是单靠技术手段、靠自发行为、靠市场行为就能解决的，需要设计相应的制度、标准等，这是一个大系统工程。因此，需要对企业大数据进行顶层设计，通过对大数据的建设，使其有序化、结构化、集成等，使大数据更好地造福企业。

企业大数据并非都是自动产生的，很多更不是直接可以利用的，需要进行大数据的建立、集成、结构化和有序化，这些是企业大数据顶层设计的部分主要内容，如图 4-6 所示。这些内容还在发展之中。

1. 大数据建立的顶层设计

产业转型升级需要一些大数据的支持，但目前还缺乏这些大数据，因此需要进行大数据建立的顶层设计，主要工作包括以下几个方面。

（1）大数据建立的制度设计

大数据建立意味着将大数据这一宝贵资源进行共享，这不可避免地会涉及一些个人和部门利益，并需要相关人员的额外工作。因此需要有相应的制度，既要促使大数据的建立，促进企业和我国经济发展，又要保障大数据建立者（提供者）的权利和利益，不让"雷锋"吃亏。

案例：宁波信息研究院的高新技术企业监控数据获取中的制度设计。

---

① 顾新建,代风,杨青海,等.制造业大数据顶层设计的内容和方法（上篇）[J].成组技术与生产现代化,2015,32（4）：12-17.

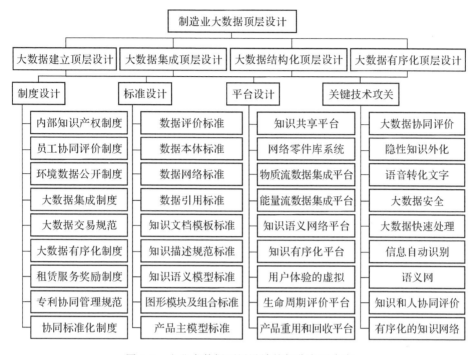

图 4-6　企业大数据顶层设计的部分主要内容

宁波信息研究院负责高新技术企业的复评工作。高新技术企业三年一复评,如果不对三年中的过程进行监控,有的企业就可能会出现某些指标通不过复评,如专利数、研发投入、人员结构等。而高新技术企业的牌子有很大的经济利益在里面的,可以减免 10% 的企业所得税。由于宁波信息研究院不是高新技术企业的直接领导,企业不一定会听信息研究院的。这就需要进行制度设计。这里的制度是:将高新技术企业的每一季度的数据统计和分析报告通过平台显示给乡镇企业领导,他们都可以看到自己所管辖的高新技术企业数据提交情况、统计结果。他们有责任也有积极性去催促企业提交数据、进行改进,因为高新技术企业数量是他们工作绩效的一个指标。

（2）大数据建立的标准设计

在大数据建立前应先制订比较完善的标准,这将有助于提高大数据建立和使用的有效性。例如,制订数据模板标准、产品主模型标准、产品主结构标准等。

（3）大数据建立平台设计

大数据建立首先要有相应的平台,例如知识共享平台、网络零件库系统等。

（4）大数据建立中的关键技术攻关

这类关键技术例如：隐性知识外化技术、企业"三废"数据采集技术、产品设计过程中的知识自动捕捉技术、用户使用行为中的需求自动捕捉技术、专利内容的识别技术等。

2.大数据集成的顶层设计

大数据常常分散在不同企业或部门，这些大数据不集成就难以发挥其作用。但大数据的集成并非易事，这里有技术上的原因，如数据异构问题，更主要的是管理上的问题。例如，有些人将自己所拥有的数据（特别是知识）看作是自己的私有财产、权力象征，不愿轻易共享，即使这些知识被束之高阁也在所不惜；又如，有些人唯恐数据共享后会带来一些意料不到的后果。典型例子是：我国住房数据集成就困难重重。数据分散在不同部门，一些部门出于各种顾虑和利益考虑，不愿集成。

这里需要对大数据集成进行顶层设计，主要内容如下。

（1）大数据集成的制度设计

通过制度法规强迫一些应该共享的大数据必须共享。例如，纳税人出的钱所获得的大数据就应全民共享（与国家安全有关的数据除外）。有些对产业有重大影响的大数据也要求其必须共享，如对国民经济有重要影响的产品的生产、库存和销售数据，或者通过购买数据方式促进大数据共享，为此需要进行大数据交易市场建设，要有大数据交易规范。企业也需要相应的制度，如企业内部知识共享制度、企业生产数据管理制度、企业质量数据管理制度等，以保证数据的有效集成。

（2）大数据集成标准设计

建立面向大数据集成的各种标准，例如数据本体标准、知识网络标准、数据引用标准、数据模板标准等。这些标准可以采用协同的方法建立。

（3）大数据集成平台设计

支持跨部门、跨企业的异构数据集成，支持从下到上的不同层次的数据集成。从国务院到国家各部委，再到各省市、各行业都需要企业大数据辅助决策，都要有相应的大数据集成平台。集成平台既要支持管理部门的监控、计划和决策，又要帮助企业了解外部环境，获取有价值的数据，做出正确的决策。例如，企业输入、输出的物质流及能量流数据（包括"三废"数据）的集成，形成物质流网络和能量流网络，可以更准确地监控环境污染，更准确地预测市场变化，有助于提高整个社会的节能减排水平和市场调控能力。企业也能从大数据中找到自己绿色制造、绿色产品的发展方向。

（4）大数据集成中的关键技术攻关

这些关键技术例如：异构数据集成技术、大数据快速处理技术、大数据安全技术、大数据分布式存储技术等。

3.大数据结构化的顶层设计

产业相关的许多大数据结构化程度低，难以被计算机自动利用。例如，我国机电产品专利正文部分的结构化程度低，难以进行计算机自动分析。需要对其文字描述和图形规范化，支持专利的计算机自动理解，从而提高专利搜索和重用能力，减少大量无用的、重复的专利的授权，提高创新的有效性。

大数据结构化顶层设计的主要内容如下。

（1）大数据结构化的标准设计

例如，建立知识文档模板标准、知识描述规范标准等，便于计算机自动识别和理解知识文档。又如，建立知识语义模型标准、知识语义化过程标准等，一些重要的知识通过语义化，建立知识语义模型，可以实现知识的推理，帮助企业决策。还有，目前图形识别是很难的事情，但通过图形模块和模块组合方法的规范，这里称之为图形半结构化，可以对一些比较简单的图形进行计算机自动识别和理解，提高图形数据的利用效率。

（2）大数据结构化平台设计

对于不同的大数据，有不同的结构化平台，并且结构化程度也是不同的。例如，标准图形库及图形建立平台、知识语义网络平台等。

（3）大数据结构化中的关键技术攻关

大数据结构化主要是文档、图形等结构化，需要相应的结构化技术，如文档结构化技术、图形结构化技术、语义网技术、专利内容的识别技术等；同时，需要相应的自动识别技术，例如服装面料图案自动识别技术等。

大数据结构化主要是技术问题，对制度设计的需求不大，所以这里不作考虑。

4.大数据有序化的顶层设计

产业相关的许多大数据来自不同用户，对同一对象描述不同，并且充斥着大量无用甚至虚假的数据，导致大数据有序化程度低，难以有效利用。例如，我国专利数量大，但质量低，存在大量低价值或无价值的专利，术语混乱，需要依靠广大专利审查员和科技人员对专利进行有序化。虽然有价值的数据比例很低是大数据的特征之一,但作为被大量科技人员长期使用的,并对创新起引导和保障作用的专利等重要数据,应该使其有序化,提高其利用效率。

大数据有序化顶层设计包括:第一,数据价值的有序化,即给出数据价值的评价值。这里需要确定评价标准、评价方法等。第二,数据关系的有序化,即给出数据间的关系的评价值。这里需要确定评价标准、数据关系模型标准、评价方法等。

大数据有序化顶层设计的主要内容如下。

(1)大数据有序化的制度设计

大数据有序化的制度设计的目标是使大家乐意参加大数据有序化的工作,需要通过制度促进大数据有序化,例如对大数据有序化工作中表现好的人员进行激励。

(2)大数据有序化的标准设计

这里需要确定数据本体标准、基于用户使用行为的数据评价标准、数据关系模型标准、数据评价方法标准等。

(3)大数据有序化平台设计

大数据有序化往往需要依靠大众的力量,因此大数据有序化平台是一个开放的平台,能够让大众参与,并且要对大众参与的过程进行跟踪、记录、统计和分析,以便提高大众参与有序化工作的积极性。对于不同的大数据,有不同的有序化平台,并且有序化程度也是不同的,例如,可以有企业内的和行业的知识本体网络、技术进化图、专利地图等的协同建立的平台。

(4)大数据有序化中的关键技术攻关

这些关键技术例如:有序化的知识网络模型、知识和人协同评价技术、大数据可信化技术等。

第三节 企业大数据的应用场景

思考题:

(1)你所在企业有哪些大数据应用场景?

(2)你希望你所在的工作能够有哪些大数据支持?如何应用这些大数据?

(3)大数据如何支持知识共享、全员创新和协同创新?

(4)大数据如何支持大批量定制和制造服务?

一、基于大数据的知识共享

1.企业创新层次模型与大数据的关系

企业创新是一个系统工程,具有层次性。图 4-7 描述了企业创新层次模型与大数据的关系。

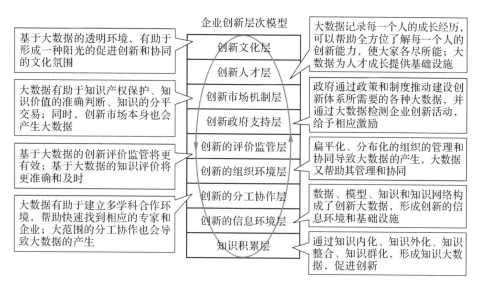

图 4-7　企业创新层次模型与大数据的关系

2.知识大数据

在企业中每时每刻都在产生大量的知识,这些知识分布在不同的介质上,以不同的形式存储。经过长时间的积累之后,企业中的知识也有了相当大的数据量。

在知识产生的同时,员工的知识评价的数据量也在迅速地增加,这些评价数据也分布在不同的介质上,以不同的形式存储,可被称为知识评价大数据。

产品创新和设计需要大量的知识。文献知识虽然量大,但存储量并不大,经过整理的知识的数量更是有限。如果对设计人员在使用各种 CAX 系统过程中的知识进行捕捉,那么知识的数量将急剧增加。如果让企业所有员工将自己的发现、经验和知识都发布到知识共享平台上,那么知识的数量也将急剧增加。

基于新一代信息技术的知识资源共享和协同创新

大数据技术可以帮助解决目前知识共享中遇到的两个难题：

（1）知识爆炸导致知识库中的知识杂乱无章，使得知识利用效率不高

可以利用大家使用知识的行为大数据自动评价知识的价值和知识间的关系，也可以依靠广大用户协同评价知识，这些评价也构成评价大数据。利用这些大数据，可以筛选出大量的无用、重复、过时的知识，使知识大数据有序化，形成有序的知识网络。

（2）员工共享知识和评价知识的意愿不强

可以利用员工共享的知识的数量和质量（大众评价结果），对员工知识共享度和知识水平进行评价和考核，并给予相应的激励。

基于大数据的知识共享方法的基本过程如图 4-8 所示，这是一个闭环过程。

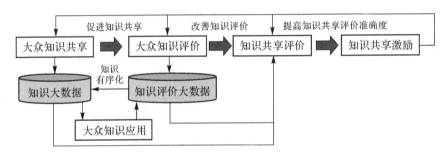

图 4-8　基于大数据的知识共享方法的基本过程

图 4-8 中的知识大数据包括：

（1）企业内部知识

例如员工的经验和设想、工作记录和总结、失败案例等。

（2）企业外部知识

例如设计手册、专利、标准、期刊文献、网络文章等。

图 4-8 中的知识评价大数据包括知识评论、评分、下载、阅读、引用等员工的知识使用行为数据。

小故事

保护草坪是很难的，因为草坪上的路往往并不是按人行走方便来修的。有一次一个设计师承接了一个项目，交付使用后在这个建筑物的周围全部铺上了草坪，没有路，任人去踩，几个月后，草坪上就分明出现了几条道：有粗有细，然后他就在此基础上修路，也有粗有细，结果可想而知。

启发：来自员工的行为大数据可以帮助我们开展协同创新。

二、基于知识大数据的全员协同创新

1. 基于知识大数据的全员协同创新模式

大数据可以帮助提供一个高度有序化的知识网络、高效透明的创新平台，支持全员协同创新，如图 4-9 所示。这里涉及哪些员工具有哪些技术和知识等大数据，需要记录员工知识共享和协同创新过程的数据，需要有一个强大的知识管理系统和知识库。

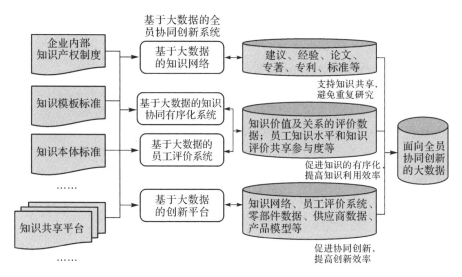

图 4-9　基于知识大数据的全员协同创新模式

（1）基于大数据的知识网络

基于大数据的知识网络记录并集成了每一位员工的创新思想、建议、经验、论文等知识，支持知识共享，避免重复研究。这里需要企业内部产权制度保证员工发布的知识在今后的应用中得到相应的权益，即使是职务发明，也应有一定的奖励；需要知识模板标准，使知识内容便于检索和重用；需要对知识内容和知识间的关系用知识本体标准进行描述。当然也需要一个支持知识共享的软件平台，使得员工可以通过手机、计算机等终端方便地参与知识共享。

（2）基于大数据的知识协同有序化系统

知识网络不是一个简单的知识堆砌的数据库，需要对知识的价值和知识间的关系进行有序化,即明确每一条知识的重要程度,理清知识间的关系。由于知识具有高度的专业性和学科的多样性,该工作需要依靠全体员工对知识网络中的知识进行评价。这里的知识评价可以是评论或者选择性的评价等,也可以是对知识下载、阅读等知识使用行为大数据的自动统计分析和评价。从有序化的知识网络可以清楚地看到知识发展的方向,可以知道某一个知识点的来龙去脉,可以使真正有价值的知识快速呈现在用户面前,可以快速为用户提供系统的知识,而不是知识碎片。知识网络具有层次性,如个人、部门、企业、集团、企业联盟、行业等都可以有各自的知识网络,关键是需要能够快速进行不同网络层次间的知识集成。

(3)基于大数据的员工评价系统

对每一位员工在知识发布、评价方面的数据进行跟踪、统计和分析,可以得到每一位员工的知识领域、知识水平值、知识贡献值等信息,并对知识的全生命周期进行跟踪统计分析,确定其应用价值,给出排名,便于企业领导进行激励,以解决员工不愿发布和评价知识的难题。蓝领员工生产产品,可以根据其生产的产品的数量和质量进行评价;白领员工生产知识,也应该根据其生产的知识的数量和质量进行评价,但这一评价具有模糊性、长期性、时效性和主观性,并且对评价人员的专业水平、态度等有很高的要求。基于大数据的员工评价系统可以拓展到整个社会,使全社会的人才评价更加科学化,便于人才流动和协同创新。这里也需要建立知识评价和员工评价标准以及激励制度。

(4)基于大数据的创新平台

在知识网络和员工评价系统的基础上,可以建立基于大数据的创新平台,提供创新所需要的知识网络、专家数据库、员工评价系统、创新软件工具库、零部件库、供应商数据库等。在该平台上,员工在开展创新研究时,可依据知识网络,快速确定自己的研究方向的创新性,精准获得所需要的知识;利用专家数据库和员工评价系统,快速找到合作伙伴协同创新;在创新软件工具库中选择合适的工具,进行创新产品设计;通过零部件库和供应商数据库,寻找合适的零部件和合作伙伴,降低创新成本,缩短创新速度。人们也可以利用淘宝、天猫和京东等电子商务网站上用户购买商品后的评价,对这些评价进行深层次的自然语言处理、主题建模和数据挖掘,提炼出用户对某一类产品普遍反映的问题,经过制造业专家审核后,用于产品创新。

这种基于大数据的全员协同创新模式目前还只限于在企业内推广应用。企业间的应用还需要一个良好的诚信环境和制度保障。

　　总之,基于知识网络等大数据,制造企业的创新模式将发生变化:从专家创新朝全员创新,从分散创新向集成创新、从被动创新向主动创新方向发展,人人开动脑筋,大家相互帮助,何患创新不成?

　　基于大数据可形成一种全新的创新模式。

　　(1)创新的大众化

　　企业员工都可以方便地参与到创新过程中来,可以为创新贡献自己微薄的力量。

　　(2)创新的协同化

　　大数据使协同创新变得非常方便,可以快速知道创新的方向,根据自己的水平对自己的创新研究进行定位;通过创新平台,使自己的创新研究与他人的创新研究有机集成。

　　(3)创新的持续化

　　创新成果在创新平台中容易得到承认和保护,得到有效的激励,使员工积极地去创新。

　　(4)创新的常态化

　　创新以及为创新所做的基础工作都与日常工作紧密结合。这一方面提高了日常工作的效率,另一方面低成本地完善了创新网络。

　　(5)创新的透明化

　　在创新平台中,整个创新过程及评价过程高度透明,这一方面可防止投机取巧的现象出现,另一方面,对创新人员的评价将更加公平。

　　(6)创新的智能化

　　创新平台凝聚了大量的支持创新的知识,并形成了高度有序的知识网络,智能地支持企业员工的创新。

　　2.海尔的平台型企业——基于大数据的全员创新方法的实践

　　海尔集团首席执行官张瑞敏认为:互联网时代,企业与用户实现了零距离。为了更快地响应用户个性化的需求,员工必须直面市场,找到自己的订单(用户需求),"员工不是听领导的,而是听市场的"。海尔的企业创新战略是:企业平台化、用户个性化、员工创客化。平台不只面向海尔内部员工,任何创客都可以来申请,海尔可以提供资金、系统和平台,支持他们创新创业。小微公司完全市场化运作。海尔的技术创新战略是一种开放式创新战略,包括:向社会开放 U＋智慧生活的 API,每一个创客都可以在此基础上延伸开发产品;向社会开放供应链资源,每一个供应商和用户都可以参与海尔全流程用户体验的价值创造；向社会开放机制创新的土壤，搭建机会均等、结果公平的游戏规则，呼唤利益攸关各方共建共享共赢。图 4-10 所示是海尔企业战略的变化。海尔目前已经孕育和孵化出 169 个小微企业，如雷神游戏本电脑、水盒子、空气盒子等。

图 4-10　海尔企业战略的变化

三、基于模型大数据的创新

1. 基于模型大数据的创新模式

大型制造企业有 85% 的新零件或设计工作是重复开展的工作，因为研发人员不知道已经有其他人员设计过。基于模型大数据的创新特点是利用信息技术建立产品结构模型、计算模型、仿真模型、语义模型等，并嵌入软件中，支持创新，使产品生命周期各个环节的人都可以基于统一模型进行设计、制造和服务创新。其发展方向是创新的数字化和智能化。基于模型的创新方法的难点是模型的建立。这需要专业人士的大力协同，而大数据和 Web 2.0 正能够支持这种协同。图 4-11 所示为基于模型大数据的创新方法的基本框架。

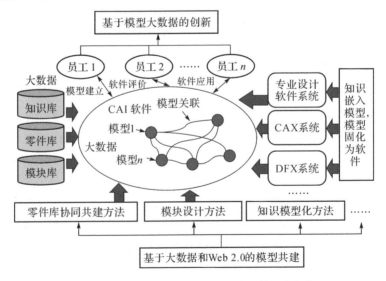

图 4-11　基于模型大数据的创新方法的基本框架

（1）基于大数据和 Web 2.0 的零件库协同共建方法

绝大部分产品创新可以利用以往的零部件，以便提高技术创新效率。面向技术创新的零件库需要零部件供应商提供，并需要协同进行零部件模块化和标准化。零部件的质量和供应商的诚信需要广大用户协同评价。利用大数据和 Web 2.0 技术，可以依靠供应商和用户协同建立零件库、协同进行产品模块化。在产品创新中，可以根据用户需求或创新需求，从零件库中找到新产品所需要的零部件，开展低成本的、适合用户定制需求的快速创新。

（2）基于大数据、Web 2.0 和 PDM/PLM 的产品模块化创新设计方法

利用大数据和 Web 2.0，结合 PDM/PLM 系统，开展产品模块化。在 PDM/PLM 系统中，协同建立产品主结构和主模型。在产品创新中，可以根据用户需求，进行基于产品主结构的产品配置创新设计，也可以进行基于产品主模型的变型创新设计，从而提高产品创新效率，同时，可以提高 PDM/PLM 系统的效率。

（3）基于大数据和 Web 2.0 的模型共建和基于模型的创新方法

不同专业有不同的知识模型和专业创新设计软件，可以利用大数据和 Web 2.0 进行知识模型共建，使创新智能化程度得到显著提高，使普通员工都可以开展产品创新设计。

（4）基于大数据、Web 2.0 和 DCOR 的开放式协同创新方法

基于大数据和 Web 2.0 的开放式协同创新需要标准指导，因此需要引入和研究国际上的设计链运营参考模型（DCOR），支持开放式协同创新。

2. 基于模型大数据的创新方法的进化

基于模型大数据的创新方法是逐步进化的。进化的主线是知识的数量和质量，以及知识的组织形式。企业知识分为不同维度，即显性和隐性知识、组织知识和个人知识、外部知识和内部知识、通用知识和专用知识、分散的知识和集成的知识、产品和过程知识。基于模型大数据的创新方法的进化方向是隐性知识显性化、个人知识组织化、外部知识内部化、专用知识通用化、分散知识集成化。这些进化的载体是模型。图 4-12 是基于模型大数据的创新方法进化图。

表 4-1 所示是基于模型大数据的创新方法的分类。创新设计不仅是一种技术系统，也涉及社会系统，因为创新设计中的大量知识需要大家共享、评价和整理。

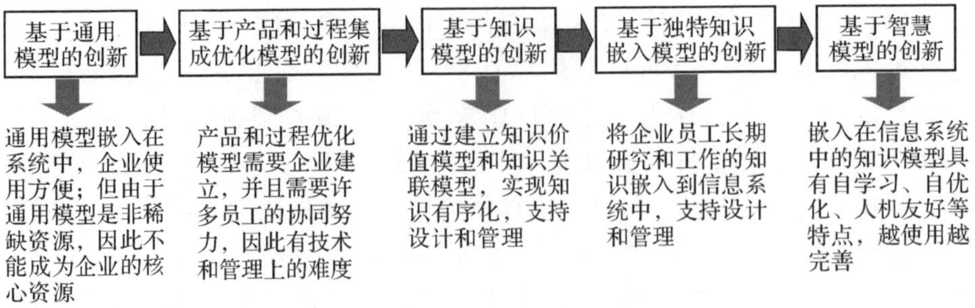

基于新一代信息技术的知识资源共享和协同创新

基于通用模型的创新	基于产品和过程集成优化模型的创新	基于知识模型的创新	基于独特知识嵌入模型的创新	基于智慧模型的创新
通用模型嵌入在系统中,企业使用方便;但由于通用模型是非稀缺资源,因此不能成为企业的核心资源	产品和过程优化模型需要企业建立,并且需要许多员工的协同努力,因此有技术和管理上的难度	通过建立知识价值模型和知识关联模型,实现知识有序化,支持设计和管理	将企业员工长期研究和工作的知识嵌入到信息系统中,支持设计和管理	嵌入在信息系统中的知识模型具有自学习、自优化、人机友好等特点,越使用越完善

图 4-12　基于模型大数据的创新方法的进化图

表 4-1　基于模型大数据的创新方法的分类

类型		创新设计模式	创新设计中的技术系统		创新设计中的社会系统
			系统中的模型	软件系统	
基于通用模型的创新设计	1.1	基于计算机辅助系统内嵌模型的创新设计	计算机辅助系统中内嵌的模型,帮助减少重复的、简单的、规范的工作,使用户专心进行创新。系统内嵌模型是计算机辅助系统厂家的知识结晶	CAD、CAE、CAPP、CAM系统等	计算机辅助系统中的内嵌模型具有使用简便、用户独立使用的特点
	1.2	基于产品统一模型的创新设计	如产品统一模型、虚拟产品模型;模型含有不同系统间的转换接口,可以实现模型在系统间的自动转换和集成	CAD、CAE、CAPP、CAM一体化集成系统	产品统一模型需要不同软件公司和团队协同,需要建立相关标准;但对用户而言只是一个使用问题
基于产品和过程集成优化模型的创新设计	2.1	基于过程集成模型的创新设计	如产品生命周期模型、生产管理集成模型等,是协同设计、制造和管理的基础。模型包含各部门、各协作企业需要集成和交互的信息,需要跨部门或跨企业协同建立	PDM、PLM、协同设计、工作流管理、ERP、SCM、CRM等系统	需要进行跨部门的并行工程、流程和数据规范、制度设计、优化模型,而其中人的集成和企业集成是关键
	2.2	基于模块化模型的创新设计	产品模块模型是面向企业、行业乃至跨行业建立的通用模型,可以减少重复设计,支持分工专业化,降低成本	产品零部件模块化分析和建模系统;基于产品模块化的CAD、CAE、CAPP、CAM一体化集成系统、PDM、PLM系统;基于网络的零件库;可重构的制造系统	需要设计人员有较强的全局观和责任感;需要有着眼于长远利益的激励机制;需要各种标准的支持

类型		创新设计模式	创新设计中的技术系统		创新设计中的社会系统
			系统中的模型	软件系统	
基于知识模型的创新设计	3.1	基于知识模型的创新设计	知识模型主要分为:1)知识价值模型:描述知识的领域、价值等;2)知识关联模型:描述知识的分类、进化、相似等关系,可采用知识进化图、技术路线图等描述;3)知识分布模型:隐性知识在员工中的分布情况	知识管理系统、知识共享平台、计算机辅助创新系统	需要员工参与知识发布、评价和应用;需要对员工的知识共享参与度和知识水平进行评价;需要相应的激励机制和文化;需要内部的知识产权制度
基于独特知识嵌入模型的创新设计	4.1	基于独特知识嵌入模型的创新设计	独特知识(如复杂产品的设计、制造等关键知识)是企业员工长期研究和工作的知识结晶。是一流企业的核心竞争力,独特知识嵌入模型,并通过软件系统实施,使得独特知识具有可操作性	嵌入了独特知识模型的CAD、CAE、CAPP、CAM系统、决策支持系统、智能生产管理系统等	需要员工自愿将多年积累的独特知识整理成模型,嵌入到系统中,使知识具有可操作性;需要相应的制度、激励机制和文化
基于智慧模型的创新设计	5.1	基于智慧模型的创新设计	智慧模型是未来的理想模型,能够解决目前模型存在的透明性、协同性、自优化性、人机友好性等较弱的问题	智慧的产品设计系统,具有越使用越聪明、快速适应环境变化、善于了解人的意图等特点	跨企业、跨行业的员工协同建立、优化各种模型

四、基于大数据的企业协同创新

1. 基于大数据的企业协同创新模式

图 4-13 描述了基于大数据的企业协同创新模式。

(1)企业与高校、科研院所和其他企业的协同创新平台

复杂产品的技术和知识的掌握需要一个过程,即基础研究—应用研究—试产—产业化。为此,企业需要与高校、科研院所和其他企业技术中心等科研机构进行协作。基础研究一般是在高校和科学院等机构进行。应用研究一般是在科研院所和企业技术中心等科研机构完成。试产和产业化一

基于新一代信息技术的知识资源共享和协同创新

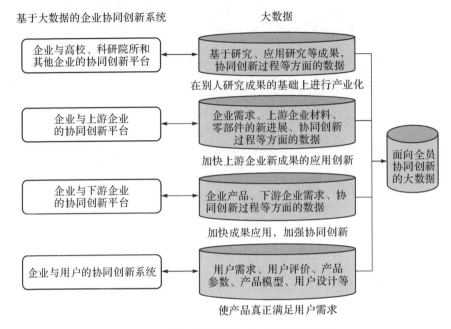

图 4-13　基于大数据的企业协同创新模式

般是在产品企业的研发部门完成。这里涉及哪些高校、科研院所和其他企业技术中心具有哪些领先的技术和知识资源,需要记录协作过程的数据,需要建立协同创新联盟。

（2）企业与上游企业的协同创新平台

产业链上游企业的技术和知识的进化将带动下游企业的产品进化,因此需要建立产业链协同创新联盟,开展企业与供应商的协同创新。企业需要知道上游企业有哪些新技术、新知识,以便进行新产品的开发。

（3）企业与下游企业的协同创新平台

一方面企业要随时掌握下游企业的新需求,开发出市场适销的产品;另一方面,企业有新的产品要向下游企业推广。同时,企业在产品研发中要尽可能让下游企业参与。由此,会产生大量数据。例如,杭州宏华数码科技股份有限公司的主营业务是数码印花机,公司开发了软家装协同创新和制造网站,该网站不仅为数码印花机的下游企业提供服务,还为数码印花机用户的用户——终端消费者提供服务。用户可以选择或创新自己喜欢的图样,然后委托给数码印花企业进行后续的制造。

（4）企业与用户的协同创新平台

以用户为中心的技术创新是基于大数据的全员创新的另一种视角,即从创新的目标来考虑创新。技术创新的成果最终要被用户所接受、所喜欢。

用户协同创新指以用户为中心,向用户展示实物样本和虚拟样本,用户参与产品的研发与创新的过程,和创新师一起协同创新产品,是一种用户需求导向的产品创新方式。自助定制服务是高度可定制的产品定制服务,用户在线上可在一定的规则限制内根据个人偏好自由选取、搭配和创新。产品创新实质上是技术和市场的有效结合。用户协同创新模式是给予用户一定的工具,让他们设计和开发属于自己的产品,从细微的修改到重大的创新,都可以由用户自己完成。企业通常将这些工具集成到一个工具包中,即用户协同创新工具,其中有的用户协同创新工具还设置了计算机模拟和快速构造原型的功能,使得产品创新更加迅速,成本更加低廉。

用户协同创新的发展方向是"众包"创新,指利用大众智慧,在产品创新过程中让产品的受众、潜在消费者、粉丝参与测试与体验,并提出意见,采用投票等方式进行协同评价。互联网产品通常采用这种方式,由产品经理进行推动,它满足了用户的新鲜感、参与感和成就感,增加了产品与用户的互动,获得了最真实的用户需求,利用大众智慧促进产品更新换代。同时利用粉丝经济进行品牌宣传和传播,可以有效地提高产品市场份额。例如小米手机就是践行用户参与创新的典型案例。小米的无锁刷机系统功能的诞生就是由于很多"米粉"在小米论坛呼唤小米手机应该提供自由刷机系统功能,小米公司分析并采纳了该建议,并在最终版本中提供自由更换系统的功能。这种群策群力的模式,满足了用户群体的个性化需求,通过快速迭代实现了短、平、快的产品供应,同时它将测试产品提前面向下游用户,降低了产品风险。无疑,在用户协同创新过程中将产生大数据。

2.企业创新大数据的特点

企业创新大数据的特点主要有:

(1)大数据有助于实现创新全过程的透明化、可追溯,从而对员工在创新中的贡献情况一目了然,企业可以给出相应的激励,形成员工主动参与创新、乐于协同创新的文化氛围;

(2)知识大数据是创新的基础设施,知识大数据可以提高创新效率;

(3)知识大数据和知识评价大数据可以帮助评价员工知识共享和知识水平,促进知识共享;

(4)模块大数据有助于企业专注自己的核心创新能力,方便利用外部资源,快速创新;

（5）大数据支持知识产权协同保护，促进协同创新；

（6）大数据有助于企业对员工的全面评价和充分使用；

（7）大数据有助于找到最合适的合作伙伴，开展协同创新。

在大数据的企业协同透明环境中，企业高度专业化，专注发展自己的核心创新能力，形成高度模块化的产品和零部件；企业知识产权在得到充分保护的同时，又积极流通和共享，使知识价值得到最大程度的利用；整个企业协同创新过程透明化、可追溯；城市在企业协同创新中成长，企业在协同创新中壮大。

五、基于大数据的制造和服务

1. 基于大数据的制造过程优化

大数据不仅仅被高科技公司使用，越来越多的制造企业也开始在产品制造中使用大数据。

（1）大数据对制造管理的改变

大数据能进一步提高算法和机器分析的作用。一些制造商利用算法来分析来自生产线的传感数据，创建自动调节过程以减少损失，避免成本高昂的人工干预，最终增加产出。

（2）大数据支持协同制造

一些制造商正试图集成多种系统的数据，甚至从外部供应商和客户处获取数据来共同制造产品。以汽车这类先进制造行业为例，全球供应商生产着成千上万的部件。集成度更高的平台将使公司及其供应链合作伙伴在设计阶段就开始协作。

（3）大数据促进工业领域动态模型建设、安全运行及监控、多目标优化控制

工业自动化、智能化系统的建模，控制系统的运行、管理与优化，无不涉及大量的图像及数据信息。同样，企业的综合生产指标、生产计划调度、生产线的质量控制等，同样涉及大量的数据。而通过信息化手段对流程进行优化整合，必须要用到大数据技术，以此实现工业系统的优化运行。工业企业中生产线处于高速运转，由工业设备所产生、采集和处理的数据量不仅巨大，对数据的实时性要求也很高。

（4）大数据支持制造过程仿真

虚拟现实技术有机融入了工业过程仿真系统，对各设备的运行状态进

行实时仿真,形成数字孪生系统,又称数字化双胞胎。设备的运行模式直接以仿真动画的形式展现,通过图像、三维动画以及计算机程控技术与实体模型相融合,实现对设备的可视化表达和控制,使管理者对其所管理的设备的运行有形象具体的概念。同时,对设备运行中产生的所有参数一目了然,从而大大减少管理者的劳动强度,提高管理效率和管理水平。

2.基于零部件库大数据的零部件数据快速重用技术

(1)需求

在经济全球化的格局下,企业只有充分发挥自己的优势,外包自己不擅长的工作,才能更好地生存。

1)利用大数据,全球零件供应商和整机企业可以快速组成协作网络,共享零件信息;

2)可以让用户参与设计自己喜欢的个性化产品;

3)可以将客户需求数据迅速分解给各供应商,反馈回报价和交货期信息;

4)订单需求数据迅速分解给各供应商,组织协同制造,企业获知供应商的生产计划,并可实时监督;

5)对供应商的生产过程和零部件质量可远程监控。

(2)零部件快速重用的原理

零部件快速重用的原理如图 4-14 所示。显然这是一个产品制造企业、零部件制造企业和零部件库服务商的多赢过程。

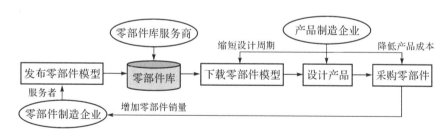

图 4-14　零部件快速重用的原理

产品设计师能够通过 Web 零件库查阅和调用所需零件的 CAD 模型,加速产品开发,降低设计成本,提高产品质量。Web 零件库还确保将 CAD 模型无缝整合到企业客户的 CAD、PDM 和 ERP 系统中。

(3)基于零部件库的模块化协同网络

零部件库记录了每一种零部件在不同产品中的使用情况,根据这些大

数据就可以进行模块化和标准化。

　　首先对使用量大的零部件进行标准化;其次对变化较多、每种变化的使用量不大的相似零部件进行标准化;最后对应用产品多的相似零部件进行模块化和标准化,进一步减少零部件的数量,提高零部件的模块化和标准化水平,促进专业化分工。这里以市场行为为主,标准化管理部门发挥引导的作用。

　　3. 基于大数据的产品服务

　　图 4-15 所示为按服务对象进行的产品服务分类。由于服务具有高度个性化的特点,并且要获取服务过程、产品运行过程的数据,因此会形成产品服务大数据。

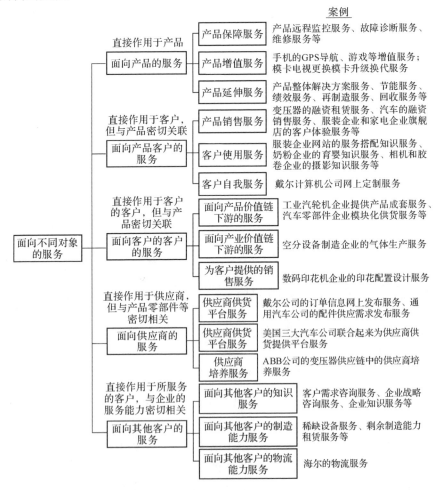

图 4-15　面向不同对象的服务的分类

158

服务大数据可以作为客户和企业之间的双向通道。

案例:福特福克斯电动车在驾驶和停车时产生了大量数据。在行驶中,司机持续地更新车辆的加速度、刹车、电池充电和位置信息。这对于司机很有用。数据也传回到福特工程师那里,使其可以了解客户的驾驶习惯,包括如何、何时以及何处充电。尽管车辆处于静止状态,但它还是持续地将车辆的胎压和电池系统的数据传送给最近的智能电话。这种以客户为中心的场景具有多方面的好处,因为大数据实现了宝贵的新型协作方式。司机获得有用的最新信息,而位于底特律的工程师汇总关于驾驶行为的信息,了解客户,制订产品改进计划。此外,电力公司和其他第三方供应商分析数百万公里的驾驶数据,以决定在何处建立新的充电站,以及如何防止脆弱的电网超负荷运转。

第四节　企业大数据分析方法

思考题:

(1)企业大数据分析方法有哪些?

(2)请用大数据分析方法分析你工作中遇到的大数据。

一、基于大数据的知识发现

1.知识发现方法和工具概况

信息化的推进让企业积累了大量的数据。从凌乱的数据中挖掘有用知识,是知识发现方法和工具的任务之一。

知识发现(又称数据挖掘、商务智能),即从数据库中发现知识(knowledge discovery in database,KDD),是从 20 世纪 80 年代末开始的。知识发现主要涉及的问题有:定性知识和定量知识的发现;数据汇总;知识发现方法;数据依赖关系的发现和分析;发现过程中知识的应用;集成的交互式知识发现系统;知识发现的应用。

知识发现通过数据总结、数据分类、数据聚类和关联规则来发现知识。如果说前三者只是信息加工处理的话,第四种关联规则则具有很强的智能性。最典型的是"在购买婴儿尿布的顾客中,60％也购买了啤酒",这条发现帮助零售连锁店提高了啤酒销售额。此外关联规则发现的思路还可以用于序列模式的发现。用户在购买物品时,除了具有上述关联规律,还有时间或序列上的规律。①

知识发现工具利用人工智能、自然语言理解等技术,帮助企业对采集的信息进行信息过滤、信息分析和知识归类等深度加工和处理,从信息海洋中得到知识。

知识发现过程定义为:从数据中鉴别出有效模式的非平凡过程,该模式是新的、可能有用的和最终可理解的。知识发现过程是多个步骤相互连接、反复进行人机交互的过程。具体包括:

(1)学习某个应用领域

这包括应用中的预先知识和目标。

(2)建立一个目标数据集

这是指选择一个数据集或在多数据集的子集上聚焦。

(3)数据清理和预处理

这是指去除噪声或无关数据、去除空白数据域、考虑时间顺序和数据变化等。

(4)数据换算和投影

这是指找到数据的特征表示,用维变换或转换方法减少有效变量的数目或找到数据的不变式。

(5)选定数据挖掘功能

这是指确定数据挖掘的目的。

(6)选定某个数据挖掘算法

这是指用知识发现过程中的准则,选择某个特定数据挖掘算法(如汇总、分类、回归、聚类等)用于搜索数据中的模式,该算法可以是近似的。

(7)数据挖掘

这是指搜索或产生一个特定的感兴趣的模式或一个特定的数据集。

(8)解释

这是指解释某个发现的模式,去掉多余的不切题意的模式,转换成某个有用的模式,以使用户明白。

(9)发现知识

这是指把这些知识结合到运行系统中,获得这些知识的作用或证明这

---

① Kevin.石油开采企业知识管理工作展望[EB/OL].(2002-10-07).http://www.AMTeam.org.

些知识。用预先、可信的知识检查和解决知识中可能的矛盾。

知识发现面临的挑战有：

(1)原始数据的多样性

原始数据可以是图形、图像、文字、语言,也可以是格式化的关系数据库、非格式化的文档库以及 HTML 网页。

(2)服务对象的多样性

对于同样的数据,不同领域、不同工作岗位上的人会希望从中得到自己所关心的那部分知识。知识发现的目的是向具有不同知识需求的使用者提供因人而异的、有针对性的知识发现服务。对于不同媒体、不同表达格式的数据,要想从中提炼有用的知识需要依赖不同的相关科学。图像信息的提炼需要图像处理和计算机视觉方面的理论和技术;印刷体和手写体文字信息的提炼需要文字识别方面的理论和技术;语音信息的提炼需要语音识别方面的理论和技术。格式化数据库信息的提炼和非格式化的文本及多媒体信息的提炼,尽管有许多共性,但又各自需要专门的理论和方法。

获得有意义的表示是知识发现的根本,就是说知识发现的结果必须是普通人都能够读懂的、对使用者能够产生影响的知识产物。发现出来的知识必须浓缩、精炼、有概括性,必要时还应进行知识的可视化。

2.知识发现方法和工具在知识管理中的应用

(1)从组织的外部知识与内部知识中捕获对企业现在和未来发展有用的各种知识

对储存的知识进行分类,并识别出各信息源之间的相似之处;用聚类的方法找出公司知识库中各知识结构间隐含的关系或联系。

(2)通过过滤方法来发现企业知识库中与知识寻求者相关的知识,并把这些知识呈现给知识需求者

提取的知识可以以最适合的方式来进行重新布局或呈现;文本可以被简化为关键数据元素,并以一系列图表或原始的摘要方式呈现出来,以此来节约知识使用者的时间,提高使用知识的效率。

(3)将知识寻求者和最佳知识源相匹配

通过追溯个体的经历和兴趣,把需要研究某一课题的人和在这一领域中有经验的人联系起来。

(4)知识推理

通过专家系统的知识库和推理机,进行基于案例的推理、基于规则的推

理、基于网络的推理、基于模型的推理、基于类比的推理等。

（5）知识融合

通过知识融合技术，进行不确定性管理、数据融合、证据抽取和连接发现等。

二、大数据的分析方法

1. 大数据分析和处理方法概述

大数据技术的意义不在于掌握庞大的数据信息，而在于对这些含有意义的数据进行专业化处理，从这些信息中快速地获取有价值的信息。

大数据分析和处理的目标是提取数据中隐藏的数据，提供有意义的建议以及辅助决策制定。数据分析处理来自对某一兴趣现象的观察、测量或者实验的信息。数据分析的目的是从和主题相关的数据中提取尽可能多的信息。其主要目标包括：推测或解释数据并确定如何使用数据；检查数据是否合法；给决策制定合理建议；诊断或推断错误原因；预测未来将要发生的事情。

由于统计数据的多样性，数据分析的方法大不相同。可以将数据根据下述标准分为根据观察和测量得到的定性或定量数据、根据参数数量得到的一元或多元数据。数据挖掘算法可分为描述性、预测性和验证性的。[①]

（1）描述性分析

这是指基于历史数据描述发生了什么。例如，利用回归技术从数据集中发现简单的趋势，利用可视化技术更有意义地表示数据，利用数据建模以更有效的方式收集、存储和删减数据。描述性分析通常应用在商业智能和可见性系统。

（2）预测性分析

预测性分析用于预测未来的概率和趋势。例如，预测性模型使用线性和对数回归等统计技术发现数据趋势，预测未来的输出结果，并使用数据挖掘技术提取数据模式，给出预见。

（3）规则性分析

规则性分析解决决策制定问题并可提高分析效率。例如，仿真技术用于分析复杂系统，了解系统行为并发现问题，而优化技术则在给定约束条件

---

① Eschenfelder A H. Data Mining and Knowledge Discovery Handbook[M]. Berlin：Springer Verlag，1980.

下给出最优解决方案。①

2. 案例：基于大数据挖掘和分析的家电制造服务模式

应用大数据挖掘和分析技术，从海量、动态的结构化和非（半）结构化的产品销售和服务数据中获取有用的信息，可以有效地支持产品服务生命周期的各个阶段，促进服务的智能化、个性化和精准化。

大数据挖掘与分析技术在海尔的产品服务中的应用技术框架如图4-16所示。

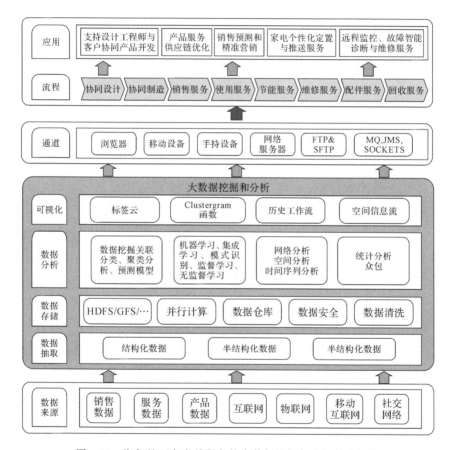

图4-16　海尔的面向产品服务的大数据挖掘与分析技术框架

① Slavakis K，Giannakis G，Mateos G. Modeling and optimization forbig data analytics：(statistical) learning tools for our era of data deluge[C]. IEEE Signal Process Mag，2014，31：18-31.

图 4-17 为海尔家电用户体验挖取与分析。

图 4-17 海尔家电用户体验挖取与分析

3. 案例：长安汽车智能制造技术研究所冲压质量大数据项目①

（1）背景

长安汽车某工厂冲压车间共建有三条冲压生产线，主要负责生产侧围、翼子板、车门、引擎盖等轮廓尺寸较大且具有空间曲面形状的乘用车车身覆盖件。目前在冲压生产过程中，一方面由于冲压设备性能、板材材料性能、生产加工过程参数等波动，部分侧围在拉伸工序中易产生局部开裂现象，需反复进行参数调整与试制；另一方面，在冲压生产线线尾，需对冲压件外观质量进行统一检测，而现有检测方式为人工手动检测，需在有限生产节拍时间内，快速分拣出带有开裂、刮伤、滑移线、凹凸包等表面缺陷的冲压件，检测标准不统一，稳定性不高，质检数据难以有效量化和存储，不利于企业数据资源收集、质量问题分析与追溯。

（2）方案

1）依据大数据存储与处理平台，借助基于机器学习的数据挖掘、基于机器视觉的智能检测技术，实现了冲压侧围件开裂预测与产品件表面缺陷的智能识别检验。

2）依据冲压设备加工参数、板材参数、模具性能参数及维修记录等，通过数据挖掘机器学习算法，建立冲压工艺侧围开裂智能预测模型。通过样本积累与模型训练调优，准确预测冲压侧围件的开裂风险。

3）基于机器视觉的冲压件缺陷智能识别检测，基于生产线现有条件，通过图像实时采集与智能分析，快速识别冲压件是否存在表面缺陷，并自动将所有检测图像及过程处理数据存储至大数据平台。

---

① 资讯工业大数据的这些典例，你知晓多少？［EB/OL］.（2018-04-27）. http://sh. qihoo.com/pc/918785ac1d5337b85? sign＝360_e39369d1.

三、大数据的协同分析方法

1.基于分布式企业大数据的协同分析

将产品生命周期各个阶段的各种企业大数据库集成在一起形成更大规模的分布式企业大数据,这对于充分挖掘大数据的价值,指导和帮助各阶段的工作具有重大作用和意义。例如,产品生命周期各个阶段的数据对于产品研发和设计都具有很大价值,如图 4-18 所示。

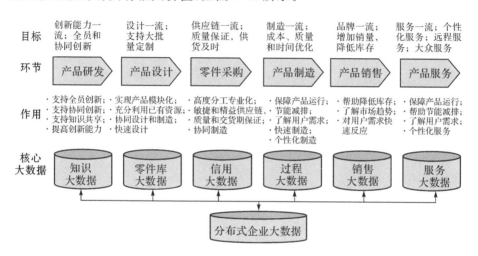

图 4-18　基于分布式企业大数据的协同分析

2.企业大数据的协同分析

当企业有了大数据,新的问题是如何对大数据建模,如何分析大数据以帮助决策。这涉及企业的具体业务。只有对业务问题和需求有深刻认识的人才能做好大数据建模和分析。因此,需要开展企业大数据的协同分析。图4-19对分散式大数据分析和分布式大数据协同分析进行了比较。

基于新一代信息技术的知识资源共享和协同创新

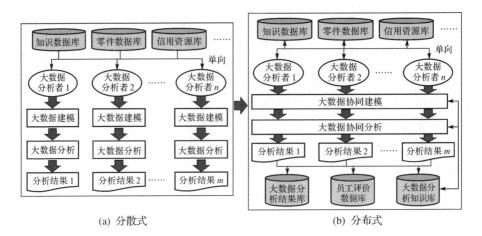

(a) 分散式   (b) 分布式

图 4-19   从分散式大数据分析到分布式大数据协同分析

第五章　企业专利管理

本章学习要点

学习目的：掌握专利基本知识，掌握专利文献检索的正确方法和技巧，提高专利申请文件的写作能力；了解企业专利管理中存在的问题，以及如何利用新一代信息技术帮助解决问题。

学习方法：联系需求和实际系统学习；通过专利文献检索和专利申请文件写作的实践提高相关能力；基于新一代信息技术的专利协同管理和分析。

第一节　专利概述

思考题：

(1)什么是知识产权？

(2)专利有哪几种分类？专利的特点是什么？

(3)专利对专利拥有方的价值是什么？对于专利用户的价值是什么？如何评价？

一、知识产权和专利的基本知识

中南财经政法大学原校长吴汉东曾说："先进的知识才是力量，有产权的知识才能成为财富。"

1.知识产权

专利属于知识产权。知识资产正在成为企业的主要资产，而企业知识资产最主要的是知识产权。知识产权是知识价值的权力化和资本化，是知识的结晶，是一种纳入法律保护的知识资产。世界未来的竞争就是知识产权的竞争。

1967 年在瑞典斯德哥尔摩签订的《成立世界知识产权组织公约》将知识产权解释为人类智力创造的成果所产生的权利。

根据我国《民法通则》的规定：知识产权是指公民、法人、非法人单位对自己的创造性智力活动成果依法享有的民事权利和其他科技成果权的总称。

图 5-1 所示为知识产权的内涵。

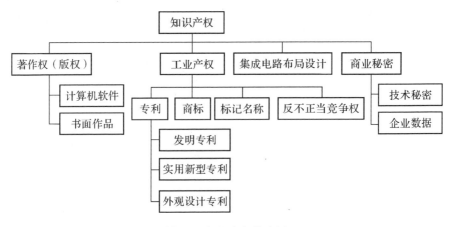

图 5-1　知识产权的内涵

2.专利的定义

专利是专利权的统称，专利是一种特殊的文献，专利文献中包含着技术、经济和法律等极为重要的专利信息，具有其独特性。

专利权是指专利权人禁止他人非经许可而使用其专利技术的权力。专利权人有权禁止他人出于生产经营的目的制造、使用、许可销售、销售、进口其专利产品。

专利是促进研究开发成果产业化的一种途径。专利权在开发成果完全公开和完全保密之间进行了适当折中：专利权人在一定期限内对该发明享有的专有权利。专利在批准后是公开的，这样可避免他人进行重复性的研究开发活动，促进技术进步。一个合理的、恰当的专利保护体系，应该是一个符合大众利益且不断鼓励创新的体系，同时兼顾权利人与公众利益间的平衡。

3.专利制度

"为天才之火添上利益之油",当年美国总统林肯这样形容专利制度的作用。

图 5-2 列出了一些国家的专利法制定的时间。

英国:第一项发明专利是一种可在窗户上使用彩色玻璃的方法	英国的《垄断法规》	美国的专利法	法国的专利法	德国的专利法	日本的专利法	中国的专利法	年份
1449	1623	1790	1791	1877	1885	1984	

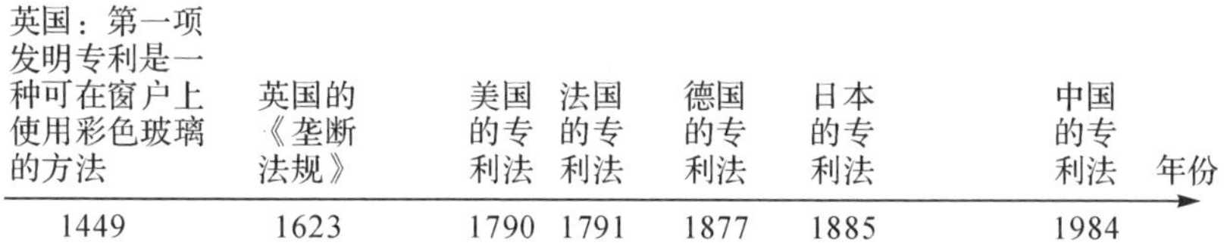

图 5-2 一些国家的专利法制定的时间

现在,全世界 170 多个国家实行了专利制度,授予自己的专利并拥有自己的申请体系。全世界范围内每年大约有几百万项专利被授权。

4.专利的基本特征

图 5-3 列出了专利的基本特征。

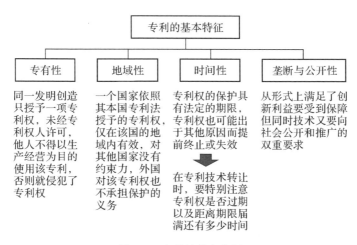

图 5-3 专利的基本特征

案例:浙江沁园集团利用日本的技术开发成功新一代无胆节能饮水机,率先在日本申请了专利。现在,日本企业要生产同类产品,每一台产品要向浙江沁园集团支付 1 美元专利费。

二、专利分类

1. 发明专利、实用新型专利和外观设计专利

(1)定义

《中华人民共和国专利法》(2008 修正)所称的发明创造是指发明、实用新型和外观设计。我国现把专利分为发明专利、实行新型专利和外观设计专利三种。

(1)发明专利

发明专利指对产品、方法或者其改进所提出的新的技术方案。发明专利的保护期限为 20 年。

(2)实用新型专利

实用新型专利指对产品的形状、构造或者其结合所提出的适于实用的新的技术方案。实用新型专利的保护期限为 10 年。

(3)外观设计专利

外观设计专利指对产品的形状、图案或者其结合以及色彩与形状、图案的结合所作出的富有美感并适于工业应用的新设计。外观设计专利的保护期限为 10 年。

制定专利法的目的是保护专利权人的合法权益,鼓励发明创造,推动发明创造的应用,提高创新能力,促进科学技术进步和经济社会发展。

被授予的发明和实用新型专利权,应当具备新颖性、创造性和实用性。

(1)新颖性

新颖性指该发明或者实用新型不属于现有技术,也没有任何单位或者个人就同样的发明或者实用新型在申请日以前向国务院专利行政部门提出过申请,并记载在申请日以后公布的专利申请文件或者公告的专利文件中。

(2)创造性

创造性指与现有技术相比,该发明具有突出的实质性特点和显著的进步,该实用新型具有实质性特点和进步。

(3)实用性

实用性指该发明或者实用新型能够制造或者使用,并且能够产生积极效果。

专利法所保护的发明创造都应适于工业实际应用。对于发明、实用新

型来说要具备实用性,即要能够在产业上制造或者使用,并且能够产生积极效果;对于外观设计则应能够应用于产业并形成批量生产。有些发明创造的完成需要经过不断的改进完善过程,在这一过程中不免要经过反复的制造、试验等。

　　2.基本专利和外围专利

　　这是从专利在技术创新中的作用和重要性的角度考虑的。

　　(1)基本专利的定义和特征

　　基本专利又称基础专利或有效专利,其有以下特征:

　　1)竞争对手进行模仿时无法绕过基本专利;

　　2)在基本专利实用化实施时,它还需要解决一系列的技术问题,从而可衍生出大量的相关专利;

　　3)开发周期长,费用大,需要社会技术力量的支持;

　　4)发展前景大,是在某一技术领域形成颠覆式创新的发明创造,对于今后与竞争对手避免侵权、交叉许可、主动授权等具有重大意义,具有广泛应用的可能性和获取重大经济效益的前景。

　　美国对基础专利的定义已经扩展到了概念原理和操作方法。如美国高通公司的 CDMA 专利群,凡是做 CDMA 无线通信类产品的基本上无法绕过它。

　　(2)外围专利的定义和特征

　　外围专利又称改进专利,指在只依靠基本型专利不能很好地保护自己的时候,采用具有相同原理并围绕基本专利的许多不同专利来加强自己与基本专利权人进行对抗的战略。在核心专利周围部署改进专利和下游专利,可以帮助本企业获得核心专利权人的交互授权。例如,台湾富士康、台湾鸿海、韩国三星等企业跟踪国外企业的核心技术,大量部署外围专利,也形成了企业的竞争优势。

　　案例:在中国,夏天是洗衣机的销售淡季。海尔技术人员分析认为,不是用户在夏天不需要洗衣机,而是现有的洗衣机不能适应用户夏天洗衣的要求。因为当时一般都是 5 公斤的洗衣机,到夏天用户可能一次就洗一件衬衣,不如用手洗一洗就算了。于是海尔就开发了一个 1.5 公斤的"小小神童"即时洗的微型洗衣机,第一次申报专利就已达 12 项。"小小神童"第一代推出后不到半年就有厂家开始仿造。海尔一方面进行法律诉讼,另一方面则将最主要的精力集中在产品创新上,先后推出了九代产品,使得海尔的产品在市场上一直处于领先的位置。"小小神童"洗衣机前后已获得国家专

利 26 项,从外观到内部结构,所有新技术的应用都通过专利申请方式获得了市场保护。①

3.基于专利的应用目的的专利分类

(1)保护性专利

保护性专利是用于保护自己的发明创造成果的专利。

(2)技术贸易或技术交叉用专利

技术贸易或技术交叉用专利主要是用于技术贸易或技术交叉的专利。

(3)防卫专利

有的发明虽然是本企业暂时不实施的,但作为一种技术储备或将来实施更新发明的基础,应当申请防卫专利,以免被其他企业抢先申请而形成对自己的限制。

(4)迷惑专利

在同行之间竞争异常激烈时,为了不让对手清楚地掌握本企业的技术发展方向,故意将一些并非本企业所需的技术申请专利,让对手无法跟踪自己的发展。还可以在专利"授权人"(assignee)一栏隐匿真实身份。这是国外公司惯用的竞争战略。很多西方大企业往往用 100 多个名称充当本企业拥有的专利的授权人,有些公司甚至用 300 多个名称给自己的技术申报专利。例如,Aventis 拥有 2.9 万多项专利,其中仅仅约 1% 的专利在授权人中包含 Aventis 这个词。这些用其他名字秘密部署的专利,使竞争对手无法了解自身真正的实力,相当于埋藏了一些专利地雷。

4.从技术内容的角度划分

(1)硬件

这方面的专利最多。其主要特征有物理实现。

(2)软件

软件是不能直接申请专利的,但在国外现在有这方面的专利,主要保护的是软件中的方法、算法、模型等。

(3)商务模式、技术方法、服务方式等"软技术"方面的专利

例如,以提供服务为主的外资银行也在中国申请了专利。

---

① 艾肯家电网. 造家电不能企业做主 海尔顺逛交互定制用户说了算[EB/OL].
(2018-04-04). http://www.abi.com.cn/news/htmfiles/2018-4/199191.shtml.

三、专利的价值

美国企业界有一个著名的生存法则:"要么拥有专利,要么消亡。"

1.专利对专利拥有企业的价值

图 5-4 描述了专利对于专利拥有方的价值。

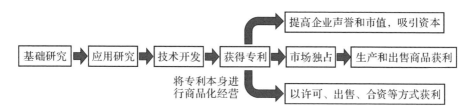

图 5-4 专利对专利拥有方的价值

案例 1:德国西门子公司在与安徽扬子电冰箱厂合资时,其 25 件冰箱冰柜专利折合成了 4000 多万元人民币。

案例 2:台湾某知名电子业者旭丽在键盘上曾有一个举世闻名的专利,称为"Hard Key",也就是在键盘上加装一个按键,直接可以上网。这种发明虽然很简单,但是其他大厂如果要采用,就必须获得旭丽的授权或向旭丽支付权利金,于是这项专利也就成为旭丽最有价值的专利之一。

2.专利对专利用户的价值

专利不仅对专利拥有方有价值,对于专利用户也有价值。

(1)支持企业的开放式创新

在知识经济时代,企业仅仅依靠内部的资源进行高成本的创新活动,已经难以适应快速发展的市场需求以及日益激烈的企业竞争。企业需要积极寻找外部的合资、技术特许、委外研究、技术合伙、战略联盟或者风险投资等合适的商业模式来尽快地把来自企业内外部的创新思想转变为现实产品与利润。[1]

(2)企业通过了解专利可以减少重复研究

客观、科学地分析某技术领域的专利,可以协助企业确定创新主题和方

---

[1] 钱嘉春. 关于开放式创新,不得不看的八个案例[EB/OL]. (2015-02-03). https://article.pchome.net/content-1786405.html.

向,避免重复研究。英国专利局认为,目前在欧洲每年因不了解专利技术而发生的重复研究费用高达200亿英镑。

(3)提高企业的知识积累和创新能力

英国德温特信息公司认为,专利文献公开的技术有70%～90%未出现在其他技术文献中,欧洲专利局认为这个比例是80%。目前世界上每年要出版专利说明书100万件以上,累计已超过4600万件。发明创造在专利文献中公布的时间要比在非专利文献中公开的时间早几年,甚至几十年。世界知识产权局统计,发明成果的90%首先在专利文献中公开,而且专利文献不受篇幅限制,披露的信息可以很详尽,这一点是专业期刊或会议录等文献资料所无法相比的。专利用户充分利用专利信息,可以节约60%的开发经费、40%的开发时间;使企业在技术开发、合作和贸易中有效地保护自身权益;帮助企业认清自己的相对专利地位和技术领域的发展趋势,评估对自己有价值的技术;帮助企业发现和评估竞争对手,知己知彼,适时调整自身的发展战略;通过专利信息分析可以发现专利信息的数量特征、分布规律和结构关系,在科学研究、技术创新、产业发展、技术贸易、市场竞争、专利价值评估、专利政策和专利战略制定、专利制度安排、专利管理实施等方面具有极为重要的作用;还有助于企业甄别内外部人才,提高人力资源的管理效率。

(4)提高企业有效运用失效专利中的公知公用知识的能力

当前,全世界专利中大部分都出于各种原因成为失效专利,成为可以公知公用的技术。要有效运用这些公知公用的技术,需要企业一方面对世界性的专利技术的总体格局有全面系统的了解与把握,以规避在使用失效专利时可能遭到的来自专利拥有方的法律诉讼。另一方面,要通过对失效专利的研究与筛选,挖掘属于自己的发明、创造和商机。

案例:美国的苹果电脑就是风险投资家费莱·瓦尔丁通过在美国专利与商标局查阅到微电脑技术的失效专利而起家的。

第二节　专利战略

思考题:

(1)什么是专利战略?

(2)你所在的企业(应)有什么样的专利战略?

(3)专利战略有哪几种类型?

一、专利战略概述

如今专利早已不仅仅是一种法律工具，而已经成为一种企业战略。

所谓专利战略，就是基于专利、法律、科技、经济、市场等的现状和趋势分析，提出专利申请、购买、应用等的长远规划，用于指导科技、经济领域的竞争，以谋求最大的利益。

从战略的主体角度来看，专利战略可包括国家专利战略、地区专利战略、行业专利战略、企业专利战略四个方面。国家专利战略是对地区专利战略、行业专利战略和企业专利战略制定和实施的指导方针，企业专利战略是对国家专利战略、地区专利战略、行业专利战略最终落实的基础，而行业、地区专利战略则是联系或指导其他专利战略的桥梁和纽带。

例如，面对激烈变化、严峻挑战的环境，企业在创新中需要主动地利用专利制度提供的法律保护及其种种方便条件有效地保护自己，并充分利用专利情报数据，研究分析竞争对手状况，推进专利技术开发、控制独占市场；为取得专利竞争优势、为求得长期生存和不断发展而进行总体性谋划；帮助企业制定专利战略，包括进攻战略和防御战略。进攻战略包括基本专利战略，外围专利战略，专利转让战略，专利收买战略，专利与产品结合战略，专利与商标结合战略，资本、技术和产品输出的专利权运用战略，专利回输战略等。防御战略是指防御其他企业的专利进攻或反抗其他企业的专利对本企业的妨碍而采取的保护本企业将损失减小到最低程度的战略。如避免专利侵权；避免误入专利陷阱。

专利很多，也很难看懂，因为专利申请者对于在专利中公开其技术往往是很不情愿的。需要员工协同建立专利知识网络，即员工分头搜索、阅读和评价国内外相关专利，建立专利知识网络，使专利信息得到充分利用。

专利情报的利用与效果如图 5-5 所示。

案例 1：美国道化学公司曾计划购买一家公司，对方要价 1800 万美元。该公司专家严格审查了其专利组合，发现最关键的专利将在三年后到期，其他一些不太重要的专利的有效期时间也不长，短的仅 6 个月，也就是说，这些专利几乎一钱不值。

案例 2：美国某个企业在日本申请了一个专利，日本人立即对其加以研究，将专利产品换了个颜色申请了一个外观设计专利。结果，带该颜色的产品在日本市场上比美国产品好销，迫使美国人要么"以大换小"进行交叉许

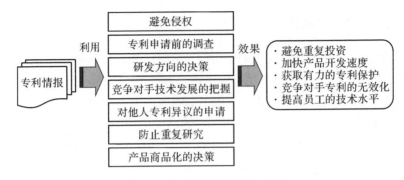

图 5-5　专利情报的利用与效果

可,要么让出市场。

二、国家专利战略

1. 发达国家的专利战略

(1)发达国家利用专利制度保护创新,促进经济发展

发源于英国的第一次工业革命与英国较早有了专利制度是密不可分的。专利制度保护了当时大量涌现的发明创新,使发明者有利可图,可以持续发明创新,并且将发明创新产业化。

国家专利战略的重要性在于其对于国家科技、经济的全局性、基础性、长期性、关键性的影响。制定和实施国家专利战略已成为美国、日本等许多国家的强国之策。长期以来,发达国家及其跨国公司垄断和控制着世界先进技术及技术的发展方向,因而是世界主要的技术发源地。发达国家基础研究总体水平高,从而确立了技术方面的领先地位。目前它们掌握着全世界 86% 的研发投入、90% 以上的发明专利。

(2)技术贸易壁垒与专利壁垒的交叉使用

一方面,要求出口国企业的产品要达到其设定的技术水平或技术标准;另一方面却把该标准水平下的技术申请了专利,这就是技术壁垒与专利壁垒的交叉使用。该方法可以最大限度地保护本国企业的利益,如果别国企业想出口这样的产品,就要给对方缴纳极高的专利使用费,使其产品没有竞争优势。

(3)发达国家的专利战略对发展中国家的影响

1)制定发达国家主导的多边体制下的知识产权规则

基于共同的利益考虑,发达国家在知识产权保护上互相策动,利用

WTO、WIPO 等多边场合,将符合其利益的立场体现在一些国际规则中。如《与贸易有关的知识产权协定》《保护工业产权巴黎公约》《专利合作条约》《商标注册条约》《商标国际注册马德里协定》《集成电路知识产权条约》《世界版权公约》等,基本上体现了发达国家的利益需求,发展中国家则成了"牺牲品"。

2)发达国家制定国内法,制定不合理的知识产权保护制度,并且在实践中滥用

发达国家通过特别立法,在高技术产业贸易中设置一些障碍。例如,美国"301 条款"是美国《1988 年综合贸易与竞争法》第 1301—1310 节的全部内容,其主要含义是保护美国在国际贸易中的权利。根据这项条款,美国可以对它认为是"不公平"的其他国家的贸易做法进行调查,并可与有关国家政府协商,最后由总统决定采取提高关税、限制进口、停止有关协定等报复措施。

3)知识产权权利滥用

其主要表现形式为:擅自延长保护期限;排斥平行进口;没有正当理由拒绝许可;技术贸易合同中的不公平条款,如区域限制或分配;使用范围或客户限制;独占性交易;许可合同中禁止被许可方许可、销售、扩散或使用竞争技术;交叉许可或联营协议;横向合并取得知识产权;实施无效知识产权;专利搭售;歧视性价格等。

4)对跨国公司技术转移施加政策限制

比如,美国政府目前只许可低水平技术对华转让,完全封杀可能涉及军事用途的军民两用先进技术的转让。20 世纪 90 年代以来,美国还试图利用"瓦森纳条例"说服其他 32 个成员加强对中国的技术出口限制。

5)越来越重视技术垄断,不愿技术转让

发展中国家通过市场换技术的道路越来越难走,发达国家只要你的市场,而不愿技术转让,以便技术垄断、独占市场。

2. 美国的专利战略

(1)美国专利战略的特点

1)强调专利与贸易挂钩

专利贸易在美国的对外贸易中占的比重相当大,而且在阻碍他国商品进入美国市场上发挥了重要作用。保护美国在海外的知识产权是美国外交政策的重要任务之一。美国每年都发表所谓的"知识产权报告",竞争对手

一旦受到追究,会很快进入司法调查程序,而且惩罚极为严厉。

2)强调专利与标准的结合

由于专利与标准的联系日益密切,发达国家和跨国公司都在力求将专利变为标准以获取最大的经济利益,因此,标准化成为专利技术追求的最高形式。而且,发达国家通过控制国际化标准为他国产品的进入设置技术贸易壁垒。

3)为企业提供专利信息服务

美国鼓励企业和非营利组织加强对专利信息的分析与研究。兰德公司、CHI、Patent Board 等公司都在专利分析研究方面取得了具有引导性的成绩,其在专利信息分析方面已形成了系统的精细量化的专利分析指标。

4)积极采取措施加速科技成果转移

美国通过科技成果转移立法来推动科技成果转移,制定了《拜杜法案》《技术创新法案》《联邦技术转移法》等科技成果转移法案,以推动科技成果转移,并且采用多种模式的技术转移机制,建立竞争、合作以及互补的紧密技术转移网络。

(2)美国的专利改革

专利制度面临两大挑战:一是专利制度实施难,例如企业在遇到专利侵权时,打官司费钱又费精力,于是就没有保护专利的积极性,结果是专利制度流于形式,没有起到相应的专利保护作用;二是有些人申请专利的目的就是找人打官司,从中捞钱。专利体系的初衷,是为了鼓励创新。创新是目的,专利体系是手段。这些人有一个共同特点,就是把手段当作目的,为专利而专利,为诉讼而诉讼,为了钱而伤害创新。

2011 年 9 月 16 日,美国时任总统奥巴马签署发布美国专利改革法案(又名美国发明法案),其实质就是:捣蛋的不能妨碍真干的。

案例:位于密歇根州的 Albie 是家经营三明治小本生意的作坊。他们按照 19 世纪英格兰移民带过来的三明治做法,老老实实干活,从来没想招惹谁。然而,2001 年的一天,Albie 忽然接到一纸通知,声称三明治已被注册为 6004596 号美国专利,Albie 生产三明治"侵权"了。专利的内容几近相声《挠挠》:上面一片面包,下面一片面包,中间加上填料。Albie 明白,他们遇上捣蛋的了。①

----

① 奇平. 专利体系对创新与进步的危害及对策[EB/OL]. (2007-12-24). http://it.sohu.com/20071224/n254259738. shtml.

3. 中国的专利战略

(1)中国的专利战略现状

2008年6月5日,国务院发布了《国家知识产权战略纲要》(以下简称《纲要》),明确提出知识产权工作方针是"激励创造、有效运用、依法保护、科学管理"。《纲要》为我国建设创新型国家提供了有力的支撑,标志着我国知识产权工作重点正在实现从单一"保护"到全面"战略"的跨越。

《纲要》将国内所涉及的知识产权工作概括为四个领域,那就是创造、运用、保护和管理。

1)知识产权的创造:主要指的是知识产品的创造,要在知识产权有关信息的指引下来进行科研开发、市场开拓和产业化等工作。

2)知识产权的运用:不仅包括企业自我实施,也包括将知识产权作为一种资源来参与企业相互之间的合作。

3)知识产权的保护:通过加强知识产权的执法保护来改善中国的知识产权执法环境。

4)知识产权的管理:包括政府的管理和企业的管理两个层面。

国家专利战略应是一个整体性的调节工具,一方面要提高对国内企业专利保护水平,另外一方面要限制跨国公司对专利的滥用,提高保护水平和降低保护水平两者并重。

利用专利战略来创造市场效益是一种系统工程方法。不同企业和不同产品应根据具体情况按不同的分析方法来进行策划,不能千篇一律。专利战略的目标和作用对于不同企业和不同产品是不同的。

2014年12月10日国家知识产权局等28个国家部委局提出《深入实施国家知识产权战略行动计划(2014—2020年)》。庞大的人口基数让我国每万人口专利持有量仅为4件。而根据计划,这一数字将在2020年达到14件。

(2)中国的专利战略要点

1)以国家战略需求为导向,在生物和医药、信息、新材料、先进制造、先进能源、海洋、资源环境、现代农业、现代交通、航空航天等技术领域超前部署,掌握一批核心技术的专利,支撑我国高技术产业与新兴产业发展。

2)制定和完善与标准有关的政策,规范将专利纳入标准的行为。支持企业、行业组织积极参与国际标准的制订。

3)完善职务发明制度,建立既有利于激发职务发明人创新积极性,又有利于促进专利技术实施的利益分配机制。

4)按照授予专利权的条件,完善专利审查程序,提高审查质量,防止非正常专利申请。

5)正确处理专利保护和公共利益的关系。在依法保护专利权的同时,完善强制许可制度,发挥例外制度作用,研究制定合理的相关政策,保证在发生公共危机时,公众能够及时、充分地获得必需的产品和服务。

(3)中国的专利现状

2017 年,中国国家知识产权局受理的发明专利申请量达 138.2 万件,超过美国、日本、韩国以及欧洲专利局的总和。中国目前 PCT 国际专利申请量排名全球第二;国内发明专利授权量占世界总量近四成,居世界首位。2017 年,我国知识产权使用费出口额首次超过 40 亿美元。① 但中国在美国专利中所占份额远远落后其他国家。根据美国商业专利数据库(IFI)的数据,2016 年美国专利和商标局批准了 320003 项专利,中国企业获得了其中 3.5%。中国发明人 2016 年获得 11241 项美国专利,同比增长 28%。中国也由此进入前五大美国专利获得方,排在美国、日本、韩国和德国之后。②

2017 年 6 月,美国专利商标局颁发了第 1000 万项专利。2017 年年底,中国国家知识产权局颁发的有效专利数是 714.8 万件(其中境内申请人 620.4 万件),我国国内发明专利拥有量达 135.6 万件。考虑到美国专利局是 1802 年成立的,中国专利局是 1980 年成立的,差了近 200 年。在全球范围内,中国从 2011 年起已成为专利申请第一大国。但与国外相比,我国部分领域的专利布局仍存在差距。在世界知识产权组织划分的 35 个技术领域中,从维持 10 年以上的发明专利拥有量来看,国内在 29 个技术领域中数量少于国外。③④

世界知识产权组织 3 月 21 日发布的报告显示,2017 年中国已成为《专利合作条约》框架下国际专利申请的第二大来源国,仅排在美国之后。中国的华为和中兴成为国际专利申请最多的两家公司。

---

① 刘晓明.坚持开放合作,保护知识产权[EB/OL].(2018-04-06).http://news.ifeng.com/a/20180409/57427077_0.shtml.

② 凤凰国际 iMarkets.外媒:中国专利正在崛起　2016 申请超过美日韩欧总量[EB/OL].(2018-01-10).http://finance.ifeng.com/a/20180110/15918638_0.shtml.

③ 张泉.国家知识产权局:我国国内发明专利拥有量达 135.6 万件[EB/OL].(2018-01-18).http://www.xinhuanet.com/politics/2018-01/18/c_1122280607.htm.

④ 唐驳虎.谁说中国不敢反击? 川普才是无望的抗争[EB/OL].(2018-03-23).http://news.ifeng.com/a/20180323/56998953_0.shtml.

专利是一把双刃剑。中国作为一个发展中国家,技术总体落后于工业发达国家,因此,在发展中面临来自发达国家企业的专利方面的挑战。

2017 年中国对外支付的知识产权使用费已经达到了 286 亿美元,逆差超过 200 亿美元。其中,支付美国的知识产权使用费同比增长了 14%。

三、产业区域专利战略

1. 产业区域专利战略的目的

产业区域专利战略主要是关于产业区域的专利布局战略,帮助产业区域建立完整的产业创新链。

产业区域集群中的企业需要协同创新,以便充分利用有限的资源,但又要通过专利保护各自的创新成果,避免产业集群中侵犯专利权的现象,提高企业的创新积极性。既使产业集群中的同类型企业相互合作、协同创新、避免重复性的研究,又使企业创新成果得到尊重、得到回报。

2. 产业集群的专利联盟和专利池的建设

当前,国外以单项专利竞赛为特征的战术竞争正转向以专利组合为特征的战略竞争,专利联盟和标准联盟纷纷出现。国外大型跨国企业和企业集团在各个科研领域形成了强大的经济科研实力,它们将自身的专利与标准紧密结合在一起,创立了一条"技术专利化,专利标准化,标准垄断化"的"一条龙"获利道路。

另一方面,产业集群发展迅速,虽然在资源共享和优化配置方面有一定的优势,但相互之间的竞争多、抄袭多、"挖墙脚"多,不利于企业技术创新,更不利于企业协同创新。

产业集群的专利联盟和专利池的建设是产业区域专利战略的重要内容。

3. 知识产权区域布局分析

(1)区域知识产权分布情况
1)按区域分布的知识产权,如县(区)、镇、街道(乡)的知识产权数量。
2)按类型分布的知识产权,如发明专利、软件著作权等。
3)按行业和产品分布的知识产权,如注塑机、高分子材料、机床等。

区域知识产权分布情况需要与经济实力图进行比较,展示不同县(区)、镇、街道(乡)在知识产权方面的实力,以及与经济发展的关系。

(2)产品或技术的知识产权布局情况

产品或技术的知识产权布局情况主要是围绕某一产品或技术展开,主要涉及国家、申请人、产品或技术细分内容等,其要考虑以下因素:

1)随时间变化的知识产权动态布局情况(以年为单位)。

2)以某一产品的功能树、BOM(物料构成表)树或技术的结构树为主线展开。

3)区域主导产品的知识产权分布图,展示企业与竞争对手在知识产权方面的差距,并与产品分布图进行比较,说明企业转型升级,向高端产品、创新产品方向发展所需要的知识产权的布局。

4)建立区域创新所需要的专利地图,确定知识(包括专利)的价值和关系。

5)分析在某一产品或技术领先的企业、团队和个人,以便协作。

6)协同挖掘"专利地雷",澄清"专利迷雾"。

7)某一产品或技术的失效专利分布情况。例如,企业希望很快了解全球在某一产品或技术方面有多少专利产品5年后专利保护到期,这些产品的销售情况以及目前生产该产品的企业有多少。

(3)区域企业产品和技术现状及与知识产权的关联分析

1)区域企业产品和技术分布分析。

2)区域企业产品和技术与知识产权的关联分析。

3)区域企业产品和技术的知识产权来源分析。

案例:宁波信息研究院在做宁波市科技"十三五"规划时,为了做出定量的产业技术发展预见,通过专利挖掘来提出技术需求,以新能源、新材料、智能装备和生命健康四个领域为试点。领域范围太大,因此对四个领域的30多个专业进行分析,通过7个维度最终确定18个细分领域,纳入宁波市科技"十三五"规划,为其建立专业技术功效图(图5-6)。将性能和应用作为横纵坐标,产生交叉饼状图,进军专利没有覆盖的空白领域,进行创新,否则就容易侵权。另外有领域专家三千多名,与10个左右城市具有合作关系。

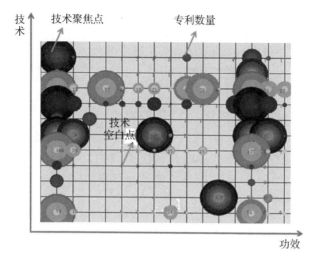

图 5-6　宁波信息研究院为宁波市科技"十三五"规划建立专业技术功效图

四、企业专利战略

1.企业专利战略的基本概念

企业专利战略的定义:企业充分利用专利法律,配合企业竞争战略,谋求利益最大化的一种整体策略。

(1)充分利用专利法律

这是指要全面理解法律条文,灵活运用,既不要无视专利法律的存在,也不要被专利法律捆住手脚。所谓配合企业竞争战略,就是专利战略应该服务于企业竞争战略,二者有机结合。

(2)谋求利益最大化

这是指要利用各种法律允许的方式和手段避免纠纷、减少成本、增加利润。

企业专利战略实际上可以代表一个企业的技术发展战略。如果是一个技术驱动型的企业,它会有一套缜密制定的专利战略,在此指导下,该企业十分清楚它的发展方向,知道用什么代价换取什么结果。一个好的企业专利战略应是建立在充分量化分析的基础上,使企业决策者能准确无误地控制企业技术发展方向。另外,在适当时候,采用专利诉讼等法律手段,打击专利侵权者,保护自己的利益。

2.占领市场是企业专利战略目标的核心内容

企业专利战略要考虑如何绕过他人的专利壁垒,不侵犯别人的专利权,在此基础上将自己的专利技术和产品投入市场,扩大销售量,取得较高的销售利润。

在经营方面运用专利战略,可以有力对抗和排挤竞争对手,以较小的投入获取最大的市场占有份额,同时也能增强自身的竞争能力。在技术研究与开发方面,可使自己的发明及时得到法律保护,并能及时掌握技术的最新发展,从中借鉴寻找出自己的创新出路。这样可以有效地避免重复研究,节约大量资源和时间。

3.企业专利战略的分类

企业专利战略大致可以分为进攻型专利战略与防御型专利战略两种基本类型,而每一种专利战略类型又有各种具体战略措施,如图5-7所示。①

4.国外跨国公司的专利战略

国外跨国公司的专利战略主要是:

(1)核心技术严格保密

利用其技术垄断优势和内部化优势,在技术设计、生产工艺、材料、营销网络等关键部分,设置难以破解其诀窍的障碍,严密控制尖端技术的扩散,竭力避免外部化导致的技术泄密和竞争对手的壮大。跨国公司将90%以上的研发经费投回母国,只有不到10%的投入在当地,而其中大部分用于产品质量管理和小改进。

(2)专利申请战略

1)将专利申请与国际投资活动有效地结合起来,在确保专利权后,才进行对外直接投资活动。

2)高度重视基础专利的申请。在保护自己的同时,也给其竞争对手设立种种屏障。

3)"圈知运动"。20世纪80年代开始,美国企业开始了"圈知运动",到各国去申请专利。目前一些跨国大企业在产品进入中国市场之前首先到我国申请专利,形成专利包围圈,即所谓的"专利圈地"。

---

① 杜涛.创新型企业专利战略研究[D].长春:吉林大学,2007.

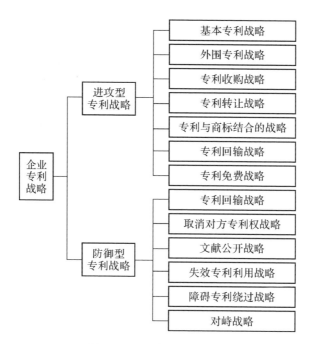

图 5-7　企业专利战略分类

4)专利壁垒。发达国家申请的国际专利不但数量众多,而且聚焦在高新技术核心领域。在高新技术领域,掌握在国外的信息产业核心技术专利占 81%,生物工程领域占 87%,西药达 90% 以上。跨国公司在某项技术上获得专利后,以其为基本专利,将其改进技术及外围相关技术均申请专利,形成一个由基本技术同外围相关技术一起构成的专利池,并通过专利申请的抢先策略、垄断策略、防御策略等加强对核心专利的保护,构筑对贸易竞争对手技术创新的壁垒。

(3)构建各种战略性技术联盟,形成跨国公司的技术网络

世界日益被分解为以发达国家为核心的科技圈,由此控制了相关技术领域发展的方向、规模和速度,掌控了世界科技知识的生产和扩散。例如,DVD 的 3C 联盟,由飞利浦、索尼、先锋 3 家公司组成,后 LG 加入而成为4C;6C 联盟由东芝、三菱、日立、松下、JVC、时代华纳 6 家公司组成,以后IBM 也加入该联盟。

(4)专利恶意诉讼

跨国公司利用自己的知识产权优势,选择在国际市场上与自己具有竞争优势的我国企业为目标,"无中生有",恶意起诉。由于知识产权诉讼时间

长,两三年不结案是很正常的事情,在这期间,跨国公司往往还利用媒体的力量,制造舆论,错误引导消费者,使被诉公司往往背着侵权的名声,市场大受影响。虽然最后跨国公司会败诉,但其目的已经达到。跨国公司在进行恶意诉讼时,往往选择如下手段:

1)"打包诉讼"。跨国公司在诉讼我国企业时,往往采取模棱两可的办法,即"莫须有",可能侵害专利权、可能侵害实用新型、可能侵害商标权和可能侵害商业秘密等诉因同时诉诸法院,美国等国家的法院在审理知识产权案件时,往往先受理,其后是漫长的调查取证和审理阶段,把我国企业拖入诉讼的"泥潭"。

2)"各个击破"。跨国公司在选择诉讼目标时,往往先选择一家或少数几家企业起诉。这是因为我国政府和中介机构发挥的作用不够,企业势单力薄,难以应战,最终使他人得逞。原因还包括:我国企业擅长单兵作战,协同能力弱;我国自古"和为贵"思想,认为打官司是丢人的事情;这种官司在国外会花去大量金钱和时间,单个企业难以承受。

(5)"套、养、杀"①②

国外一些拥有很多专利的公司并不一定要将这些专利形成产品。在技术上形成一种专利后,往往坐等将来收钱。

1)"套",即跑马圈地,专利权人通过建立专利池,控制中国制造。美国高通公司人称"专利专卖店",它在 CDMA 领域申请了 2000 项左右的专利。

2)"养",即放水养鱼,即有意放任我国某些企业盗用或滥用其知识产权,一旦这些企业发展到一定规模,在市场上进行了大量投入,占据了相当的市场份额后,它就依法提起诉讼,要求高额赔偿。这时我国企业面临两难选择,或退出市场或缴纳巨额专利许可使用费。跨国公司把这叫作"收割",也就是所谓的把"羊"养肥了再"宰"。

3)"杀",即打专利战,收取高额的许可费。2003 年以来,围绕知识产权领域的跨国公司与中国企业的争端非常引人注目。汽车和摩托车领域的官司有丰田诉吉利商标侵权、本田诉力帆侵权、日产诉长城汽车"赛影"SUV涉嫌抄袭日产帕拉丁、美国通用诉奇瑞 QQ 涉嫌侵权案等、韩国通用大宇汽车和技术公司诉奇瑞 QQ 整车和核心零件都与自己拥有知识产权的轿车惊

---

① 王英. 如何提防跨国公司的知识产权陷阱[N]. 中国企业报,2004-02-10.

② "中国制造"的"专利化生存"策略[EB/OL].（2007-12-18）. http://info. printing. hc360. com/2007/12/18100071780-2. shtml.

人相似。教育领域最引人注目的则是新东方一审败诉,被判赔偿美国 ETS (教育考试服务中心)1000 万元人民币。电子、IT 领域最引人注目的则是思科诉华为侵权案件。其目的主要是:从市场日益扩大的中国企业手中分取一部分利润;通过收缴专利费提高中国企业的产品成本,限制中国企业向中、高端产品发展,保卫自己原有的市场;打压中国竞争对手,降低中国企业品牌的美誉度和可信度。

专利制度在发达国家实行了 300 多年,跨国公司都深谙专利运营、进攻和防守的知识产权“游戏规则”。它们向客户发知识产权警告函,但经常并不指出具体侵犯它们哪几件专利的哪几项权利,这就让很多中国企业一头雾水,无从下手,无从应对。

即使企业拥有了很多相关专利,如果不掌握知识产权“游戏规则”,不懂得如何发挥自己专利的作用,最终还是被动挨打。

案例 1:我国 DVD 制造企业的命运表现得最为经典。国外专利人就采取了“套、养、杀”策略。“套”,即申请密不透风的一系列专利,组成“3C”“1C”“6C”等专利池;“养”,即 2003 年以前的不闻不问或小试牛刀;“杀”,即 2003 年起的大开杀戒,一台 DVD 机收取 20 美元专利费。经过“套”“养”“杀”这三个步骤,中国的 DVD 制造企业倍感压力,但国外的专利权人却赚得盆满钵满。

案例 2:美国霍尼韦尔公司诉日本美能达公司侵犯其照相机“自动聚焦”专利。起初,美国人没有告美能达,等到美能达赚了大钱时,霍尼韦尔在 1986 年把美能达推上了被告席。那场官司持续了 6 年,最终以美能达败诉、赔偿霍尼韦尔 6000 多万美元而告终。而美能达为能够继续使用该专利,还支付了 3000 多万美元的许可费。不过,这些日本企业并没有倒下,在付出高昂的学费后,逐渐地成熟起来,也开始充分利用专利武器。

(6)专利权运用战略

1)跨国公司向发展中国家开放专利许可的技术往往是容易模仿的二流技术,对外直接投资中转移的是“边际产业”,即已经或即将失去竞争力的产业。

2)专利权灵活多样的运用技巧

案例 1:IBM 公司对自己所有专利权的授权,始终坚持以同一条件公开给予任何人。IBM 公司认为,若由电脑界某公司独占其专利,将会影响行业全体的繁荣。自 20 世纪 50 年代开始,IBM 公司在公开专利授权的同时,也进行和其他公司间的相互授权。结果,今日全球许多企业、政府机关及其他团体等都和 IBM 缔结了授权契约,且多数属于相互授权的类型。

案例 2:日本三菱公司和国内外企业交互授权的案例很多,且专利的交互授权已经成为三菱公司对付他人指控三菱公司侵权时的利器。当三菱公司被其他公司警告专利时,三菱公司经调查若认为自己确有侵害行为,即以自己所拥有的专利为谈判筹码,与对方谈交互授权。如此办理,可减少或免除赔偿额并消除专利侵害诉讼。

5. 中国企业的专利战略

中国作为发展中国家,技术研发落后,而且起步晚。中国企业可以采用以下专利战略。

(1)基于专利分析的创新战略

通过专利分析,发现专利技术的空白,支持技术创新,并在相关领域取得突破,获得自主知识产权,掌握先进技术的主动权。

(2)"二次技术"战略

日本在其发展初期也遭遇到发达国家技术壁垒的限制,其中包括专利权的限制。当时日本的做法是在得到核心技术的同时,对这项技术进行深入的研究和开发,从而在核心技术的基础上开发出一些辅助技术,或称为"二次技术"。更为重要的是,这些辅助技术也可以申请专利,即所谓的"二次专利"。由于"二次技术"是在新技术的基础上开发出来的,其开发成本比第一次低得多,而且还比第一次技术更先进、更具有经济价值。[①]

当然,根据规定,"二次专利"投入生产时,须经第一次专利权的许可。对此,当时日本的做法是采用"交叉许可"的方式:你同意我使用第一次技术,我同意你使用第二次技术。

(3)用市场换知识产权

在抵御外国企业的专利之剑时,政府也可以有所作为。在这方面,澳大利亚政府的一些做法值得借鉴。澳大利亚政府利用跨国公司对打入本国市场的强烈要求,提出了信息技术和电子通信领域的"伙伴开发计划"。澳大利亚政府利用对本国市场准入的控制权,促使跨国公司向本国的公司转移技术,取得了一定的成效。而中国市场的规模比澳大利亚要大得多,政府在

---

① 以小米为例中国新兴互联网企业如何突破专利困局[EB/OL].(2018-06-03). http://www.njliaohua.com/lhd_5ohk38i7gn207lr1bacn_2.html.

运用"用市场换知识产权"战略时应该握有更多的好牌。① 中国的高铁技术也是典型的用市场换知识产权的案例。

案例:中兴通讯连续 6 年应诉美国知识专利运营公司 TPL、IDCC、Flashpoint 等发起的 7 起"337 调查",成为唯一获得美国"337 调查"五连胜的中国企业。这样的战绩背后是雄厚的知识产权资本——中兴通讯连续多年位居国际专利申请量前三,蝉联 PCT 第一、芯片专利中国第一、物联网专利全球第三。截至 2016 年 6 月 30 日,中兴通讯拥有超过 6.8 万余件全球专利资产,已授权专利超过 2.5 万件。

6.企业专利战略的服务

企业专利战略的服务公司目前比较少。例如,Aureka 可以帮助企业全面建设知识产权管理体系,利用知识产权情报制定企业的发展战略。同时,汤姆森科技还可以为企业提供从检索、分析到缴纳专利和商标年费、咨询服务等在内的整合的知识产权信息解决方案。

图 5-8 描述了产品研发中的专利应用策略。

五、案例:海尔的专利战略

1.树立知识产权保护意识

1987 年,海尔首家成立了企业知识产权部门——海尔知识产权办公室。

海尔新入厂的员工,首先接受的是知识产权的培训。知识产权保护意识已经融入每个员工的工作的各个方面,并成为自觉的工作准则和日常行为。

在对于一项新项目的规划和论证中,大家会从多个角度来考虑和实施有关知识产权保护的工作,如项目涉及的各项新技术是否有专利申请保护、就相关经营领域和地区所注册的商标是否有效和全面、对竞争对手的不正当竞争能采取哪些相应对策等。

又如,当物资供应人员在处理签订某部件供应协议时,他会首先想到这种零部件是否涉及专利侵犯问题。为避免给企业造成不必要损失,他会主动地掌握有关供应厂家在专利侵权检索上的工作,并会通过签订协议的方

---

① 陈朝冰.国内 IT 企业如何走出专利困境?〔N〕.中国经济时报,2003-07-09.

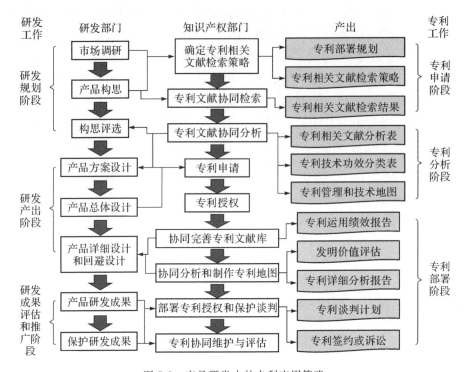

图 5-8　产品研发中的专利应用策略

式来限定侵权行为和由此带来的经济赔偿,拒侵权纠纷于企业之外。

2.以产品开发为内核的专利保护工作

在海尔,申请专利保护既是技术创新的前提条件,又为创新过程提供技术要素和实现手段,同时也是技术创新成果的必然法律存在形式。

在海尔,没有专利申请,新技术研发就没有结束,专利申请与研发技术成果是一一对应的关系,即实行 100% 的专利申请率,每一项技术创新方案都会去申请一项专利,从而构成对一项技术创新的法律保护。

截至 2017 年年底,海尔拥有发明专利超 2.1 万项,发明占比 61.8%。其海外专利也达到了 9000 余项,覆盖了 25 个国家和地区。在此基础上,海尔也实现了发明专利占比、海外专利数量、PCT 申请量和专利市场收益四项行业第一。①

---

①　HOPE 开放创新平台.海尔的全球专利数也已经超过了 3.4 万项,专利能力有了"四六级"认证[EB/OL].(2018-05-07).http://www.elecfans.com/d/673471.html.

从海尔的海外专利布局可以看出,欧美、日韩、澳洲等发达国家也是技术基础雄厚的地区,能够为海尔的专利提供有力保障。例如,全球首创利用换气干燥技术和智能感湿透湿材料进行保鲜的干湿分储冰箱、全球首个采用净化网膜技术的净水洗衣机、全球首个采用空气射流技术的天樽空调等,都是海尔在海外布局发明专利的案例。

专利资产的产出及运维需要相应的成本投入,仅申请、维持一件专利可能就要花费十几万元,而一家规模企业动辄拥有上千甚至数万件专利,由此知识产权运维也被斥为"烧钱"举动。如何唤醒"沉睡"的专利?海尔给出的答案是,推进多种模式的专利运营,增强专利资产的变现能力,最大限度地满足产业效应和用户需求。

海尔积极展开专利运营,通过在热水器防电墙技术、冰箱直线压缩机技术等关键技术领域的专利许可运营,累计收益过亿元,是中国最早展开专利许可运营的家电企业。与此同时,海尔通过有效、及时的专利维权,打击山寨模仿者,巩固了行业引领地位。

以海尔集团拥有的电热水器防电墙技术专利包为例,为实现专利资产对产业利益的最大化,海尔集团已向国内数十家电热水器厂商进行了专利许可,不仅获取了超千万元的专利许可费,而且被许可方和海尔集团制造销售的防电墙热水器无一出现漏电等安全事故,社会效益显著。

3. 充分利用专利信息

海尔从国际范围内的专利信息库中挖掘技术创新点,从而带动企业整体技术升级与出口,保证海尔国际化战略的实施。

海尔通过按产品门类、技术领域建立起有针对性的专利文献库,跟踪世界上最先进的科技成果,为创新项目提供方向。

(1)通过专利文献检索,寻找技术合作开发方,通过强强联合,确定攻关重点,选准课题,避免重复开发,提高效率。

(2)通过优胜劣汰,选择国际化、优秀的分供方,通过技术开发缩短开发周期、提高产品工艺可靠性。分供方技术是否具备海尔知识产权工作标准和要求,是选择分供方的基本条件。

(3)为技术出口贸易、海外建厂提供决策依据。主要工作是:对于投产产品的关键设计技术,就相似结构国际分类进行专题检索,交由专利代理律师,特别是当地国专利律师进行技术研究可靠性论证。有效利用专利文献,为投产决策、选择技术应用、确定专利保护方案提供可行性资料来源和依据。

在海尔实施国际市场扩张战略要求下,产品结构和市场销售类型的多样化,要求海尔同时具有能满足国内外各种市场竞争需要的多门类、多学科应用技术的储备。

在坚持自主研发的前提下,通过对相关专利追踪与借鉴,寻找到能够形成有效占领市场的技术方案,进而增加专利申请积累,提高整体技术竞争实力。

例如,海尔集团通过全球专利检索及情报分析,确定了直线压缩机技术将成为冰箱制冷压缩机的发展方向,便立刻试制出全球体积最小、性能领先且噪音低的直线压缩机,并围绕该产品布局了近 80 件发明专利。相关制造商纷纷前来购买这批核心专利,但是海尔集团基于自身产业需求考虑后采用了更为持久的运营方式,向全球数家压缩机厂许可实施该批专利权,采用入门费加按量计价的方式收取许可费,专利许可合同金额超过 1.5 亿元,并约定海尔集团享有两年的独家采购权。如此一来,海尔集团通过专利运营不仅收回了前期研发投入,更保持了产业优势。①

4. 海尔的知识产权战略

海尔集团已经形成了自己的知识产权战略——构建核心专利池,确保行业技术领先地位;构建事实标准及行业标准,实现产业控制力;参与全球规则制定,掌握知识产权国际规则。

表 5-1 所示为海尔的核心专利池的例子。

表 5-1 海尔的核心专利池及标准的例子

产品和技术	专利数（件）	对应的标准或奖励
智能家电	290	—
无线电能传输技术	151	—
半导体制冷技术	72	—
直线压缩机	53	中国专利金奖
节水洗涤技术	163	—
防震减噪技术	35	—

① 黄盛. 海尔集团:多元运用专利 打造创新品牌[EB/OL]. (2016-11-11). http://ip. people. com. cn/n1 ‖ 1111/c179663-28854266. html.

产品和技术	专利数（件）	对应的标准或奖励
匀冷保鲜技术	30	2015 年,海尔发起成立了 IEC/SC59M/WG4 冰箱保鲜国际标准工作组,主导制订冰箱保鲜国际标准
双动力洗衣机		2005 年获得了第九届中国专利金奖;在 2005 年写入 IEC 国际标准
"小小神童即时洗"洗衣机	26	—

第三节　专利检索和分析

思考题:

(1)专利分析的需求和方法是什么?

(2)如何为自己的企业或研究方向建立一个专利地图?

(3)为什么要进行专利协同分析?

(4)试用 SooPat 进行某一技术领域的专利检索和分析。

一、专利分析的需求

1.企业技术创新的需要

由于全世界专利众多,且具有优先权的特征,任何人都不能保证自己的想法是世界上独一无二的,你能想到的创新点,别人很有可能早已想到。所以,任何个人和企业在技术创新前,都应认真分析专利,看看自己的创新点是否已经被别人实现。

在开展研究或者利用新技术进行生产经营之前,都应当先检索相关的技术领域,了解有关的专利申请和授权情况,否则不仅可能重复投入和重复劳动,还可能被控侵权。

在专利检索方面,不能存有侥幸心理。据不完全统计,因未查阅专利文献而使创新课题失去价值,全世界每年造成的损失数以十亿计,间接损失就更多了。

案例：某研究所没有进行专利检索就立项开发别人已有的技术，结果使得3000万元资金付之东流。[①]

2.企业专利申请的需要

专利申请前的专利分析的作用和重要意义是：

(1)可以评价专利申请获得授权的可能性

据国外专利机构调查，有66%以上的发明专利最后不能获得授权，其中绝大多数都是因为存在在先公开的文献，缺乏新颖性。

(2)可以帮助通过专利的实质审查

通过申请前的初步专利分析，可以获得理解现有技术所需的必要信息，这样可以比较现有技术，描述本申请所具有的有益效果和创造性，以及与现有技术的本质区别。这对于将来的实质审查是非常重要的。

(3)申请前的初步专利分析将完善申请方案

通过申请前的初步检索，可以获得一些相关的对比文件，其中很有可能包含着可以借鉴之处，这有助于申请人完善技术方案，以更好地提出技术方案，获得最佳的保护效果。

(4)申请前的初步专利分析可以帮助企业节省时间和金钱

如果申请人不在申请专利前进行初步的专利分析，一旦专利没有获得授权或保护范围减少，失去的不仅仅是申请的费用，更重要的是损失了宝贵的时间和精力。

二、专利检索方法[②]

专利和科技文献检索是专利分析的第一步。科技文献检索在第二章中有介绍，这里主要介绍专利检索方法。

1.专利检索的作用和意义

专利检索就是根据一项或数项特征，从大量的专利文献或专利数据库中挑选符合某一特定要求的文献或信息的过程。

为了保证专利申请的新颖性和创造性，申请专利前需要对现有同类专

---

① 专利信息事关企业知识产权大局[N].中国高新技术产业导报，2006-11-27.

② 专利检索［EB/OL］.（2018-05-09）.http://baike.sogou.com/v7753840.htm?fromTitle＝%E4%B8%93%E5%88%A9%E6%A3%80%E7%B4%A2.

利和科技文献进行检索,以避免与现有专利和已经公开的科技文献冲突而导致无效劳动。面对浩瀚的专利文献,申请人为了做到只检索相关专利而过滤掉无关专利,应当掌握一些专利文献检索的方法与技巧,以提高工作效率。[①]

专利检索的作用和意义主要是:

(1)研发前检索

可以在研发之前确定技术构思是否已经被他人申请专利或已经取得专利权。

(2)专利申请前的新颖性检索

可以在申请前确定技术方案是否具备新颖性,以确定技术方案是否可以提出专利申请。

(3)防止侵权检索

可以通过检索排除所制造或销售的产品落入他人专利权的保护范围的可能性。

(4)无效程序中的证据搜集检索

可利用检索到的在先公开的技术,作为无效程序中质疑对方专利权新颖性、创造性的证据。

2.中国的一些专利检索与分析系统及检索方法

专利的检索与分析可以通过多个网站中的系统进行,有收费网站也有免费网站。

(1)中国国家知识产权局的专利检索与分析系统(网址:http://www.pss-system.gov.cn/sipopublicsearch/portal/uiIndex.shtml)

该网站的检索方式如下:

1)字段检索

系统提供了16个检索字段,用户可根据已知条件,从16个检索入口做选择,可以进行单字段检索或多字段限定检索。每个检索字段均可进行模糊检索,用％(必须使用半角格式)代表一个任意字母、数字或字;可使用多个模糊字符,且可在输入检索字符串的任何位置,首位置可省略。

2)IPC分类检索

IPC分类导航检索即利用IPC类表中各部、大类、小类,逐级查询到感

---

① 田虹,孟令斌,孟薇薇.专利检索在开放实验教学中的实践[J].实验室研究与探索,2012,31(1):119-121.

兴趣的类目,点击此类目名称,可得到该类目下的专利检索结果(外观设计除外)。

在 IPC 分类导航检索的同时还可采用关键词检索,即在选中某类目下,在发明名称和摘要等范围内再进行关键词检索,以提高检索的准确性。

(2)中国知识产权网

该网站网址经常变化,以防止有人用"爬虫"软件大量下载专利文献。

(3)Innojoy 专利搜索引擎(网址:http://www.innojoy.com/search/index.html)

(4)佰腾网专利检索系统

该网站网址经常变化,以防止有人用"爬虫"软件大量下载专利文献。

目前该系统包含八国(中国、美国、日本、英国、法国、德国、瑞士、俄罗斯)两组织(欧洲专利局、PCT 组织)的专利信息;具备简单检索、高级检索、IPC 检索、外观检索、二次检索、排除检索等多种检索方式,能检索到专利最新的基本信息、费用信息、法律状态等。

3.国际的一些专利检索与分析系统及检索方法

各国出版的专门检索本国专利的检索工具有美国的《专利公报》及《专利年度索引》、日本的《日本专利快报》《专利与实用新型集报》《特许公报》等。

国际性组织和私营出版机构,专门对某一地区或国际上多国专利进行报道,并出版国际专利文献及检索工具,如"专利合作条约"(PCT)、"欧洲专利文献"(EPC)、"国际专利文献中心"(INPADOC)和英国德温特专利文献检索体系等。

国际的一些专利检索与分析系统有:

(1)IncoPat 科技创新情报平台

IncoPat 是一个将全球的专利深度整合,并翻译成中文,提供科技创新情报的平台。其数据资源有:

1)IncoPat 完整收录全球 102 个国家/组织/地区一亿多件基础专利数据,对 22 个主要国家的专利数据进行特殊收录和加工处理。

2)对主要国家的题录摘要进行了机器翻译,提供了可供检索的多语种标题摘要信息。

3)对重点企业和机构的不同别名、译名、母公司和子公司名称,建立标准化的申请人名称代码表。

4）对国内外专利的法律状态、同族信息、引证信息进行了深度加工，丰富了字段信息。

5）将中美专利诉讼、转让、许可、质押、复审无效等法律信息与专利文献相关联，实现了大数据融合，便于进行专利的多维分析和价值挖掘。

6）每周将国内外最新发布的专利更新入库，速度领先于国内同类系统，支持用户对最新技术的及时掌握。

（2）Delphion IPN（Delphion 知识产权信息网，网址：https://clarivate.com/product-category/patent-research-intelligence-and-services/）

汤姆森公司出版的德温特世界专利索引（Derwent World Patents Index，DWPI）是各主要国家专利局审查员必须检索的数据库。

Derwent Innovations Index（简称 DII）数据库是由德温特推出的基于 Web 的专利信息数据库。该数据库由英国德温特公司制作出版，是目前最优秀的专利数据库，也是目前国际上检索费用最昂贵的收费型专利数据库。其收录了来自全球 40 多个专利机构（涵盖 100 多个国家）的 1000 多万条基本发明专利，2000 多万条专利情报，资料回溯至 1963 年，将 Derwent World Patents Index 与 Patents Citation Index（专利引文索引）加以整合，以每周更新的速度，提供全球专利信息。

（3）Aureka 知识产权管理平台

德温特每年向数据库中添加来自 40 多个国家和组织的 150 万份专利文件，Aureka 在这一成熟的数据库的依托下，向用户提供了强大的专利检索、专利地图、专利预警和专利管理等多项功能。Aureka 知识产权管理平台提供专利检索服务，其数据范围包括美国专利（全文）、欧洲专利（全文）、PCT 国际专利申请的著录课题，以及英国专利、德国专利、法国专利、日本专利（英文摘要）等。专利数据定期进行自动更新。

除包含常见的文本检索、布尔运算等基本功能外，Aureka 系统还提供了一项独特的自然语言算法。该算法使用了一种专门的字典，其中包含有某一领域特定的技术术语表，以供系统的使用。系统允许用户对检索的结果加以注释，同时，可以自由地增加或减少检索结果。

三、专利分析系统

1. 概述

随着科学技术的迅猛发展，专利活动日益活跃，专利数量迅猛增长。一般来说,普通人是很难用肉眼从浩如烟海的专利文献中看出整个专利信息的分布状况及隐含信息的,需要借助现代化的信息技术和专业化专利分析工具。这些工具如:

(1)德温特数据公司依据专利地图理论开发的德温特专利信息分析软件,利用数据挖掘技术和可视化展示手段,对专利信息进行自动分析和管理。

(2)IBM 公司的"Intelligent Miner for Text"(IMT) 软件,实现了对专利信息特征的检索、聚类、引文分析等功能。

(3)Aureka、Delphion Text Clustering 和 Thomson Data Analyzer 以及一些专利文献和专利信息检索网站等,都具有一定的专利信息分析功能。

专利地图就是将专利信息地图化,即通过对专利资料中包含的大量技术、经济、法律信息及利益关系进行系统的分析与整理,最后以清晰明确的统计图表的方式呈现出来。一方面,专利地图通过对专利信息的整理、加工、综合和归纳,以数据的形式归入一张图表中,便于企业进行定量和定性分析;另一方面,企业通过对专利地图的对比、分析和研究,可做出市场经营和技术发展预测和判断,为企业制定经营战略、技术开发战略、专利谈判战略和知识产权诉讼风险管理等提供可靠的依据。

日本企业专利信息管理的最大特点是将专利信息搜索的分析结果以专利地图的方式汇总,并向最高管理层汇报,纳入企业高层战略管理的视野。日本已经累计收集和分析了 68 个技术领域的专利信息并制作成专利地图。企业可以通过网络等方式轻松、免费地查阅相关内容,为企业项目的确立指明方向、缩短项目开发周期,并且减少企业在创新过程中所面临的知识产权侵权风险。

日本企业通过绘制专利地图,大大提高了专利信息的利用效率和技术学习能力,促进了企业知识产权战略计划的制订,使日本企业获得了较高的产品开发和专利战略成功率。

日本企业普遍建立了专利地图绘制的相关管理制度。如松下公司在其内部发行有《专利地图手册》,介绍专利地图的基础知识和基本编制程序,并编辑《专利地图实例》,汇集了该企业各研究所和事业部用过的各种专利地图,用于企业内部咨询和情报交流。

2. 德温特分析软件

德温特公司(网址:http://www.derwent.co.uk)依据专利地图理论开

发的德温特分析软件就是专利数据挖掘和可视化的有力工具,其分析功能主要有:

(1)可以创建各种列表,这些列表可以显示数据集中某一字段的所有列出课题,如发明人列表显示发明人字段的所有列出课题等。

(2)可以产生共生矩阵,用来快速确定两个字段间量的关系,例如可以用来揭示某公司跨时间专利活动的重要趋势和关系。

(3)可以产生三种映射图,如交叉关系映射图、自动关系映射图和因子映射图。

(4)能够依照用户需求灵活定制,可以使用该软件对竞争对手在某技术领域的专利活动进行分析和跟踪。

3. Aureka 知识产权管理系统

(1)Aureka 知识产权管理平台

Aureka 是 Thomson 集团旗下的一个重要产品。

Aureka 通过 ThemeScape 绘制的技术地形图、Aureka Citation Tree 提供的引文分析以及相应的报告工具,为用户提供了一种深层次专利信息分析工具,对搜集的专利文献内容进行分类、比较和分析等加工整理,形成有机的信息集合,揭示出专利信息之间内在的甚至是潜在的相互关系,从而形成一个比较完整的专利情报链,并利用较强的可视化手段,为用户提供形象直观的图形界面。

通过 Aureka 数据库可以帮助企业进行如下工作:侵权研究、专利管理、掌握技术发展趋势、寻找合作伙伴、监控竞争对手。①

在专利深加工领域,汤姆森科技拥有几百名专利数据分析人员,对晦涩难懂的专利数据进行全面的加工和深度的标引,将大量无序的数据转化为有用的信息。用户可以在一个简明的同族专利表格中看到该专利的同族专利信息,同时还可以看到与一项发明相关的所有专利。

(2)Aureka 专利地图

Aureka 知识产权管理平台中的专利地图(AurekaThemeScape)提供了一种文本分析工具,该工具以分析的专利样本为基础,对其中的相关词汇的词频应用聚类分析生成主题(词汇)地形图,以此来描述专利技术主题分布

---

① Aureka 信息平台介绍[EB/OL].(2018-06-10). http://www.micropat.com/static/index.htm,

情况。该分析工具可以辨别和提出词汇系列中经常出现的关联词组，以及它们在文献中的相互关系。

在 AurekaThemeScape 地形图中主要采用等高线图来作为全图绘制的基准。被分析的数据样本中的专利文献在地图中用点来表示。内容相近的文献在图中的距离也相近，最终形成山峰。图中不同山峰区域内表示某一特定技术主题中聚集的相应的专利群。同一区域的文献数量与地图中山峰的高度相对应。文献内容越相似，文献点在图中的位置就越近。等高线表明了相关文献的密度，最高峰的高点区域包含的文献最多，低点区域包含的文献相对较少。峰间距离越近，表明所包含的专利内容相似性越近，反之，则越远。专利地图上还可以同时显现某一特定技术主题涉及的专利权人等信息。

AurekaThemeScape 还具有广泛的交互性。当阅读地图时，点击文献点就会显示它们相应的专利信息。双击时，系统会将之放大并在某区域中显示出更多的相关文献资料。当浏览和点击地图中的文献点时，系统还可以进行幕后查询，自动查询与所选择的文献内容相近的专利文献，并将这些相关文献的列表在文档浏览器中显示出来。

使用 AurekaThemeScape，用户可以对地图中的专利文档进行文本的逻辑检索，按照检索结果自动创建文档组并在主题图中显示，根据设置的不同来发现组群中存在的异同和联系。将文档组返回至 Aureka 来建立新的文件列表，设置时间段对特定时间范围内的专利文献进行分析，利用 Java 小程序便捷地进行浏览与操作，共享生成的专利地图，方便其他 Aureka 用户阅读。

（3）Aureka 引证树

Aureka 专利引证树工具（Aureka Citation Tree）利用专利引证信息构建双向多级引证树，形象化地显示出研究对象（所指定的专利）引用在先专利和被其后专利引证的信息。根据需要，用户可以按专利申请人、发明人、申请日和公开日等不同内容构建引证树，由此确定某一技术领域的发展趋势、技术发展线和研究某一竞争对手的专利布局等。根据专利申请人的专利相互引证的信息，研究竞争对手间的技术相似性，为企业技术合作、并购等经营活动提供决策依据。根据大量的前向和后向引用信息，还可以确定核心专利技术、基础技术等，为企业技术开发、研发投入、专利布局等提供帮助。

（4）Aureka 报告工具

专利信息的费解程度众所周知。作为获取专利信息主要途径的摘要通常将专利的实质写得很模糊，并且专利权人的意图也很难理解。

Aureka 知识产权管理平台中的报告工具（Auerka Reporting T001）可为客户提供各种研究报告或某一领域（诸如发明人、专利权人等）的相关信息，以及某一专利或自定义专利组的专利期满和引文信息等。该工具可提供 3 种类型的报告：1）信息摘要；2）详细文本式报告；3）图表式报告。

4. 我国现有的专利分析系统概况

目前，我国已经开发了一批新的专利信息分析软件和专利信息检索与分析平台，如 HIT_恒库、保定大为 PatentEX 专利信息创新平台、East Linden Doors（东方灵盾）、中国国家知识产权出版社引证分析系统、Patentguider 2.0 试用版、国家知识产权局政府网站专利检索系统、中国专利数据库检索系统、中外专利数据库服务平台、上海知识产权公共服务平台、重点产业专利信息服务平台、广东省专利信息中心专利信息分析系统及其他各省区专利信息检索平台。

我国开发的专利信息分析系统主要是面向宏观和微观统计与计量分析层次的，而面向专利引证分析、聚类分析、专利挖掘和可视化展示层次的专利信息分析软件还非常少。

例如，SooPat 平台（http://www.soopat.com/）本身并不提供数据，而是将所有互联网上免费的专利数据库进行链接、整合，并加以人性化的调整，使之更加符合人们的一般检索习惯。SooPat 中国专利数据的链接来自国家知识产权局互联网检索数据库，国外专利数据来自各个国家的官方网站。SooPAT 还提供各种类型的专利分析。

四、基于专利分析的发明问题解决理论（TRIZ）

1. TRIZ 原理概述

TRIZ 的含义是发明问题的解决理论，其拼写是由"发明问题解决理论"的俄语单词置换成英语单词的字头组成的。TRIZ 的产生可追溯到第二次世界大战刚刚结束的 1946 年。当时在苏联，以 G. S. Altshuller 为首的研究人员开始了有关 TRIZ 理论和实践的研究。其主要目的是研究人类进行发明创造、解决技术问题过程中所遵循的科学原理和法则。为此,由苏联的大学、研究所和企业所组成的数百人的研究组织用了近 50 年时间来查阅并研究了世界各国近 250 万件发明专利,从中总结出了 TRIZ 的基本原理。

TRIZ 方法的工程实用性强,其方法核心系经验的集合,所以可视为一种知识库的方法。如今它已在全世界广泛应用,创造出了成千上万项重大发明。[①] 在获得美国发明专利最多的十大公司中,半数以上的公司都在采用 TRIZ 理论进行创新。

Altshuller 将他研究过的 20 万个发明专利所涉及的发明问题分成五类。

第一类(32%):利用已知方法继续发展现有技术系统(例如增加壁的厚度以提高强度)。

第二类(45%):现有技术系统的小幅度改进,但这种改进往往是妥协的折中解决方案(例如使用结合剂将两种不同材料焊接在一起)。

第三类(18%):运用现有技术实现现有技术系统的重大改进(例如以半导体取代电化学继电器,或在摩托车上以万向轴传动取代链条传动)。

第四类(4%):运用新的技术产生新的一代技术系统(例如显微镜、蒸汽机车、复印机等)。

第五类(1%):基础性的新发现(例如发现 X 光射线、激光、青霉素、DNA、超导材料等)。

Altshuller 认为,TRIZ 作为可普遍运用的原理和可定义的思维模式,适合于解决第二至第四类发明问题。第一类不算真正的发明,第五类则属于发现新的自然现象。

运用 TRIZ 解决发明(创新)问题的关键就是找出矛盾是技术矛盾还是物理矛盾,然后利用不同的 TRIZ 工具,通过类比思考的方式,找到解决矛盾的思考方向。TRIZ 的出发点是:发明问题的基本原理是客观存在的,这些原理不仅能被确认也能被整理而形成一种理论,掌握该理论的人不仅能提高发明的成功率、缩短发明周期,也能使发明问题具有可预见性。

TRIZ 理论解决创新性问题的思路在于它采用科学的问题求解方法,具体办法就是将特殊的问题归结为 TRIZ 的一般性问题,然后应用 TRIZ 带有普遍性的创新理论和算法寻求标准解法,在此基础上演绎形成初始问题的具体解法。这种从特殊到一般的方法,充分体现了科学地解决问题的思想,

---

① 曾令卫. 以 Internet 速度推动产品研发创新——"CPC＋TRIZ"的协同威力[EB/OL]. (2003-07-29). http://www.3722-e.com/article/detail.asp? articleid＝5369.

富有可操作性,为计算机环境下的创新提供了重要的理论与方法基础。

2. 基于 TRIZ 的计算机创新辅助设计(CAI)系统

基于 TRIZ 的 CAI 系统将 TRIZ、本体论、现代设计方法学与 IT 技术等融为一体,帮助设计者在概念设计阶段,有效地利用多学科领域知识和前人的智慧,遵循创新规律,打破思维定式,快速地发现技术系统中存在的问题,找到新的解决方案,同时有效地规避现有的竞争专利,促进创新。

基于 TRIZ 的 CAI 系统有:美国 Invention machine 公司的 TechOptimizer,Ideation International 公司的 Innovation WorkBench(IWB) (www. ideationtriz. com),IMC (Invention Machine Company)的 Goldfire Innovator™,德国 TriSolve 公司的 TriSIDEAS(www. trisolver. com),荷兰 Insytec B. V. 公司的 TRIZ Explorer,美国亿维讯公司(IWINT, Inc.)的 Pro/Innovator 软件等。我国商品化的 CAI 软件有河北工业大学 TRIZ 研究中心的 InventionTool 软件、天津大学的 webTRIZ 等。

这些软件将 TRIZ 中的概念、原理、工具与知识库、专利库紧密结合。设计者通过使用这些软件,可以参考世界上优秀的工程设计实例,为产品开发提供设计思路,快速并高质量地完成概念设计。

例如,Pro/Innovator 通过对欧美 900 万件发明专利的分析,形成涵盖众多领域的创新方案知识库。Pro/Innovator 可以帮助用户及时发现已有的成功的解决方案,向用户提供在原有方案基础上快速寻求自己的问题的合理解决办法。其中主要的模块有项目导航、技术系统分析、问题分解、解决方案、创新原理、专利查询、方案评价和报告生成、知识库扩充、专利申请等。

3. 面向 TRIZ 的知识库的协同建立

基于 TRIZ 的 CAI 系统应用中存在的问题主要是:市场上基于 TRIZ 的 CAI 系统的知识库中的知识是以前的知识,是一般性的知识,难以满足企业应用的需要。面向 TRIZ 的知识库中的知识来自于对专利的分析。专利每天大量出现,对大量的新的专利的知识整理不是少数专家所能够完成的,需要依靠广大专业人员一起来做。因此,未来基于 TRIZ 的 CAI 系统的知识库将采用基于 Web 2.0 的方法,依靠各行业专家共同建设和维护。这里的关键也是要对知识贡献者的工作及绩效进行记录、跟踪、评价和激励。

五、专利协同分析

1.专利分析中面临的问题

（1）目前国内有专利几千万件，国外有专利1亿多件，形成庞大的"专利海洋"，围绕笔记本电脑技术可能有42万件专利。专利中包含了大量的最新研究成果，但专利数量目前呈爆炸趋势，并且专利"垃圾"很多，导致专利使用难。

（2）许多企业在申请专利时，在不得不公开技术细节的同时，千方百计将专利信息隐蔽起来，形成所谓的"专利地雷"。

（3）一些企业出于自身发展战略的考虑，申请一些与自己未来发展方向无关的专利，以麻痹或欺骗竞争对手，形成所谓的"专利烟雾"。在同行之间竞争异常激烈时，为了不让对手清楚地掌握本企业的技术发展方向，故意拿一些并非本企业所需的技术去申请专利，让对手无法跟踪自己的发展。还可以在专利"授权人"一栏隐匿真实身份。

（4）名称术语的多样性：很多发明、产品往往是产业成熟后才有一个较为统一的名称。在此之前，其名称极富多样性。有些核心电子配件发明在专利文献中竟有上百个不同的名称。人们根本无法在统一技术主题上检索到全部相关专利，甚至会漏掉主要的相关专利。[①]

（5）技术的专业性：专利资源所涉及的技术往往具有前瞻性、细节性，"隔行如隔山"，不可能仅由少数专利管理人员搜集和分析。

（6）世界范围内专利授权激增，在某些行业已经形成所谓的"专利灌丛"——专利权间的依赖关系纷繁复杂，专利实施的难度和成本急剧增加。

（7）由于专利法规定了发明单一性原则，一件专利说明书只能描述一项发明，不能包括某产品或技术的全部情况。另外，发明人为了保护自身利益总是以最小的公开代价换取最充分的法律保护，故在专利说明书中对发明的技术关键含糊其辞，并且为了保护关键技术发明，围绕一项技术同时申请若干项专利。因此，要了解一项技术、产品的全貌，通常要查阅若干项专利说明书。

---

① Evyn Yang. 专利战略[EB/OL]. (2015-05-25). http://www.360doc.com/content/15/0525/12/15408035_473104696.shtml.

（8）目前虽有大量的专利事务所提供专利申请服务，各地的情报所或信息院提供专利查新服务，但由于当前专业越分越细，技术发展越来越快，专利保护意识和技巧越来越强，专利分析难度显著增加。

（9）有一些公司专门进行专利分析，为企业提供个性化的服务。但存在的问题是收费高，专业化程度还是不够理想。

2.企业内的专利协同分析服务

技术的专业性、专利"授权人（assignee）"身份的隐蔽性、名称术语的多样性和资源分散性导致了专利"信息爆炸"和"信息烟雾"的出现。依靠少数专利管理人员难以解决这类问题，需要依靠广大的知识型员工在长期的日常工作中主动参与专利资源的管理。

专利协同分析可以利用互联网，组织广大的科技人员和专利管理人员，对专利进行协同分析，确定专利的价值和相互间的关系，不仅在专利申请端排除"垃圾专利"，并且建立比较准确和完整的专利地图，帮助用户了解各种专利的价值和关系。

基于 Web 2.0 的专利协同分析方法主要有：

（1）依靠广大技术人员采用社会化书签和掘客方法，给这些专利标注上标签，清理"专利烟雾"，发现隐瞒的"专利地雷"，提高专利资源的搜全率和搜准率。

（2）依靠广大技术人员，采用维客、社会化书签和掘客等方法，进行专利资源的关联性识别，如分析哪些是围绕某一产品的核心专利和外围专利，进而建立专利地图，进行专利资源的整合。

（3）依靠广大技术人员，采用掘客等方法，进行专利侵权的协同发现，以便采取对策保护自己的专利。

我国一些行业领头的企业一年要申请几千个专利。可以在自己内部先开展专利协同分析，提高专利申请的质量，协调研究的方向，然后逐步联合其他企业开展专利协同分析，成果共享。

图 5-9 所示为基于 Web 2.0 的专利协同分析方法。

图 5-10 所示为现有的企业分散式专利分析应用模式和未来的企业分布式专利分析应用模式。

基于新一代信息技术的知识资源共享和协同创新

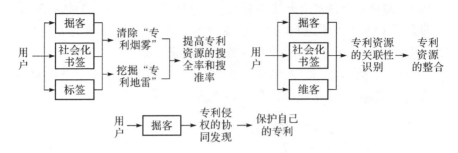

图 5-9　基于 Web 2.0 的专利协同分析方法

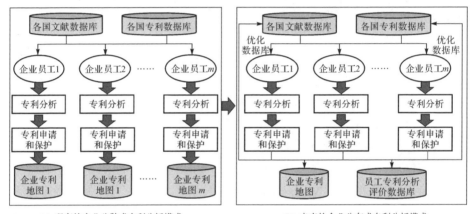

(a) 现有的企业分散式专利分析模式　　　　(b) 未来的企业分布式专利分析模式

图 5-10　企业专利分析应用模式的转变方向

3.全社会集成的专利协同分析服务

一方面,我国企业的专利知识利用效率不高,申请的专利质量不高,垃圾专利大量出现,专利地雷难以发现,专利保护水平不高。另一方面,每天都有大量的专利审查员、查新员在检索和分析专利,他们的工作成果都没有得到很好的共享和继承。

建立透明公平的专利管理服务平台,集成专利审查员的工作成果,形成专利网络,不仅能了解新专利与以往专利的关系,还可以评价专利审查员的水平;大众可以参与专利审查,对专利审查结果提出异议,同时也记录参与者的贡献和水平;大众协同监督专利产品仿冒现象,提高专利保护水平;开展专利协同利用,提高专利成果的转化率,促进基于创新的产业发展。

一方面,我国专利申请量世界第一,但发明创新能力并非如此。许多院校和企业人员把许多时间浪费在无价值的专利申请中。另一方面,每年增加的大量专利中不仅存在许多无价值的专利,即"垃圾"专利,还存在所谓的专利"地雷"或专利"陷阱",即一些有价值的专利为了不让竞争对手发现,故意用不同的术语或分类隐藏起来。这导致专利搜索难和利用难。需要广大知识型员工和专利审查员协同评价和分析专利,建立专利地图,使专利的价值和关系透明化、专利评价者和审查者的水平透明化。据此,企业或有关部门应给予激励,促进专利评价和审查水平进一步提高,提高专利的利用效率,减少专利申请混乱现象,减少我国比较稀缺的创新资源的浪费。

图 5-11 所示为现有的分散式专利审查模式和未来的分布式专利审查模式。

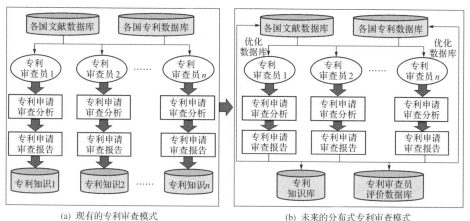

(a) 现有的专利审查模式　　　　　　(b) 未来的分布式专利审查模式

图 5-11　专利审查模式的转变方向

第三节　专利申请

思考题:

(1)通过《中华人民共和国专利法》,了解中国专利申请程序。

(2)如何确定专利的"发明点"?

(3)如何实现专利申请和技术保密的平衡?

(4)试写一份发明专利申请书草稿。

一、专利的申请程序

1.中国专利申请程序

中国专利的申请程序详见《中华人民共和国专利法》。

2.专利的国际申请程序

(1)专利的国际申请概述[①]

在 1994 年 1 月 1 日前,向其他国家提交专利申请主要通过巴黎公约。要在数国获得专利保护,必须向每个国家逐一办理专利申请,程序和手续都十分烦琐。为解决这一问题,世界 114 个国家签订了专利合作条约(PCT),申请人提交一项国际申请,在 114 国均有效。

PCT 和巴黎公约并不矛盾,PCT 实质上是在巴黎公约的基础上,为进一步加强专利领域的国际合作而形成的一个国际公约,是对巴黎公约的一个有益补充。PCT 的宗旨是通过简化国际专利申请的手续、程序,强化对发明的法律保护,促进国际的科技进步和经济发展。

无论通过哪种途径向其他国家提交专利申请,最终该项专利申请能否在其他国家真正被授予专利权,都要由特定国家根据本国法律进行审查,授权与否同该申请是通过何种途径提交并无直接联系。

(2)PCT(专利合作条约)国际申请

专利的国际申请分为国际和国内两个阶段。国际阶段包括国际申请的受理、公开、检索和初步审查。国内阶段主要包括指定国或选定国对国际申请授权审查及其他有关事务的办理。

专利的国际申请是为了方便申请人同时向多个国家提出专利申请而根据专利合作条约(PCT)特别设立的一种申请形式,申请人最终获得的依然是由各个国家授予的专利权。

PCT 缔约国的国民想要对某一技术向 PCT 缔约国中的一个或多个国家申请获得专利保护时,可以按照 PCT 所规定的程序,向 PCT 所指定的受理单位或国际局递交指定语种的申请文件。这一个递交程序就视为已经在

---

① 百度百科. 国际专利申请[EB/OL]. (2018-05-28). https://baike. baidu. comitem% E5%9B%BD% E9%99%85% E4% B8%93% E5% 88% A9% E7% 94% B3% E8% AF% B7/ 7322314? fr=aladdin.

所有的 PCT 缔约国递交了专利申请。中国国家知识产权局专利局是该条约制定的受理单位,中文也是该条约指定的语种,因此,中国人可以用中文在中国国家知识产权局递交"专利的国际申请"。

需要注意的是,此程序仅仅是简化了申请阶段,但并未包括审查和授权阶段,即申请者应以该申请文本为基础,30 个月内向 PCT 条约成员国请求获得国家专利权的阶段(国家阶段)。

图 5-12 所示为 PCT 国际申请流程。

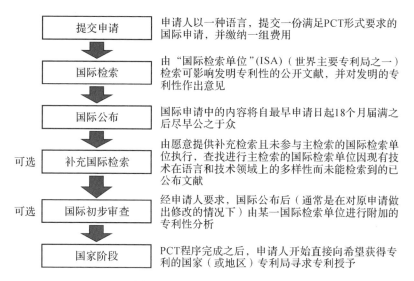

图 5-12　PCT 国际申请流程

(3)巴黎公约途径[①]

巴黎公约途径是指依据巴黎公约所规定的优先权,利用在一个国家所提交的专利申请为优先权,在 12 或 6 个月内,直接向其有意获得专利授权的国家提交专利申请的途径。图 5-13 所示为巴黎公约途径的流程。

《巴黎公约》的保护范围是工业产权。巴黎公约的基本目的是保证其中一个成员的工业产权在所有其他成员都得到保护。但由于各成员间的利益矛盾和立法差别,巴黎公约没能制定统一的工业产权法,而是以各成员的国内立法为基础进行保护,因此它没有排除专利权效力的地域性。公约在尊重各成员的国内立法的同时,规定了各成员必须共同遵守的几个基本原则,

---

① 互动百科. 巴黎公约[EB/OL]. (2018-05-28). http://www.baike.com/wiki/%
E5%B7%B4%E9%BB%8E%E5%85%AC%E7%BA%A6.

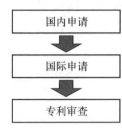

国内申请	向我国知识产权局就一项发明创造提交专利申请,该申请的申请日即为优先权日
国际申请	自上述优先权日起12个月（发明、实用新型）或6个月（外观设计）内,由涉外代理机构将该项发明创造向申请人期望获得保护的国家知识产权机构提交一份单独的专利申请
专利审查	由那些国家按照本国法律对该项发明创造进行审查,进而授予专利权或驳回申请

图 5-13 巴黎公约途径的流程

以协调各成员的立法,使之与公约的规定相一致。这些基本原则主要有:

1)国民待遇原则。在工业产权保护方面,公约各成员国必须在法律上给予公约其他成员国相同于其本国国民的待遇;即使是非成员国国民,只要他在公约某一成员国内有住所,或有真实有效的工商营业所,亦应给予相同于本国国民的待遇。

2)优先权原则。专利申请人从首次向成员国之一提出申请之日起,可以在一定期限内(发明和实用新型为 12 个月,工业品外观设计为 6 个月)以同一发明向其他成员提出申请,而以第一次申请的日期为以后提出申请的日期。其条件是,申请人必须在成员国之一完成了第一次合格的申请,而且第一次申请的内容与日后向其他成员国所提出的专利申请的内容必须完全相同。

3)独立性原则。同一发明在不同国家所获得的专利权彼此无关,即各成员国独立地按本国的法律规定给予或拒绝,或撤销,或终止某项发明专利权,不受其他成员对该专利权处理的影响。

4)强制许可专利原则。各成员可以采取立法措施,规定在一定条件下可以核准强制许可,以防止专利权人可能对专利权的滥用。某一项专利自申请日起的四年期间,或者自批准专利日起三年期内(两者以期限较长者为准),专利权人未予实施或未充分实施,有关成员有权采取立法措施,核准强制许可证,允许第三者实施此项专利。如果在第一次核准强制许可特许满两年后,仍不能防止赋予专利权而产生的流弊,可以提出撤销专利的程序。

(4)PCT 国际申请与巴黎公约途径的比较

表 5-2 所示为 PCT 国际申请与巴黎公约途径的比较。

表 5-2　PCT 国际申请与巴黎公约途径的比较

比较点	PCT 国际申请	巴黎公约途径
专利保护内容	发明、实用新型专利	发明、实用新型、外观设计专利
专利保护方式	专利合作多国缔约	专利申请优先权
申请效力范围	宽,所有 PCT 成员国	单一或者少数几个国家
申请方式	一表多国,方便省力	一表一国,分别申请
申请办理国家阶段提交期限	长,首次提交专利申请之后的 30 个月内办理即可。时间长的好处是:申请人可以利用国际检索和国际初步审查程序对该专利申请获得专利授权的可能性进行初步评估,并结合技术发展情况和市场前景等因素确定是否要到具体国家去申请	短,首次提交专利申请之日后,外观设计为 6 个月内,发明或实用新型为 12 个月内
缴费方式	需向受理局缴纳国际阶段费用(1 万～2 万元人民币),国家阶段再分别缴纳。各国收费不同,平均每个国家大约是 5 万元左右	向所有要求获得专利保护国家的专利局缴纳专利申请费用,平均每个国家大约是 5 万元左右
申请效果	PCT 国际申请的提交即相当于在所有 PCT 成员国提交了专利申请,而不必向每一个国家分别提交专利申请,为专利申请人向外国申请专利提供了方便,同时可以在一定程度上阻止他人就该技术在这些国家获得专利权	巴黎公约途径难以具备该效果
国际检索和国际初步审查的价值	国际专利申请要经过国际检索单位的国际检索,得到一份高质量的国际检索报告。如果国际申请经过了国际初步审查,专利申请人还可以得到一份国际初步审查单位做出的高标准的国际初步审查报告,根据报告的评价决定是否进入国家阶段	没有该价值
申请语言	国际专利申请的语言可以是中文、英语、法语、德语、日语、俄语、西班牙语等	申请材料需用当地国的指定语言
申请风险	小,评估时间长,可以对人、物和财力进行合适配置	较大,评估时间短,一旦判断失误或未得到授权,成本损失较大
审查方式	提供国际检索报告和书面意见参考,评估后决定是否进入国家	国家正常程序
授权所需时间	时间长,可控性强	时间相对短

续表

比较点	PCT 国际申请	巴黎公约途径
授权难易程度	国际阶段通过后国家阶段较易	严格,国家正常程序
费用及优惠	额外付费,有政府补助;某些国家对 PCT 国家阶段申请的费用比普通申请要低	正常费用,有政府补助
适合范围	①申请国际专利的国家数较多时,可以省却很多麻烦;②对自身发明创造的价值把握不大,而且该发明创造涉及的产品并不急于进入国际市场;③在短时间内无法确定目标国时,避免由于时间紧张而盲目选择目标国,为申请人争取更大的经济利益	①仅向一个国家或少数几个国家申请国际专利时,费用较少;②希望发明创造尽快进入国际市场,并且对该项发明创造的价值比较有把握的场合;③在短时间内能够确定目标国时

二、专利申请的准备

专利申请前需要考虑清楚如下问题。

(1)专利申请的双刃剑:专利申请的好处是可以保护自己的创新成果,缺点是技术公开后,容易被竞争对手利用。

(2)技术保密与专利申请的平衡:有些技术容易被竞争对手模仿,如机械结构等。这些技术需要申请专利加以保护。有些技术容易保密,如可口可乐的配方,这可以不申请专利。

(3)实用新型专利是否与发明专利同步申请:同一个技术方案,如果是有实体产品的,那么建议可以申请 2 个专利,一个实用新型专利(保护产品),一个发明专利(保护方法)。能否申请两项专利,跟技术效果的数量无关,主要是保护客体不同(新型不能保护方法),以及解决的技术问题不同等。如果你要保护的重点是技术方案,也就是说这样的方案无论应用于何种产品都应属于专利的保护范围,那么建议优先考虑申请发明;如果同时还有实体产品销售,那么建议也可以考虑申请实用新型。一般实用新型专利会先批准下来,然后才是发明专利。发明专利需要实质审查,时间会更长。如果发明专利最后没能通过,实用新型专利可以起到一定的保护作用。撰写申请书的时候,不要把发明专利和实用新型专利写成完全一样的技术方案。这样容易被当作同一项发明创造,发明专利授权的时候,实用新型专利有可能失效。

三、专利申请文件的撰写要点

发明创造需要通过提交专利申请并获得授权进行保护，因此，专利申请文件的撰写质量往往影响专利权人能否顺利维权，以及能否抵御竞争对手。

1. 专利申请书中权利要求的内容的确定

根据专利侵权判定中的"全面覆盖"原则，主权利要求（一般为权利要求第1条）中列举的要求保护的项目越少越精越好。写得越精练、越少越好，保护范围可能越大。要写出其他欲侵权者无法绕过的关键技术保护要点，其他的非必要的、非关键性的技术特征写入从属权利要求（如权利要求2、3等）。根据侵权判定中的"全面覆盖原则"，如该项权利要求中写了五项，人家只侵犯其中四项，不算侵权，所以，要写得越精越好，而不是越多越好。"全面覆盖原则"是专利侵权判定中最基本的原则，所谓"全面覆盖"，是指被控侵权物与专利权利要求中记载的特征逐一吻合，缺少一个或一个以上都不能构成侵权。举个简单的例子，一款产品有 A、B、C 三项技术特征，而疑侵权产品仅有其中的一项或两项，这是不构成侵权的。

撰写专利申请文件时要从有利于侵权判定的角度考虑。例如基于全面覆盖原则，在最初撰写专利申请文件时只需将能够解决本发明的技术问题的最必要的技术特征写入独立权利要求中，非必要技术特征只会限制、缩小保护范围。在实践中，发明名称、使用环境特征、以制备方法界定产品的技术特征、方法权利要求的步骤顺序等均有可能限制或缩小专利权的保护范围，使用时需仔细斟酌。若权利要求中存在可能有歧义的术语而在说明书中未加解释，就可能对后续权利要求的解释造成障碍。

2. "发明点"的确定[①]

一项技术成果往往会汇聚多个方面的发明点，在对这项技术成果申请专利进行保护时，我们应该考虑是否应该针对其中比较重要的发明点分别申请专利。

所谓"发明点"，是指该技术方案里面的一些技术特征能够带来有益的

---

① 专利知识普及——重要的发明点应该分开申请专利［EB/OL］. (2016-11-24). https://bbs.mysipo.com/thread-525029-1-1. html.

技术效果。而不同方面的"发明点",是指不同方面的技术特征能够分别带来各自的有益技术效果,它们是不同方面的,尽管都汇集在同一技术成果里。

例如,原先的茶杯只是单纯的筒状结构,某人针对茶杯进行了改进,"技术成果"是带有"杯把"和"杯盖"的茶杯,其中"杯把"带来的有益技术效果是在人喝热水时便于人用手把持住杯子从而避免烫手,而"杯盖"带来的有益技术效果是在人不喝水时盖上杯盖后可以防止蚊虫污物等进入杯中。这就是两个不同方面的发明点,尽管它们都汇集在发明人设计出的同一杯子里。

在申请专利时,不同方面的发明点既可以申请在同一件专利里面,也可以分别申请在不同的专利里面,但这两种申请策略的保护范围并不是一样大的,分别申请在不同的专利里面时保护范围更大,并且被规避的风险也更小。

3.专利申请和技术保密的平衡①

因为专利本身就是以向公众公开技术来换取一定时间的权利。所以,如果要申请专利,就必然面临着要公开技术这一问题。为了避免专利人因专利文章的公开导致被仿制,从而造成不必要的损失,专利人在申请专利时就必须了解申请文件的公开与保密等相关问题。那么专利文件充分公开的标准是什么呢?

中国专利法规定,说明书中的技术方案必须清楚完整,以所属技术领域的技术人员能够顺利实现为准,即专利申请文件中必须充分公开其技术内容。即所属技术领域的技术人员能够根据专利文件中公开的技术内容,不花费创造性劳动就可实现本发明或实用新型专利要求书所要求保护的技术方案。所谓"实现"包括两方面的意义:

(1)再现本申请中请求保护的产品或方法。

(2)该产品或方法能解决所提出的任务。

因而在专利文件中保留技术秘密要以充分公开为前提,即在不影响专利审批的前提下,允许有部分程度的保密。简单地说,在专利文件所记载的技术方案中,其最佳实施水平与一般实施水平之间的空间,就是可能保密的空间。

---

① 申请发明专利的保密必知要点有哪些?[EB/OL].(2012-08-21). http://www.1633.comnewshtml/201208/news_1139735_1.html.

根据上述两点,发明人必须注意的问题有:

(1)首先要考虑哪些技术特征是完成发明任务的必要技术特征,哪些是使任务完成得更好的附加技术特征。完成发明任务的必要技术特征必须在专利申请文件中公开,不得作为技术秘密保留下来,而使发明任务完成得更好的附加技术特征可以作为技术秘密保留。在有些专利申请中,由于申请人在技术方案中的关键问题上有所保留,致使专利申请失去专利性而被专利局驳回。如:某工艺流程中参数众多,各参数一般都有最佳确定点值,而在专利说明书中提及的参数可以是一个宽泛范围中的诸多点值。这样,不仅对参数最佳确定点值有一定的保密作用,同时,还扩大了权利保护范围。

(2)进行充分检索,找到最接近的对比文件以及相关文件。初步判断把某一技术要点作为技术秘密保留起来后是否会因此丧失新颖性、创造性,如果有这种可能,最好不要保留,因为有无法取得专利的可能。

(3)要结合产品或技术特点综合考虑这些技术要点作为技术秘密进行保留有没有实际意义。一般来说,方法发明中的某些工艺特征可能适合作为技术秘密保留,而产品的结构特征是很难作为技术秘密保留下来的。

(4)要考虑竞争对手的技术发展状况。在有些专利申请中,由于申请人在技术方案中的某些技术特征上有所保留,虽然最终也可能被授予专利权,但如果有其他单位或个人尤其是竞争对手也在研究该类技术并就此申请专利的话,反而会制约在先申请的专利申请人。尤其在考虑防御性申请时,应该在专利申请文件中公开某些技术特征。

4.专利申请的背景表述①

专利申请的背景表述包括目前现有问题、引证文献资料,目的是指出当前的不足或有待改进之处或者自己的发明创造中有什么更有利的东西等。应提供一至几篇在作用、目的及结构方面与本发明密切相关的对比资料,简述其主要结构、组成或工艺等技术构成,并客观地指出其不足之处及其原因,要注明出处。如果提供不出具体的文献资料,也应对现有技术的水平、缺点和不足作一介绍。

5.专利技术问题的实施方式描述

发明创造涉及技术问题的各种实施方式,将实施方式的技术特征进行

---

① 浅析专利申请文件的撰写技巧[N]. 中国知识产权报,2017-08-31.

概括、抽象(上位概括或功能性限定)后确定权利要求。而上位概括也需要尽可能多的实施案例,以使得权利要求能够得到说明书的支持。功能性特征在侵权判定时解释为说明书中揭示的具体实施方式及其等同的实施方式,而等同规则的适用又容易存在异议,因此在专利申请文件撰写阶段挖掘尽可能多的实施方式有助于获得更适当的保护范围。

6. 要从有利于侵权判定的角度考虑

撰写专利申请文件时要从有利于侵权判定的角度考虑。例如,基于全面覆盖原则,在最初撰写专利申请文件时只需将能够解决本发明的技术问题的最必要的技术特征集写入独立权利要求中,非必要技术特征只会限制缩小保护范围。实践中,发明名称、使用环境特征、以制备方法界定产品的技术特征、方法权利要求的步骤顺序等均有可能限制或缩小专利权的保护范围,使用时需仔细斟酌。若权利要求中存在可能有歧义的术语而在说明书中未加解释,都可能对后续权利要求的解释造成障碍。

7. 应当考虑专利是否容易被竞争对手规避

拓展可能的改进技术方案以及可能的变劣技术方案。改进的技术方案可以作为专利审查阶段的"退路",并且可能阻止竞争对手将改进方案提交专利申请。根据北京市高级人民法院出台的《专利侵权判定指南》,变劣技术方案不构成等同侵权,因此在撰写专利申请文件时也应对变劣技术方案一并考虑。

8. 应当考虑有利于取证维权

若申请人从事的是产品生产业务,从侵权赔偿的角度来看,专利申请文件的撰写以抵御产品生产商为主可能对权利人更加有利。这是因为侵权产品销售商、进口商和使用者一般较容易证明侵权产品的合法来源。在此情况下,撰写产品以及产品的制备方法权利要求较为有利。

在通信、网络、计算机领域,申请人面对的侵权对象可能有多个,希望抵御哪些侵权对象,是决定其权利要求的重要因素。针对不同的侵权对象可以设计不同的权利要求。

通常来说,若不需要对产品进行拆解或消费者使用时就可以得知产品的技术特征是更有利于取证的。如果需要通过反向工程才能确定某一产品是否侵权,则需要考虑反向工程的难度。例如,对于化学领域的相关专利,可以通过普通测量仪器或技术进行测量的技术特征更有利于取证。对于半导体、芯片领域的相关专利,若反向工程较容易实现,则可以描述元件及其之间的连接方式;若反向工程较难实现或实现成本较高,则有必要考虑是否需要改变撰写方式。

9.应当考虑布局策略

撰写专利申请文件时,也应重视从属权利要求的作用,即在独立权利要求之外,可以将其他具有新颖性和创造性的技术特征布置到从属权利要求中,以阻断竞争对手的规避设计。

同时,应当考虑不同层次的保护范围。部分专利申请文件可能会出现某些技术特征之间不兼容的情况,此时可以考虑构建不同保护范围的独立权利要求,以避免因修改而放弃部分保护范围。另外,在一些情况下,方法权利要求可以与产品权利要求的保护范围有所区别,例如方法权利要求的保护范围可以大于产品权利要求的保护范围,以实现不同层次的保护。

第四节　专利利用和保护

思考题:

(1)专利池的价值是什么? 请分析一个专利池。

(2)如何利用专利为自己企业的产品创新保驾护航?

(3)如何进行专利侵权判定?

一、专利池和专利联盟

专利池(又称专利联盟)是企业间的一种战略性和策略性的技术和专利组织,它通过一定的制度设计,不仅使企业现有的专利得到充分的利用,而且通过专利组合放大了专利的作用,可发挥单个专利难以发挥的作用。专利池在解决"专利丛"困境、清除障碍专利、降低交易成本、分散研发风险方面具有重要意义。例如,索尼和三星电子就是通过专利池共享彼此的大部分专利。

1.专利池和专利联盟的意义①

(1)降低专利权的交易成本

1)减少重复性谈判的交易费用和寻求每一个单独专利许可的费用

专利池外的公司可以通过一个统一的许可证,自由使用专利池中的全部知识产权。因为一个需要多种专利的产品的开发者可以一次性和专利池谈判,从而减少分别与各个专利所有者进行重复性谈判的交易费用。对于专利池成员之外的第三人来说,由于专利池实行的都是高效率的"一揽子"许可的专利授权方式,从而省去了第三人与专利池成员分别接触,单独谈判甚至重复谈判的麻烦。这不但节约了资金成本,而且节省了时间,极大地加快了产品前期研发的速度,提高了企业效益。在没有专利池时,或是因为谈判烦琐,或是因为价格昂贵,无形中形成了进入壁垒,使新进入者无法获取相关技术。专利池确保了对被许可人和许可人的无歧视性,使相关企业都有平等的机会获取专利技术。②

例如,中国 DVD 产量约占世界总产量的 $70\%\sim80\%$,这与 DVD-6C 专利池和 DVD-3C 专利池向中国企业所实施的专利许可不无关系。技术引进基础上的消化吸收再创新是自主创新的重要内容,由此可见,专利池对于中国自主创新能力的提升有着积极的意义。③

2)减少专利池成员交叉许可的交易成本

进入专利池的企业可以使用"池"中的全部专利来从事研究和商业活动,而不需要就"池"中的每个专利寻求单独的许可,"池"中的公司彼此间甚至不需要互相支付许可费。成员相互之间还可以通过交叉授权许可的方式,削减大家的专利使用费用,甚至可以约定相互之间免费使用,降低对外专利许可和专利池成员交叉许可的交易成本。

(2)整合互补技术④

互补性专利一般是由不同的研究者独立研发形成的,它们互相依赖,各自形成某项产品或技术方法不可分离的一部分。互补性专利需要相互授权

---

① 许琦. 基于专利引证分析的专利池组建与管理[D]. 杭州:浙江大学,2017.

② 朱振中,吴宗杰. 专利联盟的竞争分析[J]. 科学学研究, 2007, 25(1): 110-116.

③ 朱雪忠,詹映,蒋逊明. 技术标准下的专利池对我国自主创新的影响研究[J]. 科研管理, 2007, 28(2): 180-186.

④ 宋贻强. 专利池立法的法理学分析[J]. 特区经济, 2007(3): 247-249.

才能发挥作用。进入专利池的成员,其拥有的专利技术之间具有优势互补的特性,结成专利池后,只要通过约定建立良好的专利池成员内部协调机制,就可以使单个或少量技术无法完成的专利技术产业化变为现实。[①]

案例:Motorola 公司拥有的 GSM 标准专利虽然相对较少,但是通过加入 GSM 联盟,实现技术共享后,其获取了大量的专利技术使用权。

美国汽车工业之所以取得了迅速发展,原因之一是美国在汽车发动机方面形成了专利池,专利技术实施多边交叉许可,使各企业利益均沾。

(3)降低专利技术的实施和诉讼成本[②]

当不同企业从事相似的技术研发和产品生产时,产生专利侵权和专利诉讼等冲突的现象就是很自然的。这种冲突很难预测,而且解决冲突的成本又很高,由于专利诉讼的成本高昂,动辄上百万美元,因此专利池形式可以极大地节约诉讼双方的诉讼成本。这不但减轻了企业负担,也避免了社会法律资源的巨大浪费。这种专利池形式对于没有能力提起高成本的专利侵权诉讼的小型企业和专门化研究企业来说,收益会更大。专利池成员间的专利争议可通过内部协商解决,而无须对簿公堂。专利池所拥有专利的清单以及被许可厂商的名单都会公布于众,一旦有厂商侵犯专利权会很容易被查出,同时也减少了间接侵权的发生。专利侵权行为的减少意味着专利诉讼的减少。

进入专利池的成员一般都会建立一个公共的专利维护组织,把各成员联合起来成为一个整体。这样,在未来出现需要同其他产业标准组织进行专利费用谈判或者进行交叉授权的时候,就能够发挥一种组织化的整体优势,减少参与专利池建设成员的专利使用费,同时还能让各成员规避许多专利风险。[③]

(4)清除专利障碍[④]

1995 年,美国司法部和联邦贸易委员会联合发布的《知识产权许可的反垄断指南》(*Antitrust Guidelines for the Licensing of Intellectual*

① 张波.专利联营的反垄断规制研究[D].上海:上海交通大学,2006.

② 孙建国.LED 专利池及专利联盟建设策略与方法[J].科技与法律,2010,2(5):57-60.

③ 宋贻强.专利池立法的法理学分析[J].特区经济,2007(3):247-249.

④ 詹映,朱雪忠.标准和专利战的主角——专利池解析[J].研究与发展管理,2007,19(1):92-99.

Property）指出，专利池存在的一个基本理由是它清除了专利障碍。当专利拥有者有权力相互阻止实施和销售发明专利时，技术发展会被抑制。像专利池这样的合作协议能够消除相互障碍的状况和鼓励发展。障碍性专利往往产生于在先的基本专利和以之为基础后续开发的从属专利之间。从属专利缺少了基本专利就不可能实施，相反，基本专利没有从属专利的辅助往往难以进行商业化开发。因此，障碍专利之间的交叉许可就显得十分必要。

（5）放大企业专利技术的扩散效应[1]

许多公司没有意识到专利的扩散效应能够为企业带来巨大收益，多数公司刚开始涉足专利许可交易时只是迫于财务困境的无奈之举，如美国 Texas Instruments 公司在 20 世纪 80 年代中期面临破产时才开始从事专利许可交易，目前每年的许可费收入达 8 亿美元。

专利保护是一把双刃剑，一方面可以防止企业技术外溢产生利益损失，另一方面，如果保护过分就会影响这项技术的扩散，容易给竞争对手以可乘之机。在某些高技术领域，专利技术的扩散效应甚至能够决定这项技术自身的命运。例如，在 TCP/IP 和 NetBEUI 网络协议之争、Ethernet 和 Token Ring 网络之争中，IBM 公司开发的 NetBEUI 和 Token Ring 全都败下阵来。究其原因，主要是 TCP/IP 和 Ethernet 开放得早，扩散效应很强，已经提前一步成了产业公认的标准，而 IBM 公司的 Netbeui 和 TokenRing 不是因为技术落后，而是因为被知识产权重重保护而失去了成为主流技术的机会，最终被市场所淘汰。专利池通过内部企业之间专利的交叉许可以及对外部企业的批量许可，在一定程度上弥补了专利技术保护过分的弱点，放大了企业专利技术的扩散效应，有利于新技术的创新、推广与运用。

（6）降低新产品和新技术的开发风险[2]

1）现代技术周期缩短，需要迅速产业化

一项技术如果不能迅速实现产业化，很快就会变成明日黄花，不但不能盈利，甚至连研发成本都无法收回。然而技术产业化进程常常为费时费力的专利授权过程所累，人们不得不借助专利池来迅速解决这一问题。

案例：DVD-3C 联盟就是由于 Philips 公司、Sony 公司和 Pioneer 公司等不及漫长的专利谈判，担心错过 DVD 产业的发展良机而抢先成立的。

2）产业内聚集的企业多、关联紧密，需要降低专利许可的交易成本

---

① 游训策.专利联盟的运作机理与模式研究[D].武汉:武汉理工大学,2008.

② 宋贻强.专利池立法的法理学分析[J].特区经济,2007(3):247-249.

由于分工越来越细密,产业链不断延伸,某一产业内聚集的企业数目急剧增加,上下游企业之间的技术关联度也越来越高。在这种情况下,如果没有专利池,众多企业各自寻求专利许可的交易成本将十分惊人,而专利池的一站式打包许可方式是一种高效的选择。

3)减少巨量投资失败的风险

一旦发生市场反转,即使拥有更好的产品,竞争对手也很难与之竞争。对于像电信、软件、DVD、生物技术等产业,往往初期投资巨大,技术复杂,一旦失败,将给企业带来惨重损失。因此,企业有较强的动机相互许可专利,建立专利池,以在市场中把握主动。而且,联盟成员往往是技术、经济实力雄厚的大企业,因此一旦专利联盟获准建立,便产生了主导市场甚至垄断市场的可能。

4)分散企业的研发、市场化中的风险

专利池是一种合作与竞争的新形式,它可以有效降低企业的风险和成本,可以有效减少专利技术重复的、高成本的研发风险,如弥补企业资金、技术、人才的不足,共同开发潜在的市场,等等。如果想把专利池发展成为行业标准,那么从技术开发到市场推广,不仅需要大量的资金和相关的人才技术,更需要企业强大的市场影响力。这个过程不仅成本巨大,而且需要承担巨大的风险。加入专利池,虽然使收益相对减少,但却极大地分散了企业的风险。

2. 中国企业对专利池的需求

中国在不少领域在短时间内尚没有足够的技术力量与跨国公司进行正面对抗,而通过组建或加入专利池的方式,可以使中国企业在一定程度上摆脱这种不利地位。

(1)可以加强中国企业之间的技术协作,使中国企业在实力弱小的情况下,凝聚集体的力量去对抗实力强大的跨国公司。

(2)在某些拥有自主专利较多的领域,专利池的建立有助于推动技术标准的建立,增强中国在未来产业标准中的发言权。

(3)组建专利池可以应对跨国公司层出不穷的专利进攻。为了达到控制中国市场的目的,有的跨国公司依靠强大的专利技术实力甚至对中国企业进行专利倾销。在这种情况下,国内企业组建专利池,在专利池内实现专利的免费共享,不仅可以使中国的专利技术免遭淘汰,还能为中国的技术推广找到出路。

(4)跨国公司除了拥有巨大的专利技术实力,还具有很强的专利组织能力,与专利实力相比,中国企业的专利组织水平更加落后。也许中国企业的专利实力难以在短期内大幅提升,但是在短期内提高专利组织水平并非难事。中国大多数企业由于专利资产太少,而不具备专利许可条件,但是却具备将现有专利资产组织起来形成专利池的条件。因此,中国企业面对实力悬殊的跨国公司的专利进攻态势,可以采取灵活多样的专利组织形式来发挥现有专利资产的效能,可以通过组建或加入专利池的方式来有效提升中国企业的竞争实力。

3.中国专利池发展现状

最早的中国空心楼盖专利联盟于2006年1月8日成立。

我国一些传统制造业也相继出现了专利联盟:顺德电压力锅专利联盟(顺德7家电压力锅核心企业加盟,专利200多件);强化木地板NCD专利联盟;中国镀金属抛釉陶瓷专利制品产业合作联盟(佛山市三家企业成为首批签约单位);塑料电磁感应加热技术专利联盟(洛阳索瑞森和株洲科力);广东顺德伦教木工机械产业的梳齿接木机专利联盟(顺德5家企业加盟);顺德的家具专利维权联盟;安吉的南林(南方林业)竹产业知识产权联盟(安吉竹产业总值占全国的18%);四川双流县家具行业知识产权保护联盟(包括县内40余家家具企业);双流县机械汽摩行业知识产权保护联盟(包括县内40余家机械、汽摩企业);中山市红木家具产业知识产权联盟(大涌、沙溪两镇33家企业加入联盟);等等。

4.产业集群中的专利保护

浙江产业集群的产生和发展,使得浙江民企发展迅速。从专业化类型看,有绍兴的轻纺、永康的五金、温州的皮鞋、乐清的低压电器、海宁的皮革、嵊州的领带、桐庐的制笔、诸暨的袜业等。这些星罗棋布的产业群已经成为浙江开拓国际、国内市场的生产基地。这正是25年来"浙江制造"一直保持全国领先水平的主要原因。

民企发家起于模仿和仿冒,发展到一定阶段,仿冒却成为民企发展最大的障碍,甚至是杀手。产业集群内由于企业间的竞争更多的是在成本与价格之间的竞争,所以创新能力很难增强。

更致命的是同类相聚,一旦有新产品出来,仿冒变得十分容易。而当仿冒成了企业之间竞争的一种习惯后,那么谁还会花大量的人力、物力,承担巨大的风险去搞新产品研发呢？企业都懒得去搞研发,那么整个产业集群内的创新能力就只能是越来越弱。

这样在集群内同类企业的恶性竞争难以避免,相互压价、低价竞争必然愈演愈烈。最后的结果是,低价优势成了产业集群在国内外市场竞争中唯一的核心竞争力。

图 5-14 所示是产业集群从模仿到创新的过程,专利协同保护是产业集群持续发展的关键。

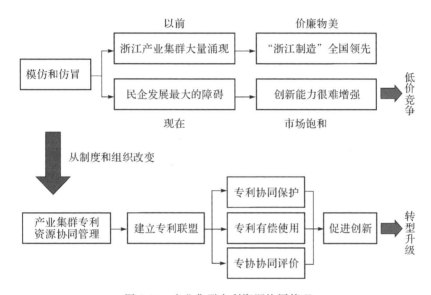

图 5-14　产业集群专利资源协同管理

案例:永康市电动车、滑板车行业 130 多家企业主在政府部门的组织下,签署了《永康市电动车汽油机滑板车行业协会维权公约》。

(1)根据《公约》的规定:会员企业专利新产品一旦遭到仿冒侵权或人才被挖,可申请维权委员会进行维权,责令仿冒侵权企业销毁模具,没收仿冒产品,已形成销售的还要处以销售收入 4 倍的罚款。

(2)对挖专业技术、外贸人才造成侵权的,由维权委员会责令侵权企业停止侵权。

(3)继续侵权的在特定场所和媒体上进行曝光。

其实国内很多企业并不缺乏创新能力,但创新出来的产品在市场上很快就被"山寨"了,仿冒的成本太低,劣币驱逐良币。

二、专利转让

1.专利转让战略

专利转让战略适合的场景：

(1)获取的专利不适合企业的发展战略

GE(美国通用电气公司)的诺贝尔奖获得者 IVAR Giavaer 曾获得了一些有关检测传染病的专利,但由于 GE 并不从事制药行业,于是,这些专利被卖给了一家新兴的生物技术企业 Bioquest;作为交换,GE 获得了这家企业的小股东地位。

(2)企业不能直接涉足某个市场,靠专利另辟蹊径

关税壁垒、封闭的分销渠道等因素,导致企业不能直接涉足某个市场。例如,西屋(Westing House)公司不能将其在美国生产的核反应堆出口到法国,而它唯一的客户——法国电力企业属于法国政府,法国政府只允许法国电力公司购买本国的生产设备。因此,西屋不得不把相关技术授权给法国生产商(后来这个技术授权转换成了技术合作协议)。

(3)通过技术授权推广标准

通过技术授权给实际或潜在的竞争对手,可以促使整个产业采用与本企业技术一致的标准,从而确立自身在行业和市场中的领导地位。日本松下公司为了使 VHS 成为占支配地位的录像市场标准,曾将技术授权给很多企业。

(4)企业间通过相互授权,协同发展

如可以得到新的、改进的技术,同时避免昂贵的专利侵权诉讼费。例如GE 和 IBM、GE 和 AT&T 之间曾在它们各自非主导的产品线领域,相互授权了很多技术。

(5)需要专利帮助管控转让的技术

在技术转让过程中,技术供方往往担心的是一旦转让就失去了对其技术的控制。如果有相关专利的帮助,技术供方就能够较好地控制技术并有较大的把握来处理准备转让的技术。例如,如果技术受让方不履行协议规定的义务,如不缴纳使用费或使用技术超出了双方协议规定的范围,技术供方可根据专利法对受方的这些行为采取措施,以维护自己的利益。

2.技术转让中专利的作用

(1)专利在技术转让的最初阶段的作用

它是当事人之间的桥梁,为达成有效的正式技术转让协议,它还能帮助克服谈判中的许多难题,例如透露的技术细节的保护问题。

(2)专利能够提供技术转让协议中适宜的技术范围

这种技术范围容易为双方当事人所理解和同意。如果双方明确了技术转让协议中的技术范围,就会避免在协议有效期内发生纠纷。专利能对技术转让协议提供更大的可靠性。例如,如果协议是有关生产产品或使用方法的技术转让,其产品或方法已获专利,那么,转让的技术范围则同专利中权项请求的产品或方法有关。

(3)专利对决定协议期限和解决协议中转让技术的费用条款争议有帮助

有关的专利可为技术转让协议提供一个合适的协议期限,即专利本身的有效期。这是一个客观的、能为技术供受双方所接受的时限。首先,它起码给出了一个阶段性的时间结果,对双方解决时限争议有益。专利对解决专利技术转让许可证的使用费争议也是有用的。因为它可以规定在专利有效期内以提成费的方式来补偿技术供方所提供的技术。提成费是根据专利许可证的提成年限和产品或生产方法的收益程度来计算的,而产品或生产方法则是技术供方根据专利权项请求的范围转让技术的结果。

(4)专利有助于提高转让的技术范围的保险系数

当技术转让协议达成之后,通常要经过当事人国家的有关政府部门批准。正是由于专利许可的因素,协议中转让的权利更合法化了,所确定转让的技术范围保险系数变强了,该协议也就更容易得到政府相关部门的批准。

三、专利侵权判定

专利侵权判定方法很重要,它不仅关系到专利保护问题,也关系到专利申请文件的质量问题。

专利侵权判定不能简单地认为两者"长得很像"就一定能够构成侵权。因为专利权的保护范围以其权利要求的内容为准。换言之,专利侵权判定的依据并不是直接将专利产品与被控侵权产品进行比较,而是将被控侵权物的特征与专利产品的权利要求书进行比较。

但被控侵权产品方案在很多情况下与权利要求书都是不一致的,不一致达到什么程度构成侵权,不一致达到什么程度不构成侵权,需要采用以下原则进行判定。图 5-15 描述了专利侵权判定原则间的关系。

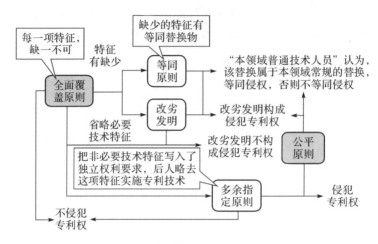

图 5-15　专利侵权判定原则间的关系

1. 全面覆盖原则

全面覆盖原则指的是,如果被控物或者方法侵权成立,那么该产品或者方法应该具备专利权利要求中所描述的每一项特征,缺一不可。

(1)字面侵权。字面侵权即从字面上分析比较就可以认定被控物的技术特征与专利的必要特征相同。比如,一项专利,其权利要求为 H 型强场磁化杯体;其特征在于杯体的两侧各镶嵌一块永久磁铁。如果被控物的杯体两侧各镶嵌了一块永久磁铁,那么可以看到,被控物的结构与权利要求所描述的结构一模一样。

(2)专利权利要求中使用的是上位概念,被控物公开的结构属于上位概念中的具体概念,此种情况下适用全面覆盖原则,被控物侵权。比如,一项专利,其权利要求为一种新型机器人行走机构,其特征在于:电机接传动机构,传动机构的输出轴上装有驱动轮。被控物的结构为,电机经齿轮传动,输出轴上装有驱动轮。被控物采用齿轮传动,齿轮传动的结构属于传动机构的具体概念,因此,被控物属于侵权。

(3)被控物的技术特征多于专利的必要技术特征,也就是说被控物的技术特征与权利要求相比,不仅包含了专利权利要求的全部特征,而且还增加了特征,此种情况仍属侵权。

案例:有一项专利,其权利要求为一种电褥子,其特征在于具有绝缘性能好的电阻丝。被控物的结构具有绝缘好的电阻丝,而且还具备一个电阻丝短路保护装置。尽管被控物的特征多于专利权利要求,而且可能还具有一定的创造性,但由于被控物的结构覆盖了权利要求的全部特征,所以被控物侵权——其理由是,专利保护的是智力成果,在后的产品如果是在专利产品的基础上进行了改进,尽管可能性能要优于专利产品,但是由于使用了他人的专利,利用了他人的智力成果,就必须获得他人的许可,否则就是侵权行为。

(4)被控物缺少权利要求中的一个特征,被控物不构成侵权。

案例:有一项专利,其权利要求为一种新型消火栓保护筒,具有进水管、出水管,其特征在于筒体为由玻璃钢制成,筒体和进水管、出水管之间通过密封圈连接在一起。被控物的筒体由玻璃钢制成,也具有进水管和出水管,但是筒体和进水管、出水管之间直接焊接成一体,没有密封圈这个结构,由于被控物缺少权利要求中的一个特征,所以被控物不构成侵权。

2.等同原则

等同原则指尽管被控物不具备专利权利要求的全部特征,但是被控物不具备的专利特征在被控物上面能够找到该特征的等同替换物,此种情况下,被控物判定侵权——其理由是,完全一模一样地照抄照搬在实践中是非常少见的。如果允许其他人稍加改动就照抄照搬专利,那么专利保护就变成空洞无用的东西。等同原则的核心就在于防止其他人剽窃专利发明的成果。

如何适用等同原则,一直是专利侵权判定中的难点问题。而且,即使在专利保护制度非常发达的美国,对此问题司法界也没有达成共识。

案例1:有一项专利,其权利要求为一种机器人的移动机构,其特征在于具有六个沿圆周方向均匀分布的驱动臂,驱动臂内设置有电机,电机经齿轮传动接位于驱动臂端部的驱动轮。被控物的结构为,具有六个沿圆周方向均匀分布的驱动臂,驱动臂内设置有电机,电机经链条传动接位于驱动臂端部的驱动轮。被控物缺少专利权利要求中的齿轮传动特征,但是由于链条传动属于齿轮传动的等同替换,所以被控物适用等同原则,属于侵权。

案例2:1853年的威南诉丹麦德一案是美国最早使用等同原则判定专利侵权的案例之一。威南设计了一种呈圆锥形的,可以平均分配压力的车厢,该车厢获得了专利。丹麦德设计了一种车厢,该车厢的上部呈八角形,下部为倒金字塔形。威南诉丹麦德专利侵权。一审法院认为,威南的专利权利要求规定车厢为圆锥形,丹麦德设计的车厢不是圆锥形,所以侵权不成立。美国最高法院认为,专利权人不可能造出一个绝对的圆锥体;如果被告的车厢的形状已经与圆锥体足够接近,它的功能、效果和专利基本一样,法院应该判定专利侵权成立。鉴于这个案子的特殊情况,法院应采取特别措施保护专利权人的利益,这种特别措施后来被称为等同原则。

案例 3:在 1950 年的格里夫油罐案中,美国最高人民法院对等同原则在现代专利法中的地位重新加以确定。格里夫油罐案中,原告专利的权利要求为以碱土性硅酸盐为主要成分的焊剂。原告的主要成分为镁,镁属于碱土金属,其硅酸盐是碱土性硅酸盐的一种。被告的产品为锰,锰的硅酸盐不属于碱土性硅酸盐。原告的专家证人指出,镁和锰成分作为焊剂功能相同。法院根据等同原则判专利侵权成立。

3. 公平原则

公平原则指对原告和被告要公平对待、一视同仁。

适用等同原则正是体现的公平原则,如果被告将专利权利要求中的特征进行常规的改动就认定不侵权,这显然对专利权人是不公平的,但是如果适用等同原则任意改变专利保护范围,那么对社会公众又是不公平的,如何适用等同原则实质上就是如何在专利权人的权利和社会公众的权利之间找到一个平衡点。

等同应该是站在"本领域普通技术人员"的角度进行判定。所谓"本领域普通技术人员"的特点是知晓所属技术领域的现有技术,具有一般的知识和能力,他的知识水平随着时间的不同而不同。从"本领域普通技术人员"的角度上看,本领域常规的替换属于等同侵权;如果属于很难想到的替换,属于不同的工作方式,则不属于等同侵权。

4. 改劣发明

改劣发明指对于故意省略专利权利要求中个别必要技术特征,使其技术方案成为在性能和效果上均不如专利技术方案优越的变劣技术方案,而且这一变劣技术方案明显是由于省略该必要技术特征造成的。

这里有两种不同的观点。

(1)应用等同原则,认定改劣发明构成侵犯专利权

案例：1988 年的来川公司诉剑桥钢丝布公司案。原告的专利涉及一种由链环组成的传送带，其权利要求规定，链环之间的距离比链环的宽度略微大一点。专利说明书中的方案显示，链环之间的距离和链环的宽度的比例是 1.06：1。被控物链环之间的距离和链环宽度的比例是 1.35：1。被告指出，被控物已经不是比每个链环宽度大一点了，而是大出很多，因此不应该构成侵权。

法院认为，专利权利要求明确提出使链环间隔开的这种设计是为了使传送带减少弯曲度和增加抗切强度。被控物也有类似的特性，只不过它承受弯曲和拉力的程度不如专利那么好。这一点本身并不意味着被控侵权物就不构成专利侵权了。法院经过比较被控物与专利的技术特征，认为被控物构成了等同侵权。

（2）应用全面覆盖原则，认定改劣发明不构成侵犯专利权

英国法院认为"改劣发明"不构成等同侵权，理由是：1）专利权人在申请专利时，就没有打算把性能和效果不那么优越的替代手段包括在专利的保护范围内；2）所属领域的普通技术人员，也不会把这些替代手段看成是专利权利要求的相应技术特征的等同物。

5. 多余指定原则

多余指定原则指申请专利中把对实现发明目的、效果不甚重要的技术特征写入了独立权利要求，大大缩小了专利的保护范围；在专利权被授予后，第三人经过研究权利要求书，发现了权利要求书中存在的非必要技术特征，就很容易略去这项特征后实施专利技术。

（1）按照公平原则，认定被控产品构成侵权。

案例：1995 年的周林频谱专利侵权案。原告专利的独立权利要求中有一项关于立体声放音系统的技术特征。被控侵权产品具备了原告权利要求里除了放音系统以外的所有其他特征。受理这个案件的法院认为，从该专利的发明目的来看，这项技术特征不具备完成专利发明目的所必不可少的功能和作用。缺少了这项特征，不影响频谱治疗仪的功能和作用，也不影响整个技术方案的完整性。由此看来，显然是专利申请人缺乏专利撰写的经验，将不必要的特征写进了独立权利要求中。最终法院认定，缺少了这一项非必要技术特征，被控产品仍然构成侵权。

（2）按照全面覆盖原则，认定被控产品不构成侵权

凡专利权人写入独立权利要求的技术特征，都应该依法视为必要技术

特征。不论这项技术特征在实现发明目的、效果方面是否重要,只要被控产品缺少这项特征,依据专利侵权判定制定的"全面覆盖",法院就应该判定不侵权。专利权人在专利申请过程中因失误写入了非必要技术特征,只能吸取教训,法院不能在审判中迁就和照顾其失误,在专利审判中保证执法的统一性应该是放在首位的。

第六章　企业标准管理

本章学习要点

学习目的：掌握标准化的基本知识、知识标准化和标准建立方法，提高开展企业标准化的能力；了解利用新一代信息技术帮助开展标准化的方法，提高标准化的效率和质量。

学习方法：联系企业需求和实际系统学习，通过企业知识本体标准的建立提高相关能力。

第一节　标准化概述

思考题：

(1)标准化与创新、大批量定制、绿色制造等的关系是什么？

(2)标准有哪几种分类？

(3)强制性国家标准和推荐性国家标准的适用范围是什么？

一、标准的基本定义和发展历史

从知识管理的角度看，标准是一种高度规范、影响力大、重复使用程度高的知识。

专利影响的只是一个或若干个企业，标准往往影响的却是一个行业，甚至是一个国家的竞争力。

1.标准的基本定义

《中华人民共和国标准化法（2017修订）》是我国标准制订和管理的根本大法，它给出的相关定义是：标准（含标准样品），是指农业、工业、服务业以及社会事业等领域需要统一的技术要求。

2.标准制订的基本要求

(1)制订标准应当在科学技术研究成果和社会实践经验的基础上,深入调查论证,广泛征求意见,保证标准的科学性、规范性、时效性,提高标准质量。

(2)对保障人身健康和生命财产安全、国家安全、生态环境安全以及满足经济社会管理基本需要的技术要求,应当制订强制性国家标准。

(3)对满足基础通用、与强制性国家标准配套、对各有关行业起引领作用等需要的技术要求,可以制订推荐性国家标准。

(4)对没有推荐性国家标准、需要在全国某个行业范围内统一的技术要求,可以制订行业标准。

(5)为满足地方自然条件、风俗习惯等特殊技术要求,可以制订地方标准。

(6)制订推荐性标准,应当组织由相关方组成的标准化技术委员会,承担标准的起草、技术审查工作。制订强制性标准,可以委托相关标准化技术委员会承担标准的起草和技术审查工作。未组成标准化技术委员会的,应当成立专家组承担相关标准的起草和技术审查工作。标准化技术委员会和专家组的组成应当具有广泛代表性。

(7)国家鼓励学会、协会、商会、联合会、产业技术联盟等社会团体协调相关市场主体共同制订满足市场和创新需要的团体标准,由本团体成员约定采用或者按照本团体的规定供社会自愿采用。制订团体标准,应当遵循开放、透明、公平的原则,保证各参与主体获取相关信息,反映各参与主体的共同需求,并应当组织对标准相关事项进行调查分析、实验、论证。

(8)企业可以根据需要自行制订企业标准,或者与其他企业联合制订企业标准。

(9)制订标准应当有利于科学合理地利用资源,推广科学技术成果,增强产品的安全性、通用性、可替换性,提高经济效益、社会效益、生态效益,做到技术上先进、经济上合理。

3.标准化的发展历史

标准化简要的发展历史如图6-1所示。

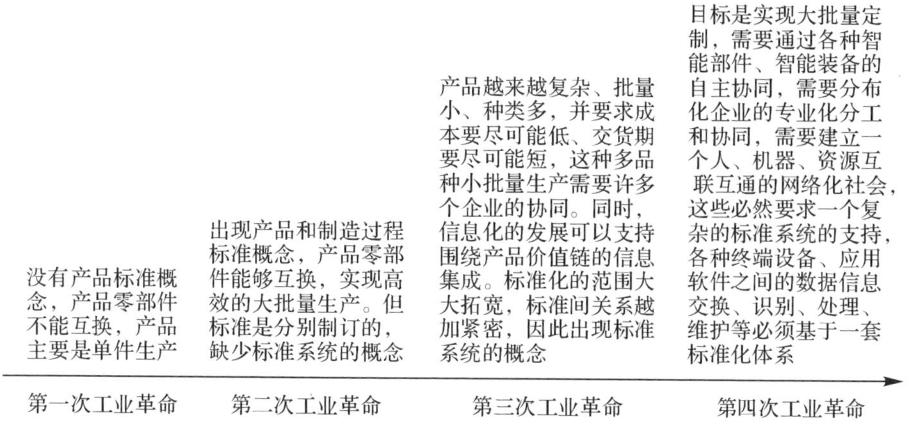

没有产品标准概念，产品零部件不能互换，产品主要是单件生产
出现产品和制造过程标准概念，产品零部件能够互换，实现高效的大批量生产。但标准是分别制订的，缺少标准系统的概念
产品越来越复杂、批量小、种类多，并要求成本要尽可能低、交货期要尽可能短，这种多品种小批量生产需要许多个企业的协同。同时，信息化的发展可以支持围绕产品价值链的信息集成。标准化的范围大大拓宽，标准间关系越加紧密，因此出现标准系统的概念
目标是实现大批量定制，需要通过各种智能部件、智能装备的自主协同，需要分布化企业的专业化分工和协同，需要建立一个人、机器、资源互联互通的网络化社会，这些必然要求一个复杂的标准系统的支持，各种终端设备、应用软件之间的数据信息交换、识别、处理、维护等必须基于一套标准化体系
第一次工业革命
第二次工业革命
第三次工业革命
第四次工业革命

图 6-1 标准化的历史渊源

二、不同主体层次的标准

图 6-2 所示为不同主体层次的标准体系。

国际标准
跨国区域标准
跨国联盟标准
国家标准
行业标准
团体标准
地方标准
企业标准

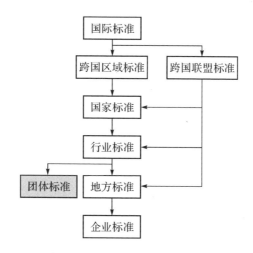

图 6-2 不同主体层次的标准体系

1. 国际标准

中国作为世界经济大国、贸易大国、制造大国，需要更加重视标准化在国际交往中的作用。

(1)国际标准的定义

国际标准是指国际标准化组织(ISO)、国际电工委员会(IEC)和国际电信联盟(ITU)制订的标准,以及国际标准化组织确认并公布的其他国际组织制订的标准。即国际标准包括两大部分:第一部分是三大国际标准化机构制订的标准,分别称为 ISO 标准、IEC 标准和 ITU 标准;第二部分是其他国际组织制订的标准,如 CAC(食品法典委员会)标准、OIML(国际法制计量组织)标准等。

(2)事实上的国际标准

一些国际组织、专业组织和跨国公司制订的标准在国际经济技术活动中客观上起着国际标准的作用,人们将其称为"事实上的国际标准"。这些标准在形式上、名义上不是国际标准,但在事实上起着国际标准的作用。

例如,欧洲的 OKO-TEX100 标准是各国普遍承认的生态纺织品标准,在国际贸易中作为产品检验和授予"生态纺织品"标志的依据。美国率先提出的 HACCP 食品危害分析和关键控制点标准已发展成为国际食品行业普遍采用的食品安全管理标准,作为食品企业质量安全体系认证的依据。英国标准协会(BSI)、挪威船级社(DNV)等 13 个组织提出的 OHSAS 职业健康安全管理体系标准,作为企业职业健康安全体系认证的依据。

国际上权威性行业(或专业)组织的标准主要有美国材料与试验协会(ASTM)标准、美国石油协会(API)标准、美国保险商实验室(UL)标准、美国机械工程师协会(ASME)标准、英国石油协会(IP)标准、英国劳氏船级社(LR)《船舶入级规范和条例》、德国电气工程师协会(VDE)标准等。

跨国公司或国外先进企业标准若能成为"事实上的国际标准",一定是能在某个领域引领世界潮流的产品标准、技术标准或管理标准,其标准水平的先进性得到广泛认同和普遍采用,如微软公司的计算机操作系统软件标准、施乐公司的复印机标准、诺基亚公司的移动电话机标准等。

2. 区域标准

区域标准是指由区域标准化组织或区域标准组织通过并公开发布的标准。

区域标准的种类通常按制订区域标准的组织进行划分。目前有影响的区域标准主要有欧洲标准化委员会(CEN)标准、欧洲电工标准化委员会(CENELEC)标准、欧洲电信标准化学会(ETSI)标准等。

3. 国家标准

国家标准是指由国家标准机构通过并公开发布的标准。

我国的国家标准是指在全国范围内需要统一的技术要求,由国务院标准化行政主管部门制订并在全国范围内实施的标准。

国家标准战略是指国家制订的一定历史时期内重大的、全局性的标准化方针、政策和任务。已经制订并开始实施标准战略的有 ISO 于 2001 年 9 月发布的"ISO 战略 2002—2004"、欧洲标准化委员会(CEN)和欧洲电工标准化委员会(CENELEC)1998 年 10 月的"2010 年战略"、美国 2000 年 9 月的"美国国家标准战略"、加拿大 2000 年 3 月的"加拿大标准战略"、日本 2001 年 9 月的"日本工业标准战略"。

标准战略是我国发展科技的人才战略、专利战略、标准战略等三大战略之一。2015 年国务院办公厅印发了《国家标准化体系建设发展规划(2016—2020 年)》。目前我国在制订推进标准战略的行动纲领《中国标准 2035》。

4. 行业标准

行业标准是指由行业组织通过并公开发布的标准。

工业发达国家的行业协会属于民间组织,它们制订的标准种类繁多、数量庞大,通常称为行业协会标准。

我国的行业标准是指由国家有关行业行政主管部门公开发布的标准。根据我国现行标准化法的规定,对没有国家标准而又需要在全国某个行业范围内统一的技术要求,可以制订行业标准。行业标准由国务院有关行政主管部门制订。

例如,2018 年 1 月工信部提出了《智能制造标准体系建设指南(2018 年版)》(征求意见稿)。

5. 地方标准

地方标准是在国家的某个地区通过并公开发布的标准。

我国的地方标准是指由省、自治区、直辖市标准化行政主管部门公开发布的标准。根据我国现行标准化法的规定,对没有国家标准和行业标准而又需要在省、自治区、直辖市范围内统一的工业产品的安全、卫生要求,可以制订地方标准。

6.团体标准①

国家鼓励学会、协会、商会、联合会、产业技术联盟等社会团体协调相关市场主体共同制订满足市场和创新需要的团体标准,由本团体成员约定采用或者按照本团体的规定供社会自愿采用。

标准化法赋予团体标准以法律地位,构建了政府标准与市场标准协调配套的新型标准体系。社会团体作为市场主体的组织者和中介,在标准制订上具有一些先天的优势。但在过去,标准化领域的标准制订由政府"包办",社会团体的作用没有发挥出来。

国家出台团体标准的目的是以服务创新驱动发展和满足市场需求为出发点,以"放、管、服"为主线,激发社会团体制订标准、运用标准的活力,规范团体标准化工作,增加标准有效供给,推动大众创业、万众创新,支撑经济社会可持续发展。

国家鼓励团体标准通过标准信息公共服务平台向社会公开,如全国团体标准信息平台(http://www.ttbz.org.cn/)。

此外,还有大量的高技术发明者,有足够的垄断能力,不希望自己企业的标准成为法定标准,而凭自己的技术优势形成事实标准,如微软的 Word、英特尔的 CPU 等。

7.企业标准

企业标准是由企业制订并由企业法人代表或其授权人批准、发布的私标准。

企业标准与国家标准等公标准有着本质的区别。企业标准是企业独占的无形资产;企业标准如何制订,在遵守法律的前提下,完全由企业自己决定;企业标准采取什么形式、规定什么内容,以及标准制订的时机等,完全依据企业本身的需要和市场及客户的要求,由企业自己决定。

国家鼓励企业标准通过标准信息公共服务平台向社会公开,如全国企业标准信息公共服务平台(http://www.cpbz.gov.cn/)。截至 2017 年 11 月,共有 123591 家企业上报 499270 项标准,涵盖 820568 种产品,其中国家标准 76230 个、行业标准 42221 个、地方标准 2158 个、企业标准 378662 个。

---

① 国家质检总局,国家标准委.关于培育和发展团体标准的指导意见[EB/OL].
(2016-03-10). http://www.sac.gov.cn/sgybzybsytz201603/t20160310_203924.htm.

中国企业标准信息服务网(http://www.sacinfo.cn/)还推出了企业标准排行榜,对不同企业标准中指标的先进性进行排名。

案例:海尔的标准化工作①②。

海尔的标准战略始终配合集团的发展战略。在名牌战略阶段,海尔标准追求的是建立以用户满意为标准的标准体系;在多元化战略阶段,海尔标准追求的是建立可以输出用户满意标准的保障体系;在国际化战略阶段,标准开始与国际接轨,对接全球用户需求;到了全球化战略阶段,海尔标准追求的则是满足全球用户需求,实现引领。而随着网络化战略阶段的到来,海尔开启了由以企业自我为中心转型为以用户为中心的进程,相应的,标准战略也从关注标准本身转型为打造标准生态,从以技术为中心转型为以用户为中心。

目前,海尔已经参与了56项国际标准的制订,在参与过程中提出国际标准制修订提案90项,中国家电领域80%的国际标准制修订提案来自海尔。在国际标准化组织(ISO)和国际电工委员会(IEC)这两大权威国际标准组织中,海尔共拥有66个专家席位,数量占到中国家电企业的80%,位列中国家电企业第一,在国际上也位居前列。海尔借助其专利布局,主导了智能家电、无线电能传输家电、半导体等相关技术领域国家标准的制订。

海尔还主导了96项国家标准、36项行业标准、20项团体标准的制订,主导国内标准数量位居我国家电企业第一。

海尔集团还是我国首个承担国家级技术标准创新基地的企业。

在知识产权积累的基础上,海尔集团通过"技术、专利、标准"联动的模式,以用户为中心,以技术创新为驱动,以专利为机制,以标准为基础和纽带,致力于打造开放的产业创新生态圈,实现了技术引领。

例如,海尔汇聚全球开放创新资源,成功研发了热水器的防电墙技术,并布局了一系列专利保护该项技术创新,带动整个行业电热水器整体销量增长8%,但其核心目的还是保障用户热水器的使用安全。海尔的防电墙技术于2007年成为中国强制安全标准,2008年被国际电工委员会(IEC)收录为国际标准。

---

① 海尔独家获家电业专利最高奖原因解读[EB/OL].(2017-11-21).http://www.abi.com.cn/news/htmfiles/2017-11/194050.shtm.

② 海尔总裁周云杰谈标准化,得用户者得天下[EB/OL].(2017-06-28).https://www.sohu.com/a/152754008_610719.

三、技术标准和管理标准

按标准化对象的基本属性,标准分为技术标准和管理标准两大类。

1.技术标准

技术标准是针对标准化领域中需要协调统一的技术事项所制订的标准。技术标准的形式可以是标准、技术规范、规程等文件,以及标准样品实物。技术标准是标准体系的主体,其量大、面广、种类繁多。

图 6-3 所示为技术标准的主要内容。

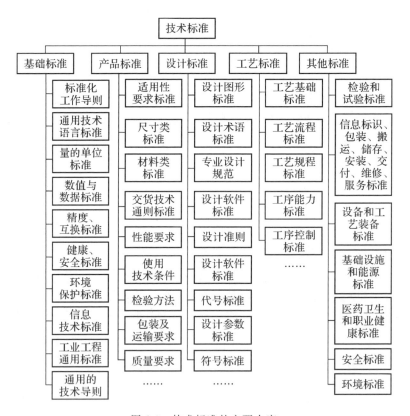

图 6-3　技术标准的主要内容

2.管理标准

管理标准是针对标准化领域中需要协调统一的管理事项所制订的标

准。管理标准与技术标准的区别只是相对的,一方面管理标准也会涉及技术事项,另一方面技术标准也是用于管理的。图 6-4 所示为管理标准的主要内容。

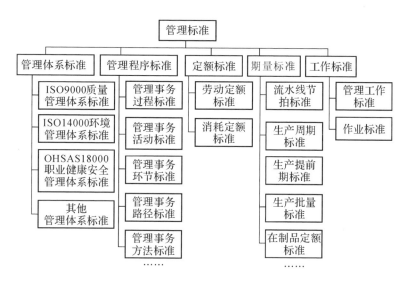

图 6-4　管理标准的主要内容

四、标准化的作用

1. 标准化与创新

标准化过程把前人的知识积淀到标准里,为后人的创新搭建了一个平台,再把新的知识充实到标准里,筑起更高的平台,直到创新突破,标准也随之更新。

创新不仅是有成本的,而且是有风险的。对许多高科技产品来说,开发新产品的沉没成本之高和失败风险之大,几乎成了难以逾越的鸿沟。创新的产品中应尽可能多地采用标准的零部件和技术,以降低风险和成本。一般来说,创新中需要创新的内容超过 30％,风险就很大了。

发达国家利用其强大的创新能力和技术优势制订了一系列技术标准,筑起了一道道技术壁垒,保护其创新成果和市场。

2. 标准化与大批量定制

德国工业 4.0 的目的是实现大批量定制,措施是标准先行。大批量定制需要标准化技术的支撑,包括产品标准化、过程标准化、信息标准化技术等。图 6-5 是支持大批量定制的标准化的一些内容。[①]

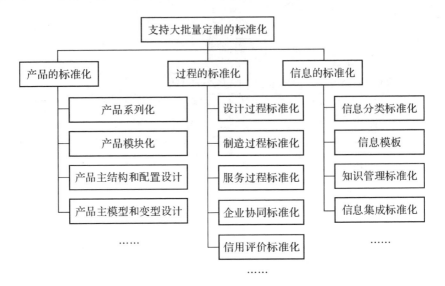

图 6-5   支持大批量定制的标准化的一些内容

按照系列化、标准化、模块化原理开发新产品,组织专业化分工协同生产,可以低成本、快速地满足用户多样化和个性化的需求,实现大批量定制。

3. 标准化与绿色制造

绿色制造首先要进行绿色性评价。评价需要标准。例如,ISO 提出的 ISO 14040 系列标准。[②] 图 6-6 所示是环境友好评价指标,这里涉及大量的标准。

图 6-7 所示为节能低碳产品生命周期中的标准与应用。这里的各种标准构成了知识网络。

---

① 李春田. 标准化概论[M]. 6 版. 北京:中国人民大学出版社,2014.

② ISO 14040,Environmental Management—Life Cycle Assessment—Principles and Framework,ISO 14040:1997(E),International Organization for Standardization,Geneva,1997.

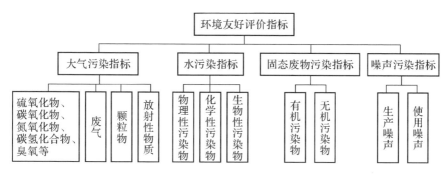

图 6-6　环境友好评价指标

图 6-7　节能低碳产品生命周期中的标准与应用

4.标准化与精益改善

精益改善都是从标准作业开始的,强调标准是在工作及改善中不断提炼并转化为在自己的认知和理解下的工作方法。只有了解所掌握标准中的知识,才能自觉地遵守执行标准。

5.标准与智能制造

德国工业 4.0 提出的智能制造强调的设备互联互通、深度的专业化分工、三大集成等都需要标准化的支持。所以在德国工业 4.0 的战略中,标准化排在 8 项措施的首位。

德国工业 4.0 工作组认为,推行工业 4.0 需要在 8 个关键领域采取行动。其中第一个领域就是"标准化和参考架构"。标准化工作主要围绕智能工厂生态链上的各个环节制定合作机制,确定哪些信息可被用来交换。工业 4.0 将制订一揽子共同标准,使合作机制成为可能,并通过一系列标准(如成本、可用性和资源消耗)对生产流程进行优化。借助智能工厂的标准化将制造业生产模式推广到国际市场,以标准化提高技术创新和模式创新的市场化效率,继续保持德国工业的世界领先地位。

《中国制造2025》文件对标准建设也给予很大的重视。图6-8描述了快速反应的服装产业链的智能制造标准建设的需求。服装产业链的快速反应需要产业链中各个企业和系统的集成，集成需要说"同一种语言"，这就是标准，如数据的规范和优化、软件接口的规范等。

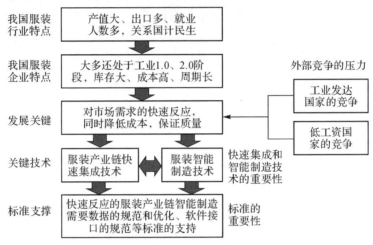

图 6-8　快速反应的服装产业链的智能制造标准建设的需求

图6-9描述了快速反应的服装产业链的智能制造标准的关系和技术路线。

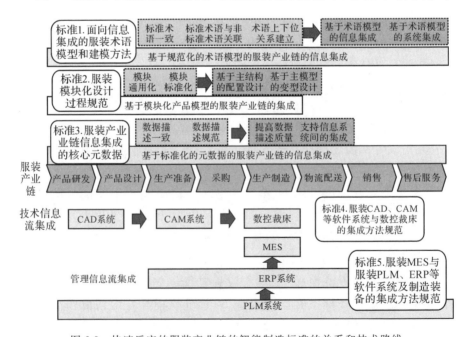

图 6-9　快速反应的服装产业链的智能制造标准的关系和技术路线

快速反应的服装产业链智能制造标准体系如图 6-10 所示。

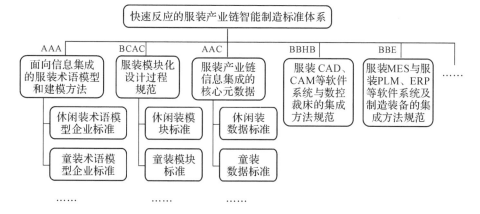

图 6-10　快速反应的服装产业链智能制造标准体系
（图中的编号来自《国家智能制造标准体系建设指南》）

6. 标准与用户满意①

当前的企业从以产品为中心向以用户为中心发展,标准战略也随企业战略变化。海尔等企业从追求企业价值转型为追求用户价值和社会价值。不仅关注标准带来的市场份额、经济效益、标准数和专利数等,更注重的是标准所转换的用户价值和产生的社会价值。标准化关注的重点从符合性标准演变为用户体验标准。

案例: 冰箱在百余年的发展中始终以制冷温度作为评判合格的标准,只要温度达标,就是性能合格的冰箱;但如今,用户更关注食物保存的效果,换言之就是用对食物保鲜的效果来评价冰箱的质量。基于此,在海尔积极推动下,国际电工委员会(IEC)成立了冰箱保鲜工作组,制订了冰箱保鲜标准,关注用户的体验。

五、标准与专利

技术专利化、专利标准化、标准国际化,这已经成为当前制造业发展的一个重要现象。

---

① 海尔总裁周云杰谈标准化,得用户者得天下. https://www.sohu.com/a/152754008_610719 . 2017-06-28.

1. 标准后面的专利

标准不但约束了做什么事、怎么做事，约束了什么人做事，更重要的是约束了竞争对手。因为标准后面往往有大量的专利在支撑着。别的企业采用了某种产品标准，往往有可能要为此付出高额的专利使用费。但不采用标准，产品就可能难以进入市场。与专利技术相结合的技术标准比传统的技术标准更具有杀伤力。

案例1：温州打火机的"CR"之痛[①]。

温州拥有打火机生产企业（户）约 500 余家，约有 80％的产量出口。出口总量占到世界总量的 70％，大部分出口到欧盟。

2002 年，欧盟通过出台 CR 法案（Child Resistance Law，即儿童安全法案），制订了打火机安全标准。法案的主要内容为：一是全面禁止玩具型打火机进入欧洲市场；二是价格为 2 欧元以下的打火机必须加装安全锁，以防止儿童开启。可是，这些安全标准的核心技术控制在欧美企业手中，这样就人为地为中国企业的打火机产品的出口设置了障碍，其目的无非是为了保护其本地的企业。

根据 CR 法案的规定，每一款打火机的安全装置必须经过检测，而检测费却贵得惊人，每一款打火机的检测费至少需要 2 万美元，加上检测周期至少需要 3 个月，这对大多数温州打火机生产商来讲，会大大提高出口成本。

案例2：发达国家利用能效标准，建立绿色贸易壁垒（如图 6-11 所示）。

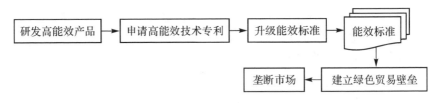

图 6-11　发达国家的能效标准战略

2. 对标准后面的专利权力的限制

标准后面的专利权力意味着采用标准的企业往往要不可避免地向权利

---

①　温州打火机的"CR"之痛［EB/OL］．（2015-02-05）．http://blog.sina.com.cn/s/blog_69e1a5ae0102vook.html.

人支付高额的使用费,这极大地限制了新技术、新产品的自由流通,也限制了发展中国家的创新能力的提升。

因此,一些标准化组织为了制订法定标准,要和知识产权人谈判,签订合同,在使权利人得到利益的同时,对权利做出一定的限制,如专利权人应对使用者提供不可撤销的权利许可等。

中国国家标准化管理委员会、国家知识产权局制订《国家标准涉及专利的管理规定(暂行)》,自 2014 年 1 月 1 日起施行。国家标准在制订和修订过程中涉及专利的,全国专业标准化技术委员会或者归口单位应当及时要求专利权人或者专利申请人做出专利实施许可声明。

第二节　知识标准化

思考题:

(1)知识标准化包括哪些内容? 知识模块标准化包括哪些内容?

(2)知识本体的需求和价值是什么?

(3)知识本体模型的内容是什么? 如何建立知识本体模型?

一、知识标准化的需求和方法

这里以知识标准化为例讨论标准制订和管理,一方面了解标准化工作,另一方面提高知识管理的水平。

1. 知识标准化的需求

(1)中国高新科技企业与中国餐馆的相似性

西方的高新科技企业是利用类似“麦当劳”的模式组织研发的,而国内许多公司的研发则类似中国餐馆的经营模式,如图 6-12 所示。我们的研发人员有点像中国餐馆里的大厨一样,做研发就像是炒菜,主要依靠个人的发挥。[1]

所以我们需要重视把设计过程中的知识提炼出来,进行知识标准化,不仅关心新产品设计,更要重视新产品研发规律,重视总结产品研发中的经验

---

① 郎咸平. 中国创新企业批判［N］. 计算机世界报. 2002(1):F1、F2、F3.

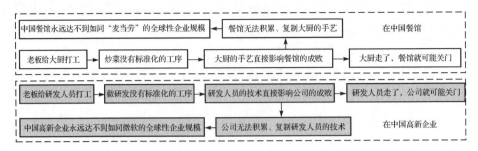

图 6-12　中国高新科技企业与中国餐馆的相似性

和教训，提高新产品研发的成功率。

2. 知识标准化方法①

知识标准化的目的是提高知识的搜索和应用的效率。一些知识标准化方法如图 6-13 所示。

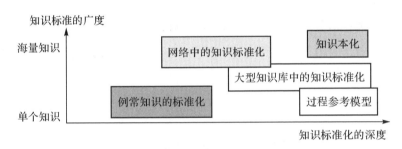

图 6-13　一些知识标准化方法

（1）例常知识的标准化

知识标准比知识本身更重要。知识标准是知识成果的规范化和标准化。知识标准化主要是对例常知识进行标准化，以利于计算机处理和员工共享。

日本企业推行的连续改善活动，发动所有员工对所在岗位的工作进行改造创新，并将每项改善成果进行认定，通过标准化加以推广。长期坚持这一活动使日本企业获益颇多。

（2）过程参考模型

过程参考模型包括工艺设计知识、典型工艺过程、工作过程设计和管理

---

① 谭建荣，顾新建，祁国宁，等.制造企业知识工程理论、方法与工具[M].北京：科学出版社，2008.

知识、标准化的工作过程等,在工作流管理、组件设计、标杆学习、企业重组和信息化等方面发挥着很大作用,使企业能充分利用以往的或别人隐藏在过程参考模型中的知识,对现有过程进行优化和规范化。

(3)大型知识库中的知识标准化

大型知识库中的知识标准化对于知识的搜索和应用具有重要意义。目前国内外知识库的编码还没有统一的标准,使得花费大量的人力和财力所建造的知识库不能或难以为别的系统所共用。

(4)网络中的知识标准化[①]

网络中的知识具有数量庞大、质量参差不齐、媒体与格式多样、容易传播与共享等特点,这就要求遵守统一的知识描述规则,以促进网络知识资源的充分利用和用户知识需求的满足。网络中的知识标准化涉及网络中的文件、搜索引擎、编目、学科信息门户等。

美国国家标准化协会(ANSI)下设全国信息技术标准委员会,从事有关元数据的命名、标识、定义、分类和注册等工作。欧盟和英国的相关机构有信息社会标准化系统(ISSS)和英国标准协会。

万维网联盟(W3C)是万维网上最有影响的互联网标准认定机构,在网络信息组织领域,该机构认可的网络资源描述语言为 XML,资源描述框架为 RDF,元数据标准为都柏林核心元数据(DC),日期与时间格式为W3CDTF[www.w3c.org/]。国际信息与图像管理协会(AIIM)[www.aiim.org/]和数据交换标准协会(DISA)[www.disa.org/]则分别负责图像信息、信息交换相关标准的制订。

二、知识模块的标准化

知识模块的标准化简称知识模块化,其目的是提高知识组合和再用的效率。一些知识模块化方法如图 6-14 所示。知识模块可以快速组合成满足不同个性化需要的知识网络。

1.人工智能中的知识模块化

知识的模块化是人工智能中知识表示的一种有效方法。产生式系统、框架系统、语义网络、面向对象系统的设计都是最典型的积木式设计,各组

---

① 黄如花.网络信息组织的发展趋势[J].中国图书馆学报,2003(4):15-19.

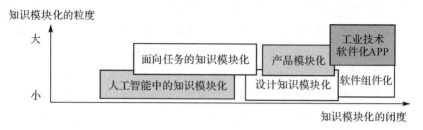

图 6-14　一些知识模块化方法

成部分具有相对的独立性,因而便于相对独立地进行扩展和修改。①

2.面向任务的知识模块化

任务模块化就是对企业业务运营中存在的所有任务集进行模块化分解,每个模块化任务都对应着一个功能模块,相关联的所有模块化任务借助于功能模块组成了企业的工作流。在此基础上,依赖知识与资源管理系统的管理插件技术将企业长期运营所积累的知识、经验和规则固化起来,加载到原有流程当中,形成知识流,与信息流、资金流、物流并行处理、统筹规划。当企业组织结构、任务分配、工作流程等发生改变时,便可再次运用管理插件技术,根据企业需求将新近获取的知识和规则对相关的模块化任务随时调用重组,建立新的流程。这种"颗粒"式的结构充分体现了企业管理中的极细微变化,不仅可以对当前进行高效的管理与控制,还可以在企业发展的过程中,通过对模块化任务的调整较容易地实现企业重组。②

案例:贵州某集团自引入 KRM(Knowledge and Resource Management,知识与资源管理)系统以来,已成功地将企业内部 100 多个岗位的工作分解为 1800 个不可再分的操作单元,即模块化任务,借由对这些小事的精细化管理,实现了对过程的原子级控制。据统计,KRM 上线以后,其应收账款下降了 48%,库存下降了 35%,销售费用降低了 45%,年利润则提高了 58%。③

3.设计知识模块化

产品设计中有大量的重复性工作,需要用到大量以往的知识。

①　温有奎,徐国华.知识元链接理论[J].情报学报,2003,22(6):665-670.

②　曹晓云.原子化任务再造企业流程[N].中国经营报,2001-05-29.

③　曹晓云.用知识流确保管理基础[N].中国经营报,2001-06-26.

设计知识模块化以及在此基础上建立以用户对产品的设计要求为驱动的设计平台,有助于提高设计效率,使用户在产品设计时不需要从细节或最底层开始。例如,当用户要求开发电磁轴承支承系统时,用户可通过计算机进入电磁轴承中间开发平台,平台根据用户所提供的完全或不完全的描述,直接给出一种或多种电磁轴承的最终设计方案与结果,用户本身不需要同最基本的点、线、面和几何图形打交道,也不需要熟悉电磁轴承中诸如动作单元、控制单元、放大器单元等这些更底层、更基本的(从专业知识来说,属于更深层次的)局部细节。[①]

通过对已有专业化知识的组织、整理、描述及使用,可使设计知识在不同设计师之间得到最大程度的共享和再用,使产品设计周期缩短,使设计师能为用户提供更多的、更好的个性化产品。

4.产品模块化

统计资料表明,在新产品开发中,约有 40% 是过去的产品部件的再用,约有 40% 是对已有部件稍作修改,而只有 20% 是完全新的设计。产品模块化有助于产品部件的再用。

产品模块将产品中的相似信息和知识归类、总结和提炼,包括产品设计知识、典型产品模型、典型零件模型和典型结构元素模型等。

产品模块化是在综合考虑产品对象的前提下,把产品按功能分解成不同用途和性能的模块,并使接口(接口要素形状、尺寸等)标准化。选择不同的模块可以迅速组成各种要求的产品。产品模块包含了大量的相似产品的设计和制造知识。

产品模块化对企业的产品创新具有重要意义:

(1)在产品创新前,需要参考有关的模块化知识(如产品设计目录、产品参考模型等),从而确定技术创新的方向。

(2)在产品创新过程中,应集中精力突破创新点,而不需要什么都从头开始。这时应注意利用以往的知识。模块化知识可以帮助提高知识的利用效率,加快技术创新。

(3)在产品创新后,应尽量拓宽新产品的应用范围,产品模块化技术能很好地支持这方面的工作。

---

① 刘恒,虞烈,谢友柏. 现代设计方法与新产品开发[J]. 中国机械工程,1999,10(1):81-83.

在产品模块化基础上,容易实现知识的交叉和重组,有利于实现产品创新。

现代产品所涉及的知识越来越多,知识的更新速度也越来越快。而一个人的精力是有限的,不可能熟练掌握并灵活应用如此广泛的技术知识,因此有必要对知识进行模块化,特别是对产品模块化,使得相当一部分产品设计人员从传统的基于单一零部件的设计中解放出来。他们只需了解一定的相关知识,即可选用有关的功能模块,而不必考虑各零部件的具体设计过程。这样可以使产品设计人员进一步拓宽知识面,方便地进行复杂产品的设计。

案例:《机械产品模块化设计规范 GB/T-31982—2015》是以本书作者顾新建等为主提出的国家标准。标准的核心内容是机械产品模块化设计的典型过程图及围绕该图的说明,见图 6-15。

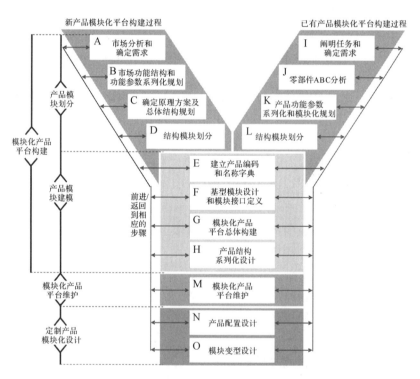

图 6-15　机械产品模块化设计典型过程模型("Y"模型)(GB/T-31982—2015)

模块化过程中涉及的标准有产品编码标准、企业名称字典(又称本体标准)、零件主模型和事物特性表标准、产品主结构标准、模块接口标准等。图

6-16 所示是通过零件主模型和事物特性表标准,将零件的变化控制在一定的范围。图 6-17 表示了一个产品的主结构示意图。这些标准都富含企业的实践经验和知识。

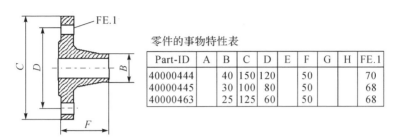

零件的事物特性表

Part-ID	A	B	C	D	E	F	G	H	FE.1
40000444		40	150	120		50			70
40000445		30	100	80		50			68
40000463		25	125	60		50			68

图 6-16 零件模块主模型和事物特性表

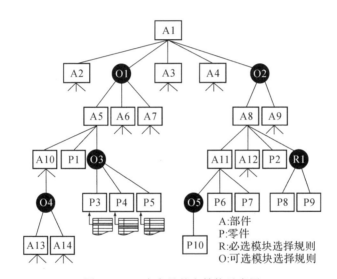

图 6-17 一个产品的主结构示意图

5.软件组件化

软件组件(component,又称构件、模块)是指语义完整、语法正确和有可重用价值的单位软件,是软件重用过程中可以明确辨识的系统,可被用来构造其他软件,类似于机械零部件。软件组件中包含了大量的过程知识,通过过程模型表现出来。

当前,管理软件用户对"定制"的要求越来越高,同时要求成本低、开发周期短,因此软件大批量定制的时代正在到来。软件大批量定制的核心是软件模块化和组件化。软件大批量定制方法的依据主要是:定制信息系统中存在大量的可重新组合和重复使用的单元,利用这些单元,可以帮助实现大批量定制。例如,美国航空公司的 SABRE 系统、摩托罗拉的传呼机、美国电话电报公司的手提电话、人类基因组计划和互联网成功的原因在于,它们很早就将数据定义并分解成最小的可重复单元,并创造了数据库规则和界面,于是产生了无数的用户组合变化、实验种类和生产方式。①

软件组件就是可重新组合和重复使用的单元。通过标准模块的组合,可以快速和低成本地得到用户需要的个性化应用系统。

6.工业技术软件化

将工程师脑袋里的知识模块化,变成一个个 APP(应用软件)。

以波音公司的 787 机型为例,其研制过程用到了 8000 多种软件,其中只有不到 1000 种是商业软件,其他 7000 多种则是波音公司的私有软件。真正的设计方法和技术就在这些软件中。这才是波音公司的核心竞争力所在。

如今,NASA、GE 等许多公司正是通过将这些知识和技术封装在软件中,来替代人的能力。2016 年,GE 公司推出了 Predix 平台,推动工业软件 APP 发展。

GE 公司 2016 年年初做了一个预测,2020 年全球工业 APP 市场规模将超 2250 亿美元,相当于再造了一个数控机床市场。而中国工业 APP 市场几乎仍是空白。目前手机上的 APP 大约有 500 万个,但国内的工业 APP 不足 1000 个。

当工业 APP 足够丰富且充分流通后,工程师可以很容易地将掌握的知识和技能封存在 APP 里,他也可以根据需要获取相关 APP。

案例:Moodle 是目前世界上最流行的课程管理系统之一,是一个开源、免费的应用软件,它的功能可以通过模块进行扩展。这些模块涵盖了系统主题风格、界面语言、数据库模型、课程结构、问题格式、导入导出格式和活动模块等各个方面,解决了大部分信息化学习和课程管理的共同问题(课程设计、发布、组织、作业、测试、统计、评价等),不加任何修改就能够进行实际应用。在 Moodle 开发社区的"Modules and plugins"数据库(http://

---

① 詹姆士·奎恩,乔丹·巴洛奇,卡伦·兹恩.创新爆炸[M].惠永正,靳晓明,等译.长春:吉林人民出版社,1999.

moodle. org/mod/data/view. php? id＝6009)中已经注册了上百种标准的和第三方开发的稳定模块,并且在大量热衷模块开发的用户的支持下还在不断增加。①

三、知识本体标准的需求和作用

1. 知识本体标准的需求

为了提高知识管理的有效性,加强知识的有序化,提高知识利用的效率,首先需要利用本体帮助解决同一概念的名称多样化问题和概念结构混乱带来的问题。

(1)解决同一概念的名称多样化问题

由于不同的专业背景和习惯,一些概念存在名称多样化问题,如图 6-18所示。

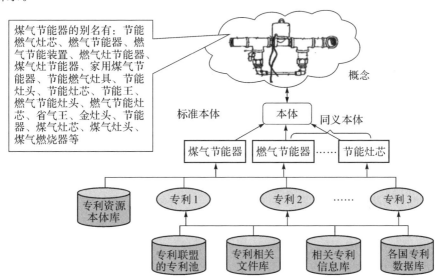

图 6-18　同一概念的名称多样化问题

名称多样化问题会进一步导致知识管理和利用中出现如下问题:1)搜索到的知识不完整;2)搜索到的知识不准确;3)知识集成难。

---

① 汪基德,张莉.Moodle 国内研究新进展[J]. 远程教育杂志,2009,17(5):15-18,32.

（2）解决概念结构混乱带来的问题

图 6-19 描述了概念结构混乱带来问题的一个例子。

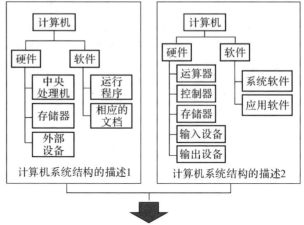

图 6-19　概念结构混乱带来的问题

2. 本体的概念

本体有助于解决上述问题。

本体（ontology）一词最早出现于哲学领域，在哲学上用于描述事物的本质。近年作为信息抽象和知识描述的工具和方法，本体技术开始被计算机等众多领域所采用。本体是共享模型的明确的形式化规范说明。本体可以应用于特定的领域，其目标和任务是提供该领域明确的被公认的概念集，通过所建立起的概念集中概念间的关联关系，指导人们对领域知识本质的全面理解。

自 20 世纪 90 年代以来，本体技术成为计算机领域重要的研究方向之一，现已广泛应用于知识管理、多智能体系统、系统建模、语义 Web、异构信息集成等众多领域。

3. 知识管理中本体的作用

知识管理中本体的作用主要是：

（1）知识有序化中本体的作用

图 6-20 描述了知识有序化的内容及本体的作用。图 6-21 描述了知识有序化的主要内容。这里的本体是一种支持知识有序化的知识术语和结构的标准，帮助解决上述的同一概念的名称多样化问题和概念结构混乱带来

的问题。但这些问题的最终解决需要相应的制度、平台及其他一些标准的支持。知识有序化是一项系统工程。

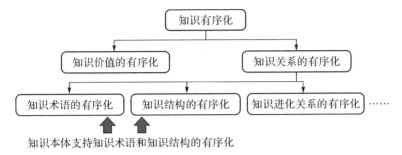

图 6-20 知识有序化的内容及本体的作用

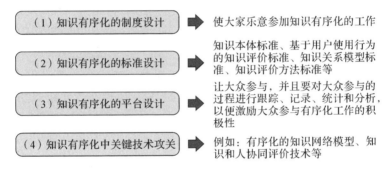

图 6-21 知识有序化的主要内容

（2）知识推送中本体的作用

图 6-22 描述了知识推送中本体的作用。这是在知识有序化的基础上实现的，是知识利用的高级阶段。

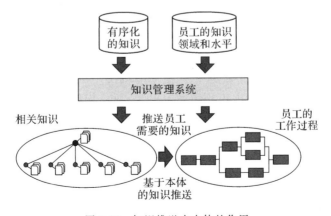

图 6-22 知识推送中本体的作用

255

四、知识本体模型

1.知识本体模型的基本分类

知识本体模型可分为知识标准本体、知识同义本体和知识候选本体,其关系如图 6-23 所示。

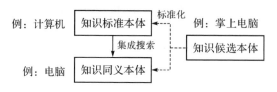

图 6-23　知识本体模型的基本分类

（1）知识标准本体

知识标准本体又简称为知识本体,是描述某一概念的最基本的本体。其一般是本专业所达成共识的术语及术语间的关系,体现在专业权威的教科书、设计手册和词典中。在建立知识的过程中,要求首先选用知识标准本体。

（2）知识同义本体

知识同义本体是描述某一概念的知识标准本体以外的术语及关系,这往往是由于不同专业背景或其他因素所形成的。在知识本体体系中需要将知识标准本体与知识同义本体集成进行搜索。在建立知识过程中,要求尽可能不选用知识同义本体,而选用知识标准本体。

（3）知识候选本体

知识候选本体是在知识建立和搜索过程中,用户发现没有合适的本体可用,而提出和使用新的本体。这些新本体存在的隐患是所建立的知识难以被人搜索到。但由于新的研究方向和新的本体的出现是必然趋势,因此,随着越来越多的用户对新本体的认可（使用次数增加）、越来越多的知识采用新的本体,这些知识候选本体就通过一定的流程成为知识标准本体或知识同义本体。

2.专业知识本体模型

专业知识本体模型结构框架如图 6-24 所示,其主要反映了专业知识本体之间的关系,故又称专业知识本体的关系图。它主要从设计、材料、工艺、试验、测试、故障和维修等多个维度描述专业知识本体。

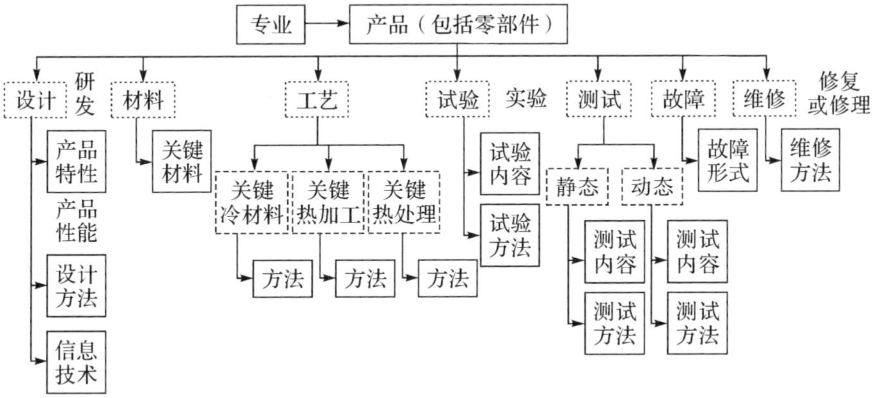

图 6-24　专业知识本体模型结构框架

说明:图中的实线框中的内容需要根据提示填入知识本体,用于知识库搜索;虚线框中的术语为分类用的本体,不一定都用于知识库搜索;没有线框的术语为同义本体,一般由信息系统进行关联搜索。

3.知识本体粒度的确定

知识本体粒度是指所覆盖的知识范围。知识本体粒度太大,会导致搜索的知识过多,难以精确定位所需要的知识;知识本体粒度太小,会导致本体过多,选择本体就需要花费较多的时间,并且所搜索到的知识可能会很少。因此,需要确定合适的知识本体粒度。

例如,"止推片脱落"的粒度要小于"止推片"。

4.知识本体模型的定义

这里主要是对知识本体模型结构图中出现的各个本体及关系进行定义。

(1)知识本体术语的定义

1)术语;

2)英文名称;

3)基本定义;

4)如有必要,可以给出相关的例子、说明等,帮助理解。

例　术语:曲轴　英文名称:crankshaft

基本定义:引擎的主要旋转机件,装上连杆后,可承接连杆的上下(往复)运动并将其变成循环(旋转)运动。曲轴的旋转是发动机的动力源。

（2）知识本体关系的定义

1）同一知识本体类间的上下位关系（属分关系）的定义

描述了概念内涵相容、外延宽窄不同的本体术语间的关系。

• 上位词（S）

概念外延宽的本体术语为上位本体术语，用"上位词"（S）表示，例如"活塞环"的上位词（S）为"活塞"。

• 下位词（X）

概念外延窄的本体术语为下位本体术语，用"下位词"（X）表示，例如"活塞"的下位词（X）为"活塞环"。

注：在叙词表系统中上下位关系是属（S）分（F）关系。

2）标准本体和同义本体的关系（用代关系）的定义

描述了概念内涵、外延相同或相近本体术语间的关系，以标准本体术语与同义本体（非标准本体）术语建立一一对应关系来表示。

• 标准本体（B）

经过规范化处理的本体术语为标准本体术语，推荐用于标引和检索知识。一般在不引起概念混乱的情况下，标准本体简称为本体。

例如，"下曲轴箱"是标准本体术语，如图 6-25 所示。

注：在叙词表系统中用"代（D）"表示标准本体术语。

• 同义本体（T）

对应标准本体术语的同义的、准同义的、近义的以及实质上不相等而从检索角度可以视为相等的术语。在知识管理系统中将同义本体与标准本体关联，可以一起用于搜索。

例如，"油底壳"是同义本体术语。用"油底壳"搜索时，具有"下曲轴箱"术语的知识也可一并搜索到，如图 6-25 所示。

注：在叙词表系统中用"用（Y）"表示同义本体术语。

图 6-25 本体、标准本体和同义本体的关系

第三节　标准建立方法

思考题：

(1)标准协同共建方法的需求和原理是什么？

(2)知识本体标准制订和维护方法是什么？

(3)并行标准化方法的背景和特点是什么？

(4)为什么需要将标准集成为知识网络？

一、标准协同共建方法[①]

1.问题和需求

目前我国各类标准制订工作远远跟不上产业发展的需要，主要存在以下问题和需求：

(1)各类标准多

以服装行业为例，由于服装原料种类多、制造工艺多、面料规格多、服装种类和款式多、对环保和安全性要求高，服装行业标准特别多。目前，我国的服装行业标准体系已经形成了以产品标准为主体，基础标准与方法标准相结合的标准化体系。在中国服装标准检测信息网上的查询结果显示，我国常用的国内服装标准有140项之多。在2007年出版的《中国纺织标准汇编》中，仅基础标准与方法标准就有将近400项之多。因此，随着各类服装需求量的增大，还有更大量的标准有待制订。

(2)产品变化快

例如，服装是时尚产品，服装面料、款式、生产工艺变化越来越快，传统的标准制订模式跟不上这种发展。国家标准的制订过程包括预阶段、立项阶段、起草阶段、征求意见阶段、审查阶段、批准阶段、出版阶段、复审阶段和废止阶段。整个标准制订的周期一般达34个月，因此，标准的制订周期长，

---

① 曾露莎,纪杨建,顾新建,等.基于 Wiki 的服装行业标准共建方法[J].浙江大学学报（工学版）,2009,43(12):2281-2286,2292-2293.

对市场反应不够及时,其更新速度不能满足企业和市场需要。①

（3）行业企业多

以服装行业为例。我国服装企业有几万家,服装标准制订需要得到广大服装企业的参与和承认。例如,在近期的运动服装标准制订过程中,不仅原材料企业积极主动参与行业标准的起草与制订,安踏、匹克、七匹狼等众多运动体育用品企业也积极参与其中。但是,现在我国政府将标准制订工作的主导权下放给企业,由于我国服装企业数量多,绝大部分是中小企业,难以参与到服装行业标准建设中来。

（4）产品价值链环节和细分行业多

以服装行业为例。由于服装种类多,出现了许多细分行业,如生产面料行业、制作成衣行业、生产配饰行业等。现行的标准体制造成服装各细分行业在标准制订中沟通难,标准的审查和修订工作滞后,半成品和成品的标准不衔接。②

（5）经常需要系列标准支持创新

例如,节能是一项系统工程,不仅需要标准,也需要不同的节能政策和措施,相配套如图6-26所示。③ 电机系统节能标准体系如图6-27所示。

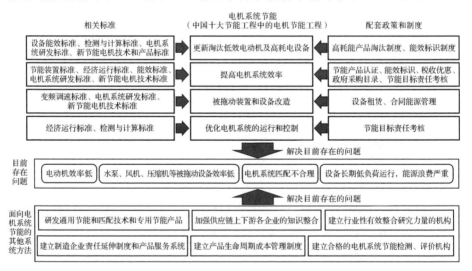

图6-26 满足不同的电机节能系统需求所配套的节能政策或措施以及节能标准

---

① 王建平.国内外纺织品技术标准的现状、发展趋势及对我国纺织品出口的影响[J].纺织导报,2005(4):16-24.

② 刘岚.新功能服装功能性标准研究[D].天津:天津工业大学,2007.

③ 陈伟华,姚鹏.电机系统节能与标准化[J].电器工业,2009(8):72-74.

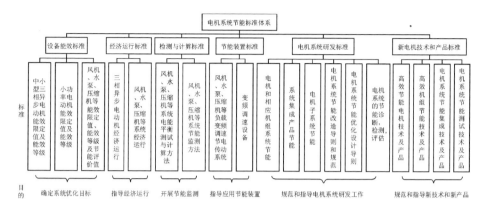

图 6-27 电机系统节能标准体系

可见,我国作为制造大国,标准数量很多,范围很广,变化很快,渴望参与制订各类标准的企业很多,涉及的价值链环节和细分行业很多,使得标准制订和推广的难度显著提高,这就迫切需要一种新的模式和方法来帮助企业建立和不断完善我国标准体系。新一代信息技术为我们提供了这方面的思路和方法。

德国工业 4.0 工作组也认为,标准不能单纯依靠政府自上而下地制订、协调。其强调由企业牵头,成立"工业 4.0 社区",以自下而上的方式发展,同时由政府对时间、协调成本、利益冲突等进行调控,以便达成共识。

2. 基于 Wiki 的标准共建方法

基于 Wiki 的标准共建方法不是简单地将 Wiki 方法应用在标准共建领域中,而是针对标准共建的需求,对 Wiki 方法进行适用性拓展。

(1)经典的 Wiki 方法在标准共建中的应用

经典的 Wiki 方法主要表现在以下几个方面。

1)协作编辑

这是 Wiki 最基本和核心的思想所在。任何人都可以进入网页,对其中的内容进行修改完善。在标准制订的整个过程中,预阶段、立项阶段、起草阶段、征求意见阶段、审查阶段和复审阶段等都需要很多的信息反馈和会议等。如果将这些阶段的工作放到网络中来,例如信息反馈可以通过直接发布信息到其对应条目中来实现,在起草、征求意见、审查、复审等阶段可采用共同编辑方法等,可以显著缩短时间和降低成本,并且对参与者的人数没有限制,便于行业内的沟通,讨论面可以更宽、更深入。更重要的是,还可以实现随时随地的讨论,不受时间和空间的限制。

2)版本管理

正是因为有了相对自由的协作编辑特点,所以需要相应的版本管理,也就是每次页面内容经过修改后都会保存原先的版本,并且还提供版本和版本间的对比。

3)标签分类功能

繁多的内容需要有相应的分类系统进行管理。区别于以往的聚类算法和树状分类,Wiki采用自由分类(大众化分类)方式,即由用户自己对页面内容添加多维的标签实现分类,系统自动推荐使用量大的相关标签,促进分类的合理化。

(2)Wiki方法的拓展应用

Wiki方法的拓展主要体现在以下几方面。

1)功能权限的设置

对不同的人进行不同的权限设置。并不是所有人都可以参与所有页面的编辑活动。虽然Wiki的初衷是人人平等,人人都能参与编辑,但是因为标准的制订有着自身的特点,在企业中或在行业中,也许起初的讨论权限可以下放给任何企业的任何员工,但是当讨论达到一定的结果后,最终的决定权还是掌握在高级技术人员和管理者手中,所以在有些模块中,需要对不同的人赋予不同的权限。

2)标准草稿锁定

当标准草稿被编辑到近乎完整时,管理员可对标准草稿进行锁定,使标准草稿的共同编辑活动停止。

3)添加标签联系

经典的Wiki方法提供的是开放式添加标签的方式,但是标签之间的联系不明显,这样不利于进一步发现信息和把握对标签的整体关联。本系统让用户对标签和标签之间添加相应的关系连接,以便于不同的企业对共建标准体系及相关知识有整体的把握。例如,制造牛仔服饰的企业所涉及的标准就可能涉及面料、工艺、机械设备等方面的标准及知识。

4)地图导航

将标签和标签的关系采用图示的方式直观地显示。

5)关联搜索

这主要体现在当用关键词或标签检索时,得到的不仅是共建标准的条目,还包括相关的知识和专利信息等,因为一个标准的制订需要参考多方面的信息和知识。

6)价值挖掘

提供打分、掘客、评论等评价方式,对被提出的条目进行评价,挖掘出有价值的条目。

7)投票平台

系统单独建立了一个投票平台,可对大众提出的条目进行投票,利用大众的智慧和认可度发现最有可能成为标准的条目。这也是共建标准条目评价的方式之一。为了促进各参与企业认真负责地进行评价,参与标准建设,通过投票平台不仅可以得出优秀的条目,也可以通过企业的投票行为来确定其标准建设能力的大小。具体来说该方法基于以下两个假设:第一,企业的标准建设水平越高,则其投票权重就越大;第二,对最后票数较高的条目投过赞成票的企业则被认为是标准建设能力较高的企业,将获得较大的权重。如图 6-28 及式(6-1)、式(6-2)所示。

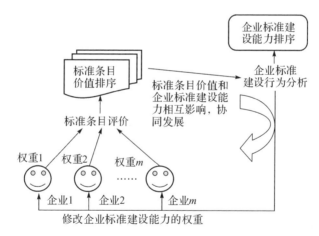

图 6-28　标准条目和企业标准建设能力集成评价模型

标准条目和企业标准建设能力集成评价的定义为

$$r = f(h, e) \tag{6-1}$$

$$h = g(r, e) \tag{6-2}$$

式中:r 表示条目权重值;h 表示企业标准建设能力值(权重);e 表示各个企业对条目的评价情况。

这里将企业对条目的投票视为一个链接关系,采用链接分析的方法对其求权重,进而得出条目的排名和企业标准建设能力排名,具体算法可参见EigenRumor算法①。

3.基于Web 2.0的标准协同建设技术

Web 2.0技术可以有效地支持标准协同建设和应用。如图6-29所示,其主要特点有:

(1)企业协同进行标准建设、应用和监督

采用社交网络中许多方便的功能把相关企业组成团体,形成社会化的标准建设、应用和监督网络。因为现在标准具有越来越大的开放性,标准是要由企业来实施的,要求以企业为主,要求有尽可能多的企业主动参与。

(2)与标准建设相关的信息和知识资源的集成

采用维客、掘客和社会化书签等Web 2.0模式,集成与标准建设相关的信息和知识资源,支持标准建设,以满足市场对标准的时效性和超前性的要求。因为技术和产品的更新速度加快,标准的建立速度需要与之相适应。

(3)标准建设的民主化

采用维客模式,让不同企业提出自己对标准的初步设想,征集其他企业协同参与标准制订和修订;采用掘客模式,对标准的各项条款的各种版本进行网上投票,以确定得到大多数企业支持的标准。

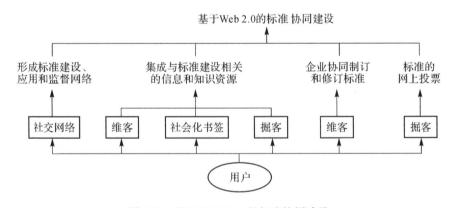

图6-29 基于Web 2.0的标准协同建设

案例:广东万家乐公司在厨卫行业缺乏相应的研究和评估标准的情况

---

① Fujimura K,Inoue T,Sugisaki M. The eigenrumor algorithm for ranking blogs[R]//Workshop on the Weblogging Ecosystem Aggregation,2005.

下,基于对用户的长期研究,总结归纳了用户在日常厨卫生活中遇到的问题,针对热水器及厨房电器的用户体验,分别制订了《中国家庭热水器用户体验标准》和《中国菜烹饪厨房电器用户体验标准》。此次的标准界定的用户体验主要体现在环境体验、感官体验、交互体验、结果体验、信任体验等方面。同时,标准还对影响热水器用户体验的风压、水压等环境因素进行了甄别。

4.基于 Wiki 的标准共建方法的优点

基于 Wiki 的标准共建方法的优点如下:

(1)支持广大企业参与标准建设

各企业直接接触市场和消费者,对市场和消费需求更了解,同时它们也是标准的用户,所以由它们来提出标准更为合理,也更为有效。标准是一种共同使用和重复使用的规范性文件,所以需要征求同行业各界的意见。这里所指的标准共建的方法,就是通过网络平台,由企业提出相关的行业标准,再由全国同行业人员对各标准条目进行编辑、修改或者删除,共同完善,最后形成共同认可的事实标准。例如,在服装行业,随着生活水平的提高,同年龄阶段人的体型慢慢地发生变化,销售商根据销售分析得到相关的数据,可以发布到网上去,建议建立新的标准。完善后的标准信息具有较好的科学性和合理性,能满足市场需求,所以其他企业也乐于采用该标准,最后就形成了事实标准。这实际上是同行业间的标准共建的一个过程,它不仅提高了标准制订的速度,同时由于标准是共同制订的,更满足各方的实际要求。

(2)支持广大产业链上、下游企业参与标准建设

对于创建的新标准,提供相关的内部链接和外部链接,该链接可以为产业链的上、下游企业提供相关标准信息。现行的标准体制造成产业链各行业间的标准缺乏沟通,没有考虑到产业链各行业标准间存在的某些共同性质及产业链前后环节间的关联性、半成品和成品标准不衔接等问题。那么通过该方式,可以方便地链接到产业链上、下游企业的相关信息,这样就易于发现上述提到的问题,也便于企业共同协作来尽快地解决标准的问题。这实际上是一条产业链上各企业间的标准共建过程,不仅提高了标准的制订速度,同时也促进了整个产业链上标准的良好连接,提高了整个产业链的标准水平。

(3)支持企业反馈标准信息

实施国家标准和行业标准时,企业对标准使用情况的反馈信息极为重

要。该平台可以帮助各企业把实施的情况及时反馈给大家,再通过各企业共同协作找出问题的症结所在,便于标准的修订和再制订。

二、知识本体标准建立、使用和维护方法

知识本体标准建立、使用和维护过程如图 6-30 所示。

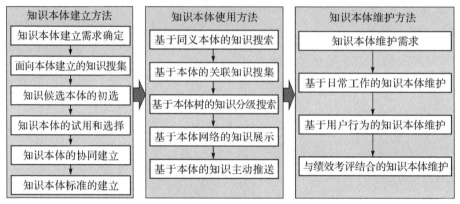

图 6-30 知识本体标准建立、使用和维护过程

需要有相应的管理制度支持知识本体标准建立和维护。

(1)知识本体建立和维护的实名制

为了鼓励员工积极参与知识本体建立和维护的积极性,需要对知识本体建立和维护实行实名制。系统将会统计知识本体的使用情况,并据此对员工在知识本体建立和维护中的贡献进行排名,以便领导给予相应的激励。

(2)知识本体的标准化制度

知识本体实质上是一种知识描述和搜索的标准,因此需要将知识本体的建立和维护工作纳入企业的标准化体系,作为企业标准项目组织实施,并进行相应的评审、考核和激励。

1. 知识本体标准建立方法

知识本体标准建立方法如图 6-31 所示。

(1)知识本体标准建立需求确定

1)确定知识本体的应用范围。这主要取决于企业知识管理的战略。知识本体的应用范围较多,需求也就各不相同。例如:对于知识管理,要求满足企业知识库检索、企业知识分布地图建立、专家知识领域描述、技术路线

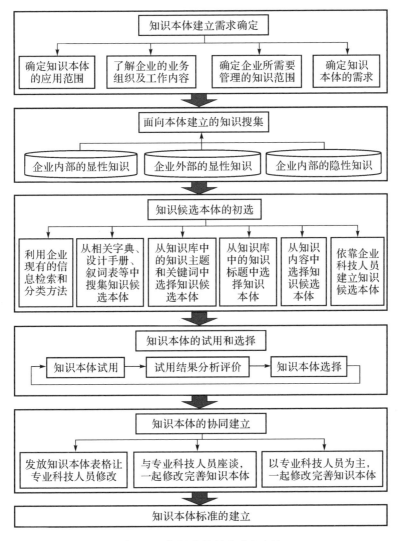

图 6-31 知识本体标准建立方法

图共建、知识进化图共建、知识推送等需求,提高知识库的有序化;对于信息系统集成,要求满足不同阶段和不同单位开发的不同的信息系统之间集成的需要,主要是不同数据库中的字段名的映射,不同数据结构的映射等;对于人工智能系统,要求支持知识间逻辑关系的建立、推理机的实现,满足人工专家系统、智能辅助决策系统的建立。

采用大粒度本体,用于建立知识网络,帮助快速和有效的搜索;而小粒度本体用于建立语义网络,进行知识推理。如图 6-32 所示。

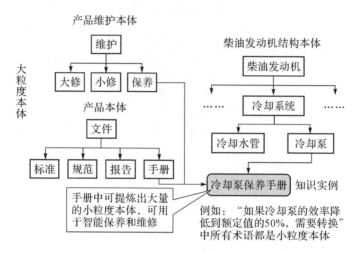

图 6-32　不同需求导致不同粒度的知识本体

2)了解企业的业务组织及工作内容。用组织图描述企业的业务组织及工作内容。

3)确定企业所需要管理的知识范围。通过企业调研,了解企业所需要管理的知识范围。①知识的专业范围,包括知识的时间维,如设计、制造、装配、试验、测试、使用、故障、维护等;知识的空间维,如柴油机—曲柄连杆—连杆。这可以通过企业的物料构成表(BOM)获得。②知识的类型,如论文、专利、标准、设计手册、研究和设计报告、工作总结、失败案例、内部文章、合理化建议、实验报告等。需要确定哪些知识进入知识库,以便针对这些知识建立本体。

4)确定知识本体的需求。知识本体的需求包括:①知识本体的覆盖面的需求,即满足哪些知识的搜索需求;②知识本体粒度大小的需求,即满足知识搜索精准度的需求。这可以结合 BOM 树和专业分类树进行知识本体粒度的需求确定。

(2)面向本体建立的知识搜集

知识本体描述知识的定义及知识间的关系,因此需要调查本体的相关知识。

1)企业内部的显性知识

企业内部知识的内容包括研究和设计报告、工作总结、失败案例、内部文章、合理化建议等。企业内部知识的形式包括知识关键词、知识标题、知识摘要、知识全文等。这些知识往往分散在不同的数据库中、科技人员的计算机中,甚至分散在员工的笔记本中。需要进行调查搜集,有的还需要输入到计算机中。

2）企业外部的显性知识

这些知识包括中国知网和万方数据库等中的科技文献、标准、专利、网络上的各种文章等。这些知识的数量极多,需要进行大量的阅读和分类甄别,减少大量无用、无关知识对企业知识库的"污染"。

3）企业内部的隐性知识

大量有价值的知识分散在企业员工的头脑中,需要将隐性知识显性化、个人知识组织化。这需要开展深入的座谈调查,以获取知识。更主要的是需要建立一种良好的企业知识共享文化和制度,使员工愿意共享自己的知识。

（3）知识候选本体的初选

1）利用企业现有的信息检索和分类方法

企业现有的信息检索和分类方法中包括了一些知识候选本体,可以帮助减少知识候选本体初选的时间和成本。

2）从相关字典、设计手册、叙词表等中搜集知识候选本体

使用叙词表可以方便地将叙词转化为本体,但一般叙词表的范围很大,只有少部分叙词可以用于上层的知识本体。从设计手册或经典的教科书中可以获得较完整的本体定义和关系,从相关字典中可以获得较完整的本体定义。

3）从知识库中的知识主题和关键词中选择知识候选本体

知识库中许多知识有主题或关键词。这些主题或关键词是比较实用的知识候选本体术语。但主题或关键词往往比较多,设置比较混乱,需要进行有序化和精简化,主要方法是:①将各种知识的主题或关键词存放在数据库中;②对各种知识的主题或关键词出现频率进行统计;③对主题或关键词出现的频率按照从大到小的顺序进行排列;④将大于某一阈值的出现频率的主题或关键词初选为候选本体。阈值根据本体数量而定。候选本体数量较多时,阈值选大些;候选本体数量较少时,阈值选小些。

4）从知识库中的知识标题中选择知识候选本体

知识标题往往反映知识的主要内容,因此通过分词方法可以从中选择知识候选本体,其主要方法如下:①通过分词方法,从知识库中的知识标题中分离出知识候选本体,并存放在数据库中;②对知识候选本体出现频率进

行统计;③对知识候选本体出现的频率按照从大到小的顺序进行排列;④将大于某一阈值的出现频率的知识候选本体留用。阈值根据本体数量而定。本体数量较多时,阈值选大些;本体数量较少时,阈值选小些。

5)从知识内容中选择知识候选本体

从知识内容中选择知识本体的主要方法如下:①首先识别专业术语和非专业术语,然后通过分词方法,从知识内容中分离出出现频率高的 3～5 个专业术语为知识候选本体,并存放在数据库中;②对来自不同知识的知识候选本体出现频率进行统计;③对知识候选本体出现的频率按照从大到小的顺序进行排列;④将大于某一阈值的出现频率的知识候选本体初选为本体。阈值根据本体数量而定。本体数量较多时,阈值选大些;本体数量较少时,阈值选小些。

6)依靠企业科技人员建立知识候选本体

发放知识本体调查表或征求意见表,组织企业科技人员初步建立知识候选本体。这需要调查人员有较强的沟通能力,并要求企业科技人员能够积极配合。同时要注意尽可能减少科技人员的工作量,例如可以采用征求意见表的形式,表中填好已经从其他渠道获得的数量较多的知识候选本体术语,让科技人员进行删除,得到合适的本体术语。删除比增加要方便得多。

(4)知识本体的试用和选择

1)知识本体的试用方法

需要通过对知识候选本体多次试用确定合适的本体,这是一种螺旋式上升的过程。关键是要有一套数量合适、内容完整的知识库供试用和分析。知识数量太多,试用分析困难;知识数量太少,无法起到试用分析的作用。建议知识数量在 1000～3000 条左右。

2)本体选择的原则

①本体术语的数量要适宜;②同一概念尽可能用一个本体术语,需要多个本体术语描述同一概念时,选择最常用的本体术语为标准本体术语,其他本体术语为同义本体术语;③根据需要可以选择不同层级的本体术语(例如,知识推送时选择层级低的本体术语;进行文献综述时选择层级高的本体术语);④本体的搜准率和搜全率尽可能高。

(5)知识本体的协同建立

需要通过多次与专业科技人员沟通,协同确定合适的本体术语。知识本体的协同建立方法主要有:

1）发放知识本体表格让专业科技人员修改。

2）与专业科技人员座谈，一起修改完善知识本体。

3）由专业科技人员担任专业知识本体企业标准主要起草人，充分发挥他们的积极性，以专业科技人员为主，一起修改完善知识本体。

（6）知识本体标准的建立

将专业知识本体做成企业标准有助于提高知识本体的规范性和严肃性，有助于发挥专业科技人员的积极性和创新性。专业知识本体必须以专业科技人员为主，而企业标准的设立使他们有用武之地，并给了他们明确的任务、压力和激励，使他们能够承担起并完成好建立标准的任务。

（7）知识本体标准的建立原则

1）本体优化原则

使用户能够以尽可能少的本体及组合，通过尽可能少的步骤找到所需要的知识。例如：只有齿轮泵有齿轮泵困油问题，因此对齿轮泵困油就可以不拆分。而磨损、失效、变形、裂纹等现象可能有多个零部件存在，就需要进行拆分，以减少本体数目。

2）本体树建立原则

按本体的性质逐层展开，便于类参数的继承。

3）本体最小覆盖范围原则

知识实例中不是每一个专业术语都能成为本体的，只有当在不同知识实例中出现一定的数量 m 时，才可考虑将其作为知识本体。本体最小覆盖范围 m 的计算建议为

$$m = \lg n \tag{6-3}$$

其中：n 为知识实例数量。

例如，$n=10$，$n=100$，$n=1000$，$n=10000$ 时，本体最小覆盖的知识实例分别至少是 $m=1$，$m=2$，$m=3$，$m=4$ 个。

4）描述多维概念的本体树建立原则

同一对象有多种属性，比如既是部件又是通用件。如果这些属性比较重要，就需要归类处理，建立不同的本体树。

5）需求驱动原则

本体的建立是需求驱动的，这里的需求是知识实例，通过知识实例搜索的需求建立不同维度的本体树。

6）提高知识搜全率和搜准率的系统性原则

提高知识搜全率和知识搜准率并不完全取决于本体的完整性和准确

性,还与本体使用的规范性、本体维护的及时性和主动性有关。片面追求本体的完整性和准确性,但忽略本体使用的规范性、本体维护的及时性和主动性,代价很高,效果最终也不会好。所以要系统地、动态地提高知识搜全率和搜准率。

2.知识本体使用方法

(1)基于同义本体的知识搜索

利用同义本体,将具有不同名称的描述同一概念的知识在一起搜索。例如:关于"动平衡"的知识和关于"惯性力平衡"的知识,其实是同一类知识,可以关联搜索。

(2)基于本体的关联知识搜索

利用知识本体间的关系,将一组关联的知识一起搜索,并分类提供给用户,显著降低用户的搜索工作量。例如:输入"曲轴",可将相关的设计、试验、工艺、故障、维护等方面的知识都一起发掘出来,用户也可选择其中的某几类知识。

(3)基于本体树的知识分级搜索

利用本体树,用户可以分级搜索知识,得到一定数量的比较精准的知识。

(4)基于本体网络的知识展示

知识本体网络不仅展示了知识本体间复杂的关系,如相似关系、递进关系等,还可利用知识本体网络动态展示知识间的复杂关系。

(5)基于本体的知识主动推送

用户在知识本体的使用中,知识管理系统记录了用户所使用的知识本体,在一定程度上得到了用户的知识领域的描述,并可根据用户使用知识的情况,了解其知识水平。在用户以后的工作中,知识管理系统可以根据用户使用知识的场景和知识水平,主动推送相关的新知识。

(6)知识本体的使用原则

知识本体的使用原则有常用本体优先原则、结构本体优先原则、原理本体优先原则等。

3.知识本体维护方法

(1)知识本体维护需求

知识在不断进步和发展,新的研究方向在不断拓展,知识本体也需要随之发展完善。

知识本体的维护需要一线专业科技人员的参与，他们最了解新的发展方向、新的知识本体。但专业科技人员都很忙，并且他们不一定对知识本体维护感兴趣，因此需要建立使他们参与知识本体维护的机制。

(2)基于日常工作的知识本体维护

将知识本体的维护工作与专业科技人员的日常工作相结合，让他们在使用本体进行知识建立和搜索时，进行知识本体的维护。例如，在进行知识搜索时，发现某条知识本体术语有很好的搜索效率，就给予"好评"，或者发现某条知识本体术语不能进行有效的搜索时，就给予"差评"；在某一新的知识建立时，发现找不到相适应的本体术语，就可自己提出新的本体术语。

(3)基于用户行为的知识本体维护

知识管理系统应记录用户使用知识本体的行为，如知识本体的点击、使用本体作为知识标签、使用本体进行知识搜索等，对这些行为进行加权求和，得到各种知识本体的使用排名。这些排名在很大程度上反映了知识本体的价值。

(4)与绩效考评结合的知识本体维护

将知识本体的维护工作与专业科技人员的绩效考评相结合，使他们积极、认真地参与知识本体的维护。知识管理系统应记录用户建立和使用知识本体的情况。对于用户提出的新本体，如果使用人较多、使用次数较多，就可成为标准本体。提出本体者将得到相应的奖励。知识管理系统应及时向提出本体者反馈相关信息，使他们对自己的工作感兴趣，进而激励更多的员工更积极地参与知识本体的维护。

三、并行标准化方法①

1. 背景

并行标准化的背景是，随着计算机技术的发展，特别是计算机网络的迅速发展，信息和知识的传递和转移速度大大加快；随着科学和技术的进步，人们的需求多样化，产品的生命周期越来越短，技术和产品更新换代的速度

---

① Geschaftsprozessmodellierung und Workflow-Management，Forschungs und Entwicklungs bedarf im Rahmender Entwicklungsbegleitenden Normung(EBN)[R]. DIN-Fachbericht 50，1996；顾新建，祁国宁. 科研开发和管理中的"并行"标准化[J]. 科研管理，1998(4)：73-77.

也大大加快；随着市场的国际化、产品生产的国际化，企业之间的集成得到越来越大的重视。科技的发展如此之快，传统的科研管理工作无法与之适应。同时，科技的发展急需相应的标准，以引导和促进科技的发展。

近年的科学技术的发展历史还表明，最重要的创新结果不是一个新产品的出现，而是一个新的科学技术系统的出现。这些科学技术系统的发展速度之快，采用传统的标准化方法是无法跟上的。由高校、研究所和工业界的研究人员、标准化工作者和科研管理人员一起，在科学技术系统研究开发的同时就进行并行标准的研究，可以加速知识和技术在不同部门和领域间的转换，推进和加速技术创新。

并行标准的意义在于：

（1）一个新的科学技术系统的开发往往需要多个单位的合作。系统分解的标准有助于系统的有效合成。

（2）新的科学技术系统中的术语、参考模型、验证和测试方法的标准化可以促使各有关方面更好地协调，并可使未来的应用变得容易。

（3）促使有关人员在研究开发的初始阶段就全面考虑新的科学技术系统的整个生命周期中的所有因素。

并行标准不仅能降低新的科学技术系统的开发成本，为新的科学技术系统进入市场提前做好准备，而且有力推进了新的科学技术系统的开发和研究工作。并行标准能有效促进专家之间的进一步合作。较早制订标准并付诸实践能使标准得到很好的应用。

并行标准化工作在德国得到高度重视，已成为德国"21世纪制造战略"计划中的一部分，在德国的激光技术、计算机集成制造和质量保证系统等项目的研究开发中开始得到应用。

2.并行标准化工作的特点

并行标准化是并行工程的一部分。对比并行工程的原理和工作模式，并行标准化工作的特点是：

（1）分布式的组织结构

并行标准化的基本组织是系统开发组，由各方面专家，如设计、质量保证、制造、采购、销售、售后服务、计算机辅助设计支持、用户、标准化和科研管理等方面的专家组成。系统开发组成员有较大的权力和责任。

（2）集成化制订研究、设计、试制和试验、产业化各阶段的标准

在进行上游环节工作的同时，尽可能早地考虑下游环节的工作。集成

地制订新的科学技术系统的研究、设计、试制和试验、产业化各阶段的标准，并要注意持续地、尽早地交换、协调和完善关于新的科学技术系统开发过程中各阶段的标准化。

（3）强调人的作用的管理体制

并行标准化特别强调人的作用，注重整体效益。这里，转变原有的管理机制是很重要的。成功实施并行工程的关键因素是人。并行标准化实质上是合作、协同的过程，人的相互合作和协同是最重要的。

3. 并行标准化的内容

在新的科学技术系统研究阶段，并行标准化的内容可以有：

（1）建立标准术语体系描述新的科学技术系统及其环境。

（2）新的科学技术系统的内部和外部的分工定义。

（3）新系统使用环境的定义。

（4）新系统技术标准的初步定义。

在新的科学技术系统设计阶段，并行标准化的内容可以有：

（1）新的科学技术系统的测试标准定义。

（2）对新的科学技术系统中的不同的子系统进行分类和界定，分类标准的定义。

（3）标准术语体系的完善。

（4）内部和外部的分工再定义。

（5）新系统使用环境的再定义。

（6）新系统技术标准的再定义。

在新的科学技术系统试制和试验阶段，并行标准化的内容可以有：

（1）新的科学技术系统的测试标准的再定义。

（2）分类标准的再定义。

（3）标准术语体系的完善。

（4）内部和外部的分工再定义。

（5）新系统使用环境的再定义。

（6）新系统技术标准的再定义。

在产业化阶段，并行标准化的工作内容将大为减少，主要是根据生产和使用中出现的问题对标准进行修改完善。

四、面向标准的知识网络

标准很多,许多有密切的关系,例如:产品协同设计和制造过程需要许多企业参与,需要标准;产品维修服务,需要许多标准。标准是一种规范化的、有一定约束力的知识。因此,可以通过知识网络的方式描述标准之间的关系。此外,有关标准的其他知识,如说明、解释、应用案例等都可以链接到标准的知识网络中,为用户提供系统化的服务。图 6-33 所示为面向标准的知识网络。

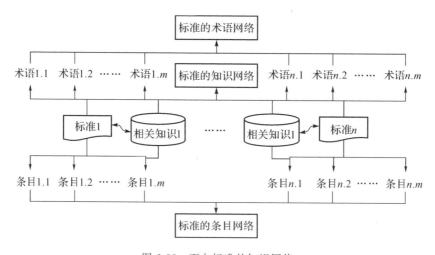

图 6-33　面向标准的知识网络

1.标准的知识网络

标准是从大量的知识中抽取、提升出来的。标准的知识网络是面向标准制订所需要的知识,同时在标准制订中也不断地完善,其案例如下所示。

(1)《国家智能制造标准体系建设指南(2018 年版)》(征求意见稿)

该指南包括:智能制造系统架构;智能制造标准体系结构,包括"A 基础共性""B 关键技术""C 行业应用"三个部分。

(2)海尔集团的冰箱行业智能工厂标准

海尔集团在前期的智能工厂建设实践的基础上,并参考《国家智能制造标准体系建设指南》中的智能制造标准体系架构,提出了冰箱行业智能工厂架构三维模型,如图 6-34 所示。

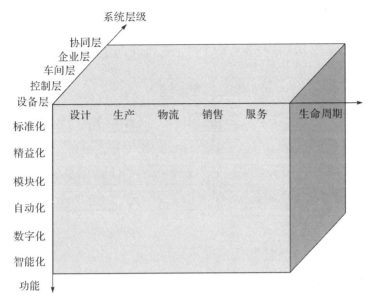

图 6-34　冰箱行业智能工厂架构的三维模型

图 6-35 所示为冰箱行业智能工厂的整体框架参考模型,该模型突出了先标准化、精益化、模块化,后自动化、数字化和智能化的思想和方法。

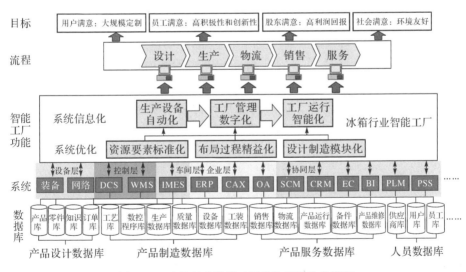

图 6-35　冰箱行业智能工厂整体框架参考模型

冰箱行业智能工厂标准化的目标是建立冰箱行业智能工厂资源要素标

准化体系,建立冰箱行业智能工厂资源要素标准,开展标准审核认证,促进标准执行到位,提高人的工作效率,改善人机协同的友好性,支持智能制造。

图 6-36 所示为冰箱行业智能工厂的标准化功能参考模型框架。

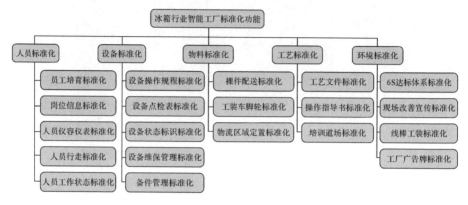

图 6-36 冰箱行业智能工厂的标准化功能参考模型框架

海尔从互联互通、用户体验、测试评价三个维度打造了标准体系,针对不同场景制订标准,实现了从标准引领、平台引领到生态引领的三步发展。海尔已实现 1000 多个用户定制场景以满足用户智慧生活中的个性化需求。

2. 标准的条目网络

标准条目网络即所有标准中的条目构成的网络。

人们在应用标准时,主要是应用标准中的具体内容。标准数量庞大,需要用信息化的手段快速找到标准条目,组成新的标准、指南、手册等文档,但目前标准的信息化程度低。虽然新标准化法要求标准免费公开,但眼下还只能在网上阅读标准,无法下载标准,更不能从网上的标准文件中获取标准条目。

3. 标准中的术语构成的网络

标准术语网络即所有标准中的术语构成的网络。

现在,标准是分头制订的,标准查询又不方便,因此,标准中的术语定义在不同的标准中有重复,当然就会有差异。未来大家将使用同一个结构化标准编制系统编制标准,建立标准术语网络,以解决这个问题。一般情况下,尽可能使用已有标准关于某术语的定义,如果觉得有问题,可以提出修改建议,大家投票表决。

图 6-37 描述了从现在的分散式的标准制订模式到未来的分布式的标准制订模式的变化。

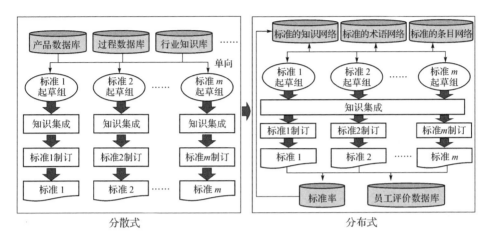

图 6-37　从分散式的标准制订到分布式的标准制订

后　记

　　本书作者团队长期从事知识管理的研究和实践,1999 年申请到国家自然科学基金项目"知识集成的组织管理机制、模型和工具的研究"(项目批准号:79970036),2000 年在《计算机集成制造系统 CIMS》上发表了题为《知识集成初探》的论文①,2006 年"制造企业知识工程实施支持技术及产品应用"获得教育部科技进步奖二等奖,2007 年"面向知识创新和大批量定制的知识管理方法研究及应用"获得上海市科技进步奖二等奖。所在团队开发的知识管理系统已应用于中国运载火箭技术研究院、中国北方车用柴油机研究所、杭州汽轮机股份有限公司、海尔集团、瑞立集团等企业。本团队现在又开展了浙江大学工程师学院实践教学品牌课程"知识管理"的建设,本书是该课程建设的主要成果。

　　本书中的研究得到国家重点研发计划项目"科技资源分享模型与开放分享理论"(2017YFB1400302)的支持,特此感谢。知识资源是最重要的科技资源之一。知识资源共享对于创新非常重要,但又很难。新一代信息技术为解决知识管理的难题提供了新的途径,使知识管理从分散走向分布,即既自主又集成,既发挥每个人的积极性和主动性,又将分散的知识资源、分散的知识管理活动有机集成在一起,产生巨大的协同效应。

　　本书作者衷心感谢王家平教授、唐任仲教授、吴晓波教授、魏江教授等对本书的关心和支持,感谢香港理工大学知识管理研究中心主任李荣彬教授的长期支持,感谢知识管理界同仁的长期支持。

　　参加本书工作的还有马步青、郑范瑛、张武杰、金炯民、王晋、张旭、曹洪飞、陈敏琦、张今、叶靖雄等博士、硕士研究生,在此表示感谢。

　　本书适合制造业企业科技人员和管理人员、高校工科高年级学生和研究生阅读,也可作为高校工业工程专业学生和研究生、工程师学院工程管理

---

　　①　顾新建,祁国宁. 知识集成初探[J].计算机集成制造系统 CIMS, 2000,6(1): 8-13.

专业研究生的教材。

因本书内容较新,涉及范围较广,特别是对一些新概念的认识和新问题的分析肯定会有不少误谬之处,恳请专家和同行批评指正。

作者于求是园

2018-10-3